普通高等教育"十二五"规划教材

（高职高专适用）

电工应用技术

主　编　陈丽琴　王慧丽

中国水利水电出版社
www.waterpub.com.cn

内 容 提 要

本书根据高职高专教学基本要求，以培养生产一线的高端技能型人才为目标，本着“讲透基本原理，打好电路基础，面向电路分析”的原则，以必需，实用、够用为度，突出职业教育特色，加强实践教学环节。

本书分两篇，电工技术知识篇和电工技能训练篇，内容按八个学习项目编写，包括直流电路的分析与应用、单相交流电路的安装与调试、三相交流电路的安装与调试、电路过渡过程的分析与观测、磁路与铁心线圈电路的应用与测试、安全用电、常用电工工具及仪表基础知识、实训训练项目。第一篇中每个项目均有任务导入、任务资讯、任务实施、任务评价和训练题集几个环节。

本书可作为高职高专电气自动化技术专业、机电一体化技术专业、电力系统自动化技术专业及其他相近专业的电工应用技术课程的教学用书，也可以作为电类专业培训教材，还可供从事电工技术专业的工程技术人员参考。

图书在版编目（CIP）数据

电工应用技术 / 陈丽琴，王慧丽主编. -- 北京 : 中国水利水电出版社，2014.8(2021.8重印)
普通高等教育“十二五”规划教材. 高职高专适用
ISBN 978-7-5170-2314-2

Ⅰ. ①电… Ⅱ. ①陈… ②王… Ⅲ. ①电工技术－高等职业教育－教材 Ⅳ. ①TM

中国版本图书馆CIP数据核字(2014)第195943号

书　　名	普通高等教育“十二五”规划教材（高职高专适用） **电工应用技术**
作　　者	主编　陈丽琴　王慧丽
出版发行	中国水利水电出版社 （北京市海淀区玉渊潭南路1号D座　100038） 网址：www.waterpub.com.cn E-mail：sales@waterpub.com.cn 电话：(010) 68367658（营销中心）
经　　售	北京科水图书销售中心（零售） 电话：(010) 88383994、63202643、68545874 全国各地新华书店和相关出版物销售网点
排　　版	中国水利水电出版社微机排版中心
印　　刷	天津嘉恒印务有限公司
规　　格	184mm×260mm　16开本　13.75印张　326千字
版　　次	2014年8月第1版　2021年8月第4次印刷
印　　数	5001—6500册
定　　价	**42.00**元

前言

“电工应用技术”课程是电气类专业的专业技术基础课程，涉及电气自动化技术、机电一体化技术、检测技术与应用、应用电子技术、电力系统自动化等专业。传统的教学理念对基础理论知识有较高要求，为了更好地激励学生学习的积极性与求知欲，在多年教学经验的基础上，本书编写教师通过对各专业电工岗位能力要求的分析和对人才“知识、能力、素质”结构的分析，把培养目标定位在“培养高技能应用型人才”。本书的编写体现了工学结合的思想，采用项目引领、任务驱动，打破了原有的学科知识体系，将教学内容进行了整合、序化，开发了与工作实际紧密相连的任务环节，围绕任务编排了与之相关的知识点，形成了更合理的知识体系。

本书以“技术应用能力培养”为主线，贯彻“教、学、做合一，以学生为本”的教育理念。根据课程标准中“课程对职业能力”的要求，同时也注重与后续学习领域的链接、分工。“电工应用技术”课程只研究用电技术的一般规律和常用的电器设备、元件及基本电路的分析及应用。因此，本书共分两篇制定了八个项目，第一篇电工技术知识篇每个项目都有训练题集，第二篇为电工技能训练篇，本书还附有两套模拟测试题和各项目训练题集部分参考答案。完成本课程的学习共需约 90 学时。

本书由陈丽琴、王慧丽担任主编。项目一由马晓宇编写；项目二由刘江编写；项目三、项目六、模拟测试题一和模拟测试题二由王慧丽编写；项目四由陈允刚编写；项目五由陈丽琴编写；项目七由李耀武编写；项目八由张勇编写；全书由王慧丽统稿。本书在编写过程中还得到了中国水利水电出版社和包头职业技术学院的大力支持和帮助，在此一并表示衷心的感谢。编写本书时，参考了许多文献资料，在此对有关资料的编著者深表谢意。

本书由包头职业技术学院朱光担任主审，企业专家李海龙、刘建对全书进行了认真、仔细的审阅，提出了许多具体、宝贵的意见，谨在此表示诚挚的感谢。

限于编者的水平，加之时间仓促，书中不妥和错误之处在所难免，希望读者予以批评指正。

编者

2014 年 5 月

目录

前言

第一篇　电工技术知识篇

项目一　直流电路的分析与应用…… 3
任务导入 …… 3
任务资讯 …… 3
知识链接一　电路的基本概念 …… 4
知识链接二　电路的基本元器件 …… 14
知识链接三　直流电路分析 …… 27
任务实施　MF50 型指针万用表的装配与调试 …… 40
任务评价…… 42
训练题集一 …… 42
项目二　单相交流电路的安装与调试 …… 46
任务导入…… 46
任务资讯…… 46
知识链接一　日光灯的工作原理 …… 47
知识链接二　日光灯电路的分析 …… 49
任务实施　日光灯电路的安装 …… 77
任务评价…… 82
训练题集二 …… 82
项目三　三相交流电路的安装与调试 …… 86
任务导入…… 86
任务资讯…… 86
知识链接一　三相电源 …… 87
知识链接二　三相负载 …… 90
知识链接三　三相电路的功率 …… 94
任务实施　低压三相配电板的安装 …… 96
任务评价…… 98
训练题集三 …… 98
项目四　电路过渡过程的分析与观测…… 102
任务导入 …… 102
任务资讯 …… 102

知识链接一　电路过渡过程的基础知识 …… 102
知识链接二　电路过渡过程的分析 …… 103
知识链接三　一阶电路的三要素法 …… 112
任务实施　电路过渡过程的观测 …… 114
任务评价 …… 117
训练题集四 …… 117
项目五　磁路与铁心线圈电路的应用与测试 …… 120
任务导入 …… 120
任务资讯 …… 120
知识链接一　磁的基础知识 …… 120
知识链接二　电磁铁 …… 124
知识链接三　仪用互感器和变压器 …… 125
任务实施　电流互感器的测试 …… 129
任务评价 …… 130
训练题集五 …… 131
项目六　安全用电 …… 132
任务导入 …… 132
任务资讯 …… 132
知识链接一　供电与配电 …… 133
知识链接二　触电 …… 134
知识链接三　电气设备安全运行 …… 135
知识链接四　电工消防知识 …… 140
知识链接五　静电的防护 …… 143
知识链接六　安全用电注意事项 …… 144
任务实施　触电的急救方法 …… 144
任务评价 …… 146
训练题集六 …… 146

第二篇　电工技能训练篇

项目七　常用电工工具及仪表基础知识 …… 151
任务导入 …… 151
任务资讯 …… 151
知识链接一　常用电工工具 …… 151
知识链接二　电工常用仪表 …… 155
训练题集七 …… 162
项目八　实训训练项目 …… 164
任务导入 …… 164
任务实施 …… 164

子项目一　8S标准管理工作现场 …… 164
子项目二　基本电工仪表操作训练 …… 165
子项目三　电路元件及基本物理量测绘训练 …… 175
子项目四　直流电路基尔霍夫定律的接线与测试 …… 179
子项目五　直流电路叠加定理的接线与测试 …… 181
子项目六　两种实际电源等效变换线路的接线与测试 …… 183
子项目七　直流电路戴维南定理的接线与测试 …… 185
子项目八　日光灯电路的接线与调试 …… 189
子项目九　三相交流电路电压、电流的接线与调试 …… 192
子项目十　电能表的校验调试 …… 194
子项目十一　互感电路观测 …… 197
子项目十二　*RC*一阶电路的响应测试 …… 200

附录Ⅰ　模拟测试题 …… 203
模拟测试题一 …… 203
模拟测试题二 …… 205

附录Ⅱ　训练题集部分参考答案 …… 209

参考文献 …… 214

第一篇

电 工 技 术 知 识 篇

项目一　直流电路的分析与应用

任务导入

学习领域	电工应用技术		
项目一	直流电路的分析与应用	学时	16
任　务　布　置			
任务描述	本单元重点为直流电路的基本概念、基尔霍夫定律及电路分析方法。难点为电流、电压的参考方向与实际方向的理解与运用；电位的理解与分析计算；基尔霍夫定律及电路分析方法的理解与运用；复杂直流电路的分析与计算及MF50型万用表的组装及其调试		
知识目标	（1）认识简单电路，了解电路的基本组成，理解电路模型的意义。 （2）掌握直流电路的基本概念及概念之间的关系，掌握电位的分析与计算。 （3）理解电阻元件、电感元件、电容元件的特性及应用，掌握电阻的串并联特点。 （4）掌握电阻元件的欧姆定律，以及电感元件和电容元件的元件约束。 （5）掌握基尔霍夫定律，学会电路的分析方法及应用		
技能目标	（1）学会电阻元件、电感元件、电容元件的参数识别。 （2）学会MF50型万用表的组装及其调试。 （3）学会用万用表测电阻、直流电源、直流电压的方法。 （4）学会运用电工综合实训台，并进行基本定律的验证及其简单电路的接线、调试。 （5）学会应用桥式电路来测量电阻，根据电桥输出的不平衡电压，利用戴维南定理进行运算处理（比如引起电阻变化的其他物理量，如温度、压力、形变等）。 （6）学会电路识图、绘图方法。 （7）学会根据电路图进行接线、测试、分析。 （8）学会在实操过程中要遵守的基本规章制度及其规范的要求		

任务资讯

实际的电路是由各种基本元器件组成的，并能实现一定的电路功能。本单元主要介绍电路的一些基本物理量、电阻元件、电位器、电容元件、电感元件以及由电阻元件组成的电路的分析方法与计算。

知识链接一　电路的基本概念

一、电路与电路模型

1. 电路

电路是电流的流通路径。它是由一些电气设备和元器件按一定方式连接而成的。复杂的电路呈网状，又称网络。电路和网络这两个术语通用。

电路大体分为两类：一类为直流电路，即电路中电流和电压的方向不随时间变化；另一类为交流电路，即电路中电流和电压的方向随时间变化。交流电路按照变化规律分为周期性交流电路和非周期性电路，但在工业生产及日常生活中广泛使用的是正弦交流电路，即在电路中电压、电流均随时间按正弦规律变化的电路。

电路的组成方式不同，功能也就不同。电路的一种作用是实现电能的传输和转换。图1－1（a）所示为一种简单电路，它由干电池、开关、小灯泡和连接导线等组成。当开关闭合时，电路中有电流通过，小灯泡发光，干电池向电路提供电能；小灯泡是耗能器件，它把电能转化为热能和光能；开关和连接导线的作用是把干电池和小灯泡连接起来，构成电流通路。

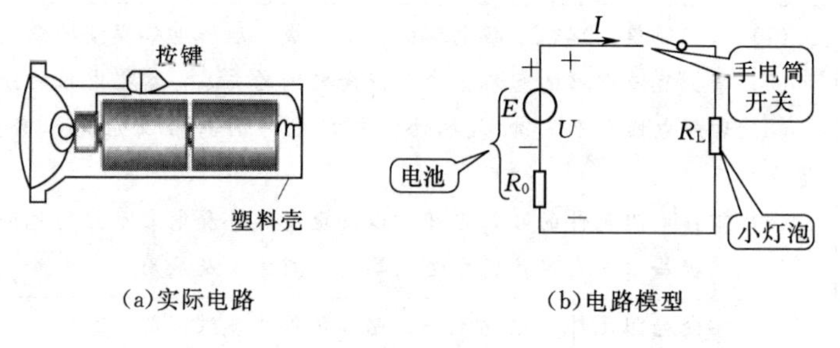

(a)实际电路　　(b)电路模型

图1－1　电路的组成图

电路的另一种作用是实现信号的传递和处理。收音机和电视机电路就是这类实例。收音机和电视机中的调谐电路用来选择所需要信号，由于收到的信号很弱，因此需要采用放大电路对信号进行放大。调谐电路和放大电路的作用就是完成对信号的处理。扩音机的电路组成如图1－2所示。放大器用来放大电信号，而后传递到扬声器，把电信号还原为语言或音乐，实现“声—电—声”的放大、传输和转换作用。

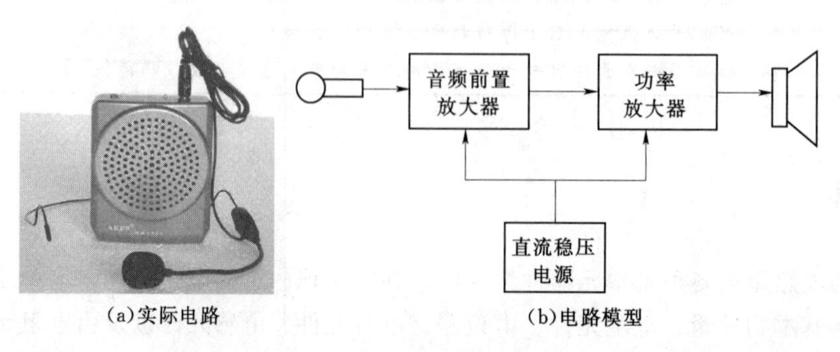

(a)实际电路　　(b)电路模型

图1－2　扩音机的电路组成

实际电路一般由电源、负载和中间环节三部分组成。电路中提供电能的装置称为电源，如图 1-1（a）中的电池；使用电能的设备称为负载，它的作用是将电能转化为其他形式的能量，如图 1-1（a）中的小灯泡；中间环节的作用是将电源和负载连接起来形成闭合电路，并对整个电路实行控制、保护及测量，主要包括连接导线、控制电器、保护电器、测量仪表等。

2. 电路模型

组成电路的实际电气元器件是多种多样的，其电磁性能的表现往往相互交织在一起。在研究时，为了便于分析，常常在一定条件下对实际器件加以理想化，只考虑主要作用的某些电磁现象，而将次要现象忽略，或者将一些电磁现象分别表示。比如，在电流作用下，小灯泡不但发热消耗热能，而且在周围还会产生一定的磁场，但磁场较弱，因此可以只考虑其消耗电能的性能而忽略其磁场效应；电源在对外电路提供电能的同时，它本身内部也有一定电能损耗，可以将其用所提供的电能性能与内部电能损耗分别表示；对闭合的开关和导线则只考虑导电性能而忽略其本身的电能损耗。

如上所述，在一定的条件下，用能反映其主要电磁性能的一些理想电路元件或它们的组合来模拟实际电路中的器件。理想电路元件是一种理想化模型，简称为电路元件。常见的电路元件是一些集中参数元件，由其构成的电路称为集中参数电路。例如，电阻元件是表示消耗电能的元件；电感元件是表示其周围空间存在着磁场且可以储存磁场能量的元件；电容元件是表示其周围空间存在着电场且可以储存电场能量的元件等，这些元器件的相关知识将在后面进行重点分析。

具有两个引出端的元件称为二端元件，如电阻、二极管等；具有两个以上引出端的元件称为多端元件，如三极管、晶闸管等。

用一个或若干个理想电路元件经理想导体连接起来进行模拟的实际电路，构成电路模型。图 1-1（b）所示为图 1-1（a）所示电路的电路模型。实际器件和电路的种类繁多，而理想电路元件只有几种，用理想电路元件建立的电路模型能使电路的研究大大简化。建立电路模型时应使其外部特性与实际电路的外部特性尽量近似，但两者的性能并不一定也不可能完全相同。同一实际电路在不同的条件下往往可以用不同的电路模型来表示。例如，一个线圈在低频时可以只考虑其中的磁场和耗能，甚至有时只考虑磁场就可以，但在高频时则应考虑电场的影响，而在直流时就只需考虑耗能。所以建立电路模型一般应指明它们的工作条件。

在电路理论中研究的是电路模型的原理图及其一般性质。借助于这种理想化的电路模型可以分析和研究实际电路——无论是简单的还是复杂的，都可以通过理想化的电路模型来充分描述。理想化的电路模型原理图是由理想元件所构成的电路模型，它们是用对应的图形符号表示后画出的图，也简称为电路。

二、电路的基本物理量

电流、电压、电位、功率等是电路中的基本物理量。

1. 电流

电流是电荷的定向移动形成的。在金属导体中，实质上能定向移动的电荷是带负电的自由电子；在导电液体中（如蓄电池的电解液中），能定向移动的电荷分别是带正电的正离子和带负电的负离子。习惯上把正电荷定向移动的方向规定为电流方向。因此，自由电子和负离子移动的方向与电流方向相反。

单位时间内通过导体横截面的电荷量称为电流大小，简称为电流。如果时间 t 内匀速流过导体横截面的电荷量为 Q，则电流是恒定的，大小为

$$I=\frac{Q}{t} \tag{1-1}$$

电流的方向不随时间变化的电流称为直流电流，其中大小、方向都不随时间变化的电流称为恒定电流。本书所说的直流电流均指恒定电流，用字母 I 表示；大小和方向都随时间变化的电流称为交流电流，用字母 i 表示。我国发电厂发出的交流电都是随时间按正弦规律变化的正弦交流电。本书所说的交流电均指正弦交流电。图 1-3 所示为几种电流的曲线。

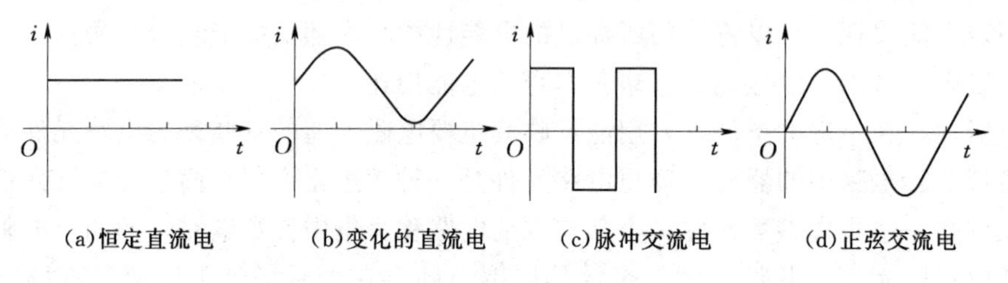

图 1-3　几种电流的曲线

若电流是不断变化的，可以求出某一时间段电流的平均值。如果在 Δt 时间内，通过导体横截面的电荷量变化了 Δq，则在该段时间内电流大小的平均值为

$$I=\frac{\Delta q}{\Delta t} \tag{1-2}$$

当时间段 Δt 趋于零时，按式（1-2）所求的值便是某一时刻电流 i 的大小。

国际单位制（SI）中，电流的单位是安培，简称安，符号为 A。常用的单位还有兆安（MA）、千安（kA）、毫安（mA）、微安（μA）等。

$$1\text{A}=10^3\text{mA}=10^6\mu\text{A}$$

$$1\text{MA}=10^3\text{kA}=10^6\text{A}$$

对于复杂电路而言，电流的实际方向很难判定出来，为此，在分析与计算电路时，常常可事先任意选定某一方向作为电流的参考方向。当实际方向与选择的参考方向一致时，参考方向下的电流值为正数。同理，如果算出的电流值为正数，则也说明事先选定的参考方向和电流的实际方向一致，如图 1-4（a）所示；当实际方向与参考方向相反时，参考方向下计算出的电流值为负数，如图 1-4（b）所示。分析电路时，图中所标的方向

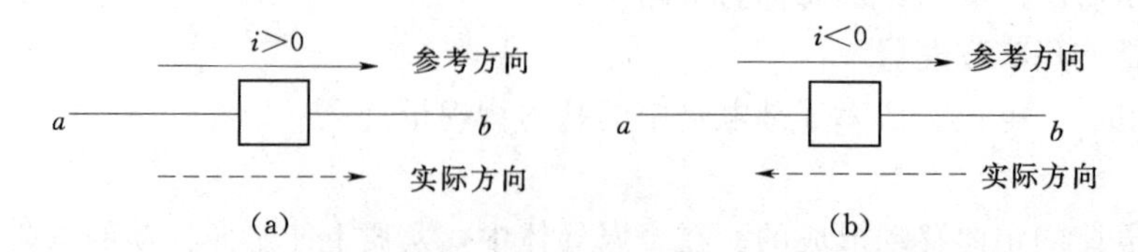

图 1-4　参考方向与实际方向的关系

均为参考方向，用实线箭头“——>”表示，或用双下标表示，如 i_{ab} 表示从 a 到 b 的电流，i_{ba} 表示从 b 到 a 的电流，$i_{ab}=-i_{ba}$。电流的实际方向可用虚线箭头“---->”表示，如图1-4所示。电流参考方向的选择原则上可任意选，但若已知实际方向，则参考方向的选择尽量与实际方向一致。

【例1-1】 图1-5所示方框为某一通路上的一种用电器件，试分析：

(1) 若已知该器件上的电流方向是从 a 到 b，大小为1A，则图中电流 I 等于多少？

(2) 若已知该器件上的电流是从 b 到 a，大小为1A，则图中电流 I 又等于多少？

解：(1) 电流从 a 到 b，I 的参考方向也从 a 到 b，与实际方向一致，所以

$$I=1\text{A}$$

(2) 电流从 b 到 a，I 参考方向选择与实际方向相反，所以

$$I=-1\text{A}$$

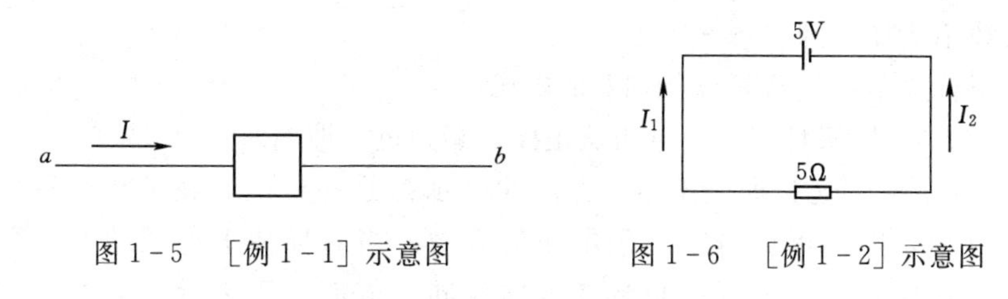

图1-5　[例1-1] 示意图　　　图1-6　[例1-2] 示意图

【例1-2】 图1-6所示电路中，I_1、I_2 分别等于多少？

解：由图1-6可以判断电路中电流的实际方向是从电源正极出发，经5Ω电阻后回到电源负极，为逆时针方向，I_1 与实际方向相反，I_2 与实际方向相同，所以

$$I_1=-\frac{5}{5}=-1(\text{A})$$

$$I_2=\frac{5}{5}=1(\text{A})$$

2. 电压

电路中 A、B 两点间电压就是指单位正电荷 Q 在电场力作用下由 A 点移到 B 点时，电场力所做的功。为了表示电场力对电荷做工的能力，引入“电压”这个物理量。电压用字母 u 或 U 表示，则

$$u_{AB}=\frac{W_{AB}}{Q} \tag{1-3}$$

式中　W_{AB}——单位正电荷 Q 移动过程中能量的减少量。

从数值上看，A、B 之间的电压就是电场力把单位正电荷从 A 点移动到 B 点所做的功。

电压的实际方向是正电荷在电场中的受力方向。在分析问题时也可引入电压的参考方向，一个元件两端的电压实际方向和电压参考方向的关系与电流相似，如图1-7所示。

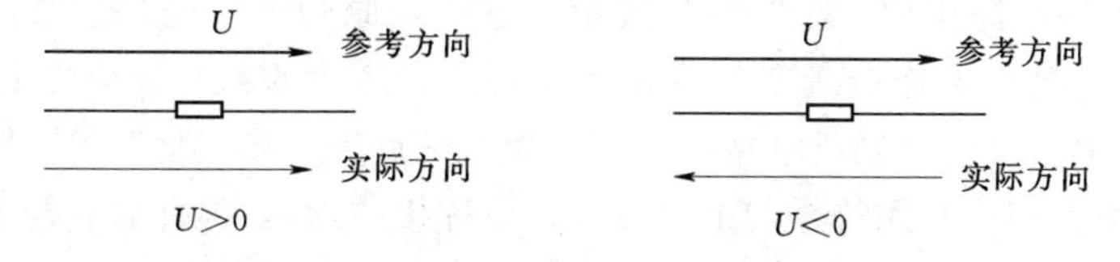

图1-7　电压参考方向与实际方向的关系

电压的分类与电流一样，本书中所说的直流电压均指恒定电压，用字母“U”表示，交流电压是指正弦交流电压，用“u”表示。

电压的国际单位是伏特，简称伏，符号为V。常用的单位还有兆伏（MV）、千伏（kV）、毫伏（mV）、微伏（μV）等。

$$1\text{V}=10^3\text{mV}=10^6\mu\text{V}$$
$$1\text{MV}=10^3\text{kV}=10^6\text{V}$$

为分析电路方便，通常在分析电压之前先选定电压的参考方向，原则上可以任意选，但若已知实际电压方向，则参考方向尽量选择与实际方向一致。若已知电流参考方向，则电压参考方向与电流参考方向一致时，称为关联参考方向；电压参考方向和电流参考方向不一致时，称为非关联参考方向。

在电路分析中，所标的电压方向均为参考方向，表示方法有以下三种：

（1）实线箭头加字母“$\xrightarrow{u}$”表示。

（2）双下标表示，u_{ab}表示a指向b的电压。

（3）“+”、“−”极性表示，电压从正极性端到负极性端。

如图1-8所示，这三种电压参考方向的表示都是一样的。在分析计算中，如果涉及电压的正负值，则用正负号来区别电压的方向。当对导体上电压的参考方向作出规定以后，正值电压表示实际方向与参考方向相同，负值电压表示实际方向与参考方向相反。

图1-8　电压的参考方向表示　　　　图1-9　［例1-3］示意图

【例1-3】　如图1-9所示，电阻上的电压方向从a到b，大小是1V，求U_1、U_2、U_{ba}。

解： 实际电压方向从a到b，U_1与实际电压方向一致，U_2与实际电压方向相反，U_{ba}与实际电压方向相反，所以

$$U_1=1\text{V},\ U_2=-1\text{V},\ U_{ba}=-1\text{V}$$

3. 电位

除电压之外，在电路分析中常使用电位这个物理量。电工学对电位的描述：在电路中指定某点作参考点，规定其电位为零，电路中其他点与参考点之间的电压，称为该点的电位。用字母“V”表示。电位的单位与电压一样，也是伏特（V）。

电位是一个相对的概念，分析电位时在电路中指定某点（可任意选取）为参考点，用字母“o”表示，在电路中用“⊥”符号表示。参考点原则上可任意选取，但习惯上选接地点或接机壳点或电路中连线最多的点作为参考点。电力系统中，常常选大地作为参考点；在电子线路中，常选机壳或电路的公共线为参考点等。接“地”、接“机壳”、接“公共线”，在线路图中都统一用符号“⊥”表示，简称接“地”，但并非真与大地相接。

如图1-10所示，a点的电位为

$$V_a = U_{ao} \quad (1-4)$$

参考点本身的电位显然为零，所以参考点又称为零电位点。如果已知 a、b 两点的电位分别为 V_a、V_b，则 a、b 两点间的电压为

$$U_{ab} = U_{ao} + U_{ob} = U_{ao} - U_{bo} = V_a - V_b \quad (1-5)$$

即两点间的电压等于这两点间的电位差，所以电压又称为电位差。

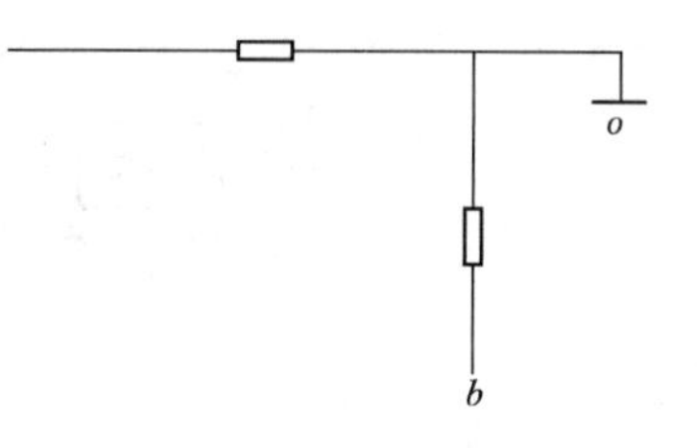

图 1-10　电位与电压的关系

电位具有相对性，即电路中某点的电位随参考点位置的改变而改变；而电压具有绝对性，即电路中任意两点之间的电位差值与电路中参考点的位置无关。

由式（1-5）可知，$U_{ab} = -U_{ba}$。如果 $U_{ab} > 0$，则 $V_a > V_b$，说明 a 点电位高于 b 点电位；反之当 $U_{ab} < 0$ 时，则 $V_a < V_b$，说明 a 点电位低于 b 点电位。

电位是电路分析中很重要的概念。应用电位的概念可简化电路图的画法，便于分析计算。如图 1-11（a）所示电路，电路中每两个点之间都存在一定的电压。如果用电压来讨论会很烦琐，但改用电位进行讨论就比较明确。利用电位概念，还可以将图 1-11（a）简化为图 1-11（b）、（c）所示电路，电子线路中常用这种习惯画法作出线路图。

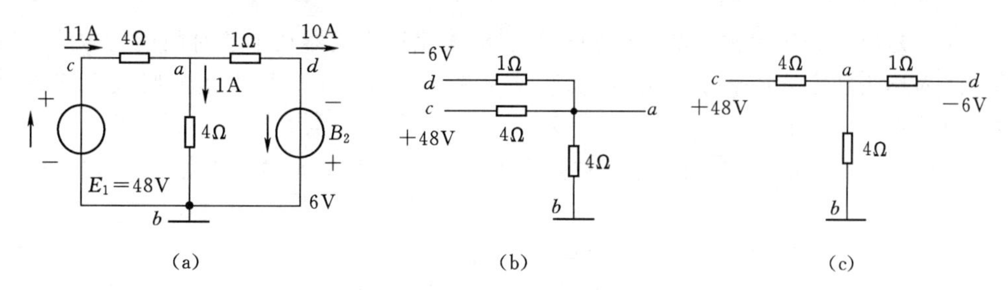

图 1-11　电位与电压的关系

【例 1-4】　已知 $V_a = 10\text{V}$，$V_b = -10\text{V}$，$V_c = 5\text{V}$，求 U_{ab}、U_{bc} 各为多少？

解： 根据电位与电压的关系可知

$$U_{ab} = V_a - V_b = 10 - (-10) = 20(\text{V})$$

$$U_{bc} = V_b - V_c = -10 - 5 = -15(\text{V})$$

4. 电动势

电流通路中，电场力总是使正电荷从高电位处经外电路移向低电位处，而在电源内部有一种电源力，正电荷在它的作用下，从低电位处（电源的负极）经电源内部移向高电位处（电源正极），从而保持电荷运动的连续性。实际应用的发电机中的电源力是由电磁作用产生的。

电动势是指电源力将单位正电荷 Q 从电源负极经电源内部移到电源正极所做的功，用字母 E 或 e 表示，方向规定为从电源负极到正极。若所做的功为 W，则有

$$E = \frac{W}{Q} \quad (1-6)$$

电源电压方向是从正极到负极，电动势的方向是从负极到正极，所以当电源断路时电源的电动势与电压的关系是大小相等、方向相反，如图 1-12 所示。

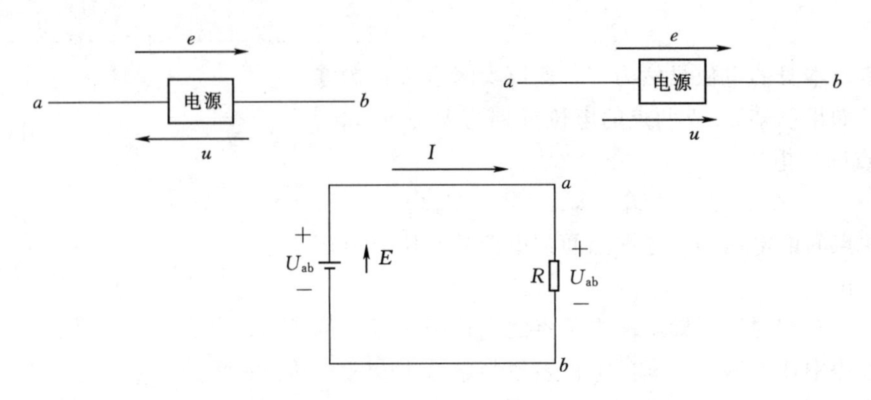

图 1-12 电源电动势与电压的关系

可见电动势与电压求法相同，所以电动势的大小与电源两端电压的大小相等，单位一样，也是伏特（V）。铅蓄电池的电动势是电池两极板间的电压，与电源力的大小有关，而蓄电池的电源力是由化学能提供的，所以其电动势的大小与蓄电池中起化学作用的电解液的密度及温度有关，一般有 6V 和 12V 两种。

5. 电功率

电功率是电路分析中常用的一个物理量。电流流过用电器在单位时间内所做的功称为电功率，简称为功率（Power），用字母 P 或 p 表示。习惯上，把发出或吸收电能说成发出或吸收功率。

分析电路的功率时，当电路的电流、电压选择关联参考方向时，如图 1-13（a）所示，计算式为

$$P=UI \text{ 或 } p=ui \tag{1-7}$$

当电路的电流、电压选择为非关联参考方向时，如图 1-13（b）所示，电功率的计算式为

$$P=-UI \text{ 或 } p=-ui \tag{1-8}$$

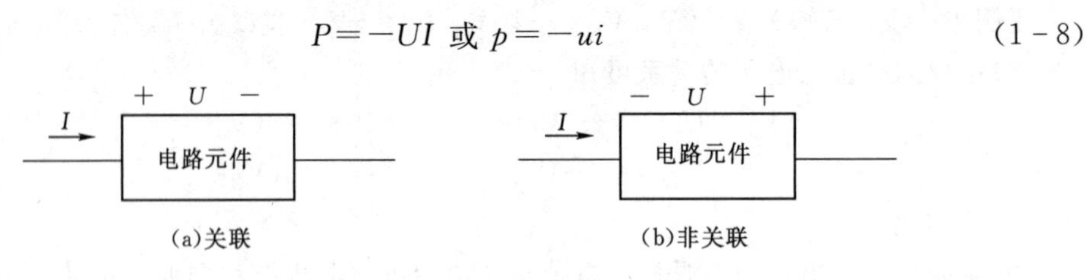

图 1-13 关联参考方向与非关联参考方向示意图

对于计算结果，当 $P>0$（或 $p>0$）时，该电路吸收（消耗）功率，称为负载；当 $P<0$（或 $p<0$）时，该电路发出（产生）功率，称为电源。

为了使电气设备在长时间工作中的温度不超过最高允许温度，对通过它的最大允许电流有一个限制，通常把这个限定的电流值称为电气设备的额定电流，用 I_N 表示。为了限制电气设备的电流以及限制绝缘材料所承受的电压，对允许长时间加在各电气设备上的电压也有一个限制值，通常把这个限定的电压值叫作电气设备的额定电压，用 U_N 表示。电气设备的额定电流和额定电压的乘积就等于它的额定功率，用 P_N 表示。

功率的国际单位为瓦特，简称瓦，符号为 W，1W=1VA。能量的国际单位为焦耳（J）。

在一个电路中，每一瞬间，吸收电能的各元件功率的总和等于发出电能的各元件功率的总和；或者说，所有元件吸收的功率代数和为零。符合能量守恒定律，称为电路的功率平衡。

【例1-5】 (1) 在图1-14 (a) 中，若 $I_{ab}=1A$，试求该元件的功率。

(2) 在图1-14 (b) 中，若 $I_{ab}=1A$，试求该元件的功率。

(3) 在图1-14 (c) 中，若元件发出功率6W，试求电流。

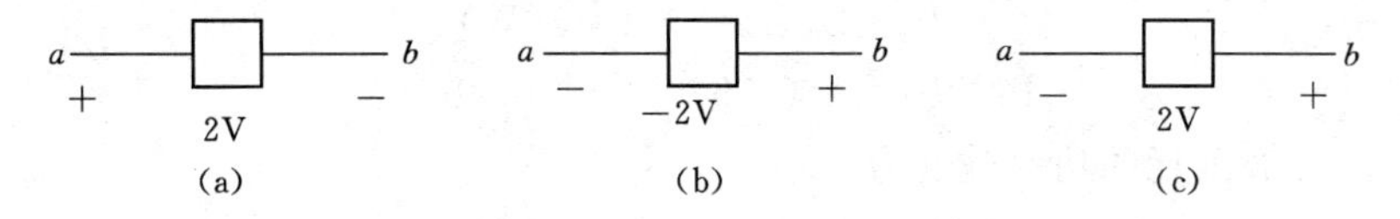

图1-14 ［例1-5］示意图

解：(1) 电压、电流为关联参考方向，所以 $P=UI=2\times1=2(W)>0$，元件吸收功率2W。

(2) 电压、电流为非关联参考方向，所以 $P=-UI=-(-2)\times1=2(W)>0$，元件吸收功率2W。

(3) 选择电流方向为 I_{ab}，则与电压为非关联参考方向，所以 $P=-UI_{ab}=-2I_{ab}$，因元件发出功率6W，所以 $P=-6W=-2I_{ab}$，求得 $I_{ab}=3A$，因此元件电流方向为从 a 到 b，大小为3A。

【例1-6】 如图1-15所示电路，方框代表电源或负载，电流和电压的参考方向如图1-15所示。已知：$I_1=2A$，$I_2=1A$，$I_3=-1A$，$U_1=3V$，$U_2=4V$，$U_3=2V$，$U_4=4V$，$U_5=5V$，$U_6=-9V$。

(1) 标出各电流、电压的实际方向和极性。

(2) 判断哪几个方框代表电源，哪几个方框代表负载。

(3) 计算各个方框所代表电路元件所消耗或产生的功率，并校验整个电路的功率是否平衡。

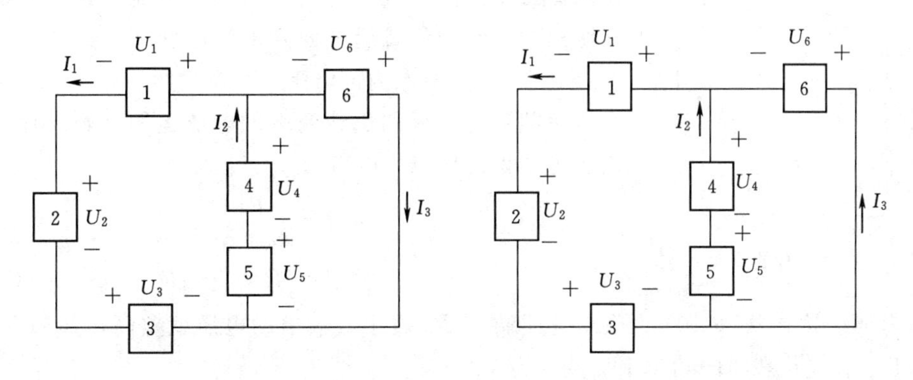

图1-15 ［例1-6］示意图

解：(1) 判断电流、电压的参考方向与实际方向之间的关系，当参考方向与实际方向一致时，其值为正；反之，相反时，其值为负。为此，把各负值的电流、电压的参考方向反过来改换一下，即可得到各电流的实际方向和电压的实际极性。

（2）判断负载和电源的原则是依据元件上电流和电压方向来确定的，当元件上的实际电流方向和电压极性相反时，即 $P<0$，则为电源，当元件上的实际电流方向和电压极性一致时，即 $P>0$，则为负载。据此原则，方框 4、5、6 为电源，方框 1、2、3 为负载。

（3）各元件的功率计算。

电源 4、5、6 发出的功率分别为

$$P_4=U_4I_2=4\times1=4(\mathrm{W})$$
$$P_5=U_5I_2=5\times1=5(\mathrm{W})$$
$$P_6=U_6I_3=(-9)\times(-1)=9(\mathrm{W})$$

负载 1、2、3 消耗的功率分别为

$$P_1=U_1I_1=3\times2=6(\mathrm{W})$$
$$P_2=U_2I_1=4\times2=8(\mathrm{W})$$
$$P_3=U_3I_1=2\times2=4(\mathrm{W})$$

由上面的计算可得

$$P_4+P_5+P_6=4+5+9=18(\mathrm{W})$$
$$P_1+P_2+P_3=6+8+4=18(\mathrm{W})$$

由以上例题进一步可知，电源发出的功率等于负载消耗的功率，在一个电路中功率的代数和为零，符合功率平衡关系。

另外，在工厂或家庭用电计算时，如果功率的单位为 $1\mathrm{kW}-10^3\mathrm{W}$，时间的单位为小时（$1\mathrm{h}=3.6\times10^3\mathrm{s}$），所转换电能的单位为千瓦·时，符号为 kW·h，俗称“度”。

$$1\mathrm{kW}\times1\mathrm{h}=1\mathrm{kW\cdot h}$$

三、电路的工作状态

电路的工作状态有三种：通路、断路、短路。

1. 通路

电源与负载接通构成了闭合回路，称为通路状态。因外电路接有负载，有时也称为电源的有载状态。有载状态时，负载有电流流过，即电流从电源出发，经过负载后可回到电源的状态。如图 1-16 所示，其中 R_0 为电源内部电阻，简称内阻。

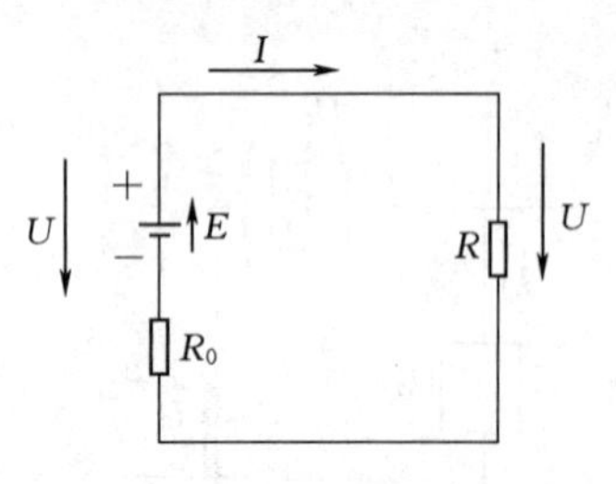

图 1-16　通路时的有载状态

负载流过电流和负载两端的电压运用欧姆定律（详细内容见知识链接二）可得

$$I=\frac{E}{R_0+R} \tag{1-9}$$

$$U=IR=E-IR_0 \tag{1-10}$$

从电压表达式（1-10）可见，电源内阻 R_0 愈小，输出的电压就愈高，如果 $R_0\ll R$，则 $U\approx E$。有载状态时的功率平衡关系为

$$P_N=P+P_{R0} \tag{1-11}$$

式中　P_N——电源电动势输出功率；

P_{R0}——电源内阻损耗功率；

P——负载吸收的功率。

由式（1-11）得

$$P=P_{N}-P_{R0}$$

显然，电源内阻愈小，电源内损耗就愈小，负载所获得的功率就愈大。

根据通路状态负载实际值与额定值的大小关系，负载情况可分为以下三种：

（1）轻载：负载实际值低于额定值下的工作状态。

（2）满载：负载在额定值下的工作状态。

（3）过载：负载实际值高于额定值下的工作状态（又称超载）。

显然，轻载没有充分利用电源设备，使电源设备不能正常发挥效能。过载会降低设备的使用寿命、老化绝缘甚至会损坏用电设备及电源，这也是应尽量避免的。所以一般用电器在出厂时都标明相关的额定值，购买使用时一定要注意。

2. 断路（开路）

断路又称开路，是指电源与负载没有接成闭合通路，电路中没有电流的状态，如电路中开关的断开或线路出现故障等。

断路时相当于负载电阻无穷大，电路的电流为零，即

$$R=\infty，I=0 \tag{1-12}$$

此时电源不向负载供给功率，即

$$P_{S}=0，P_{L}=0 \tag{1-13}$$

这种情况称为电源空载，其中 P_S 为电源功率，P_L 为负载功率。电源空载时的端电压称为断路电压或开路电压。电源的开路电压 U_{OC} 就等于电动势 E，即

$$U_{OC}=E$$

例如，图 1-17 所示电路中装有一个单刀单掷开关 S，断开时它的两个端钮 A、B 间电压 U_{AB} 分别与电源两极等电位，故

$$U_{AB}=U_{OC}=E$$

断路可以分为控制性断路和故障性断路。控制性断路是人们根据需要利用开关将处于通路状态的电路断开；故障性断路是一种突发性、意想不到的断路状态。例如，在汽车电路中，电源与负载之间的连接导线松脱，负载与金属部分接触不良，都会引起断路故障。所以在接线时要牢固可靠，尽量避免断路故障发生。

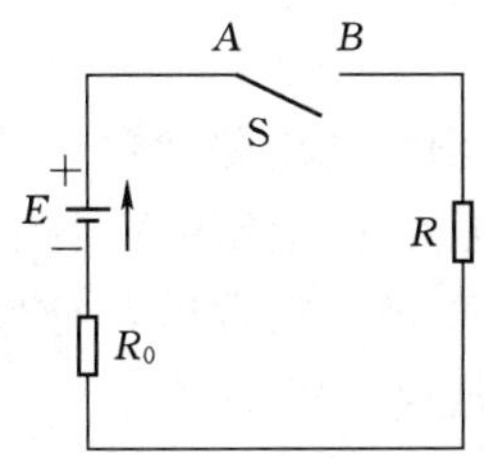

图 1-17　单刀单掷开关的电路

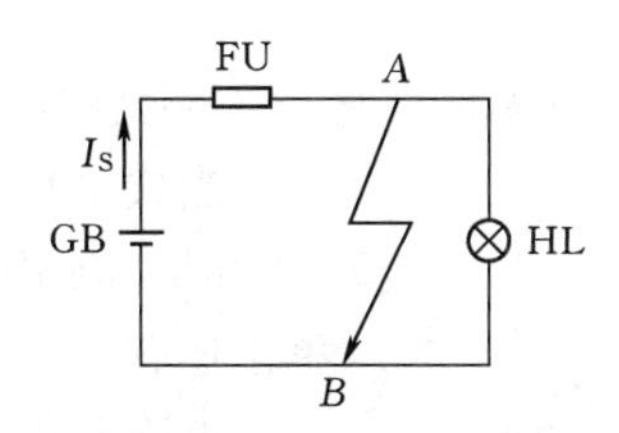

图 1-18　短路故障

3. 短路

电源（或负载）两端用电阻近似为零的导线直接连接，称为短路状态，如图 1-18 所示。

短路是电路最严重、最危险的事故，是禁止的状态。短路时电流经短路线与电源构成

回路，导线的电阻很小；如果忽略不计，则电源两端的输出电压

$$U_{AB}=0 \tag{1-14}$$

短路电流

$$I_S=\frac{E}{R_0} \tag{1-15}$$

式中　R_0——电源的内阻。

图 1-18 中实线箭头表示 A、B 间发生了短路。

由于短路时电路中的电阻近似为零，因此电路中的短路电流比灯丝正常发光时电流大几十或几百倍。这样大的短路电流通过电路将产生大量的热，使导线温度迅速升高，不仅损坏导线、电源和其他电气设备，严重时还会引起火灾。所以，一般电路上都加短路保护装置，如图 1-18 所示的熔断器 FU。

产生短路的原因主要是接线不当、线路绝缘老化损坏等。为了防止短路事故的发生，应正确连线，不要过载工作，避免损坏绝缘层。更重要的是应在电路中接入过载和短路保护的熔断器和自动断路器，在严重过载或短路时，保护装置能迅速自动切断故障电路。

知识链接二　电路的基本元器件

由元件连接而成的电路，在分析研究时首先要了解各种电路元件的特性，进而可以进行电路的分析。表示电路元件特性的数学关系称为元件约束。

一、电阻元器件

1. 电阻和欧姆定律

电流在导体中流动通常要受到阻碍作用，反映这种阻碍作用的物理量称为电阻。在电路图中常用理想电阻元件来反映物质对电流的这种阻碍作用。

电流和电压的大小成正比的电阻元件称为线性电阻元件。元件的电流与电压的关系曲线叫作元件的伏安特性曲线（即 $u-i$ 关系）。线性电阻元件的伏安特性曲线为通过坐标原点的直线。这个关系称为欧姆定律。在电流和电压的关联参考方向下，线性电阻元件的伏安特性曲线如图 1-19 所示。

欧姆定律的表达式为

$$U=IR \tag{1-16}$$

式中　R——电阻元件，它是一个反映电路中电能消耗的电路参数，是一个正实常数。

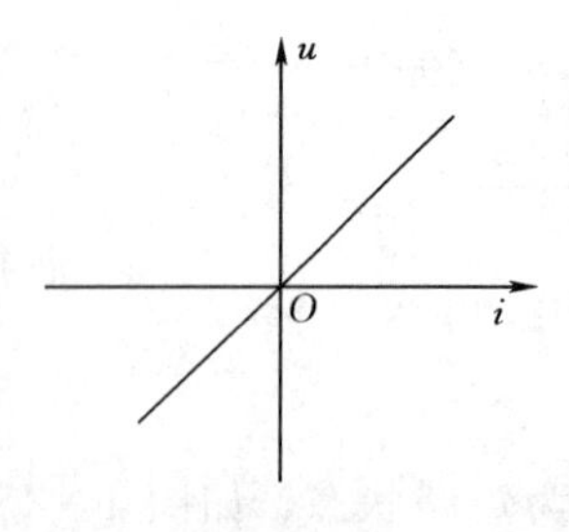

图 1-19　线性电阻元件的伏安特性曲线

当式（1-16）中电压的单位用 V 表示、电流的单位用 A 表示时，电阻的单位是欧姆，简称欧，符号为 Ω。常用的电阻单位还有千欧（kΩ）、兆欧（MΩ）等。

电阻元件也有非线性电阻元件，本书只讨论线性电阻元件。

令 $G=\frac{1}{R}$，则式（1-16）变为

$$I=GU \tag{1-17}$$

式中　G——电导，即电阻的倒数，S（西［门子］）。

电导的电路图形符号同电阻，如图 1-20 所示。

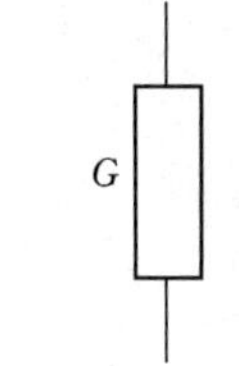

图 1-20　电导的图形符号

如果线性电阻元件的电流和电压的参考方向非关联，则欧姆定律的表达式为

$$U=-IR \tag{1-18}$$

或

$$I=-GU \tag{1-19}$$

在电流和电压的关联参考方向下，任何瞬时线性电阻元件接受的电功率为

$$P=UI=RI^2=\frac{U^2}{R}=GU^2 \tag{1-20}$$

由于电阻 R 和电导 G 都是正实数，因此功率 P 恒为非负值。既然功率 P 不能为负值，这就说明任何时刻电阻元件不可能发出电能，它所接受的全部电能都转换成其他形式的能。所以线性电阻元件是耗能元件。

如果电阻元件把接受的电能转换成热能，则从 t_0 到 t 时间内，电阻元件的热量 Q，也就是这段时间内接受的电能 W 为

$$Q=W=\int_{t_0}^{t}p\mathrm{d}t=\int_{t_0}^{t}Ri^2=\int_{t_0}^{t}\frac{u^2}{R}\mathrm{d}t \tag{1-21}$$

若电流不随时间变化，即电阻通过直流电流时，式（1-21）化为

$$Q=W=P(t-t_0)=PT=RI^2T=\frac{U^2}{R}T \tag{1-22}$$

式中　T——电流通过电阻的总时间，$T=t-t_0$。

式（1-21）和式（1-22）称为焦耳定律。表示电能的单位为焦耳（J）。

实际上，所有电阻器、电灯、电炉等器件，它们的伏安特性曲线在一定程度上都是非线性的。但在一定的条件下，这些器件的伏安特性近似为一直线，用线性电阻元件作为它们的电路模型可以得到令人满意的结果。

实际中通常应用功率计算的表达式来选择连接导线。在一般情况下，对于电线和电缆的选择，不管它的导体材料是什么，绝缘材料是什么，选择的导线的电压、电流、电阻额定值比应用功率计算得出导线的实际值留有一定的余量。具体选择方案查阅电工手册。

线性电阻元件有两种特殊情况值得注意：一种情况是电阻值 R 为无限大，电压为任何有限值时，其电流总是零，这时把它称为开路；另一种情况是电阻为零，电流为任何有限值时，其电压总是零，这时把它称为短路。

2. 常用电阻的分类

常用电阻的分类如图 1-21 所示。

（1）碳膜电阻。阻值稳定性高，受电压和频率影响小，具有负的电阻温度系数，但是其特性不如金属膜电阻器，现在使用不多，如图 1-21（a）所示。

（2）金属膜电阻。工作环境温度范围宽，体积和工作噪声都比较小，阻值精度较高，使用较广泛，但是其脉冲负载能力差，如图 1-21（b）所示。

（3）金属氧化膜电阻。除具有金属膜电阻器的优点外，还有耐高温、低阻性能好等优点，但是氧化膜在直流负载下容易发生电解使氧化物还原，性能不太稳定，如图 1-21（c）

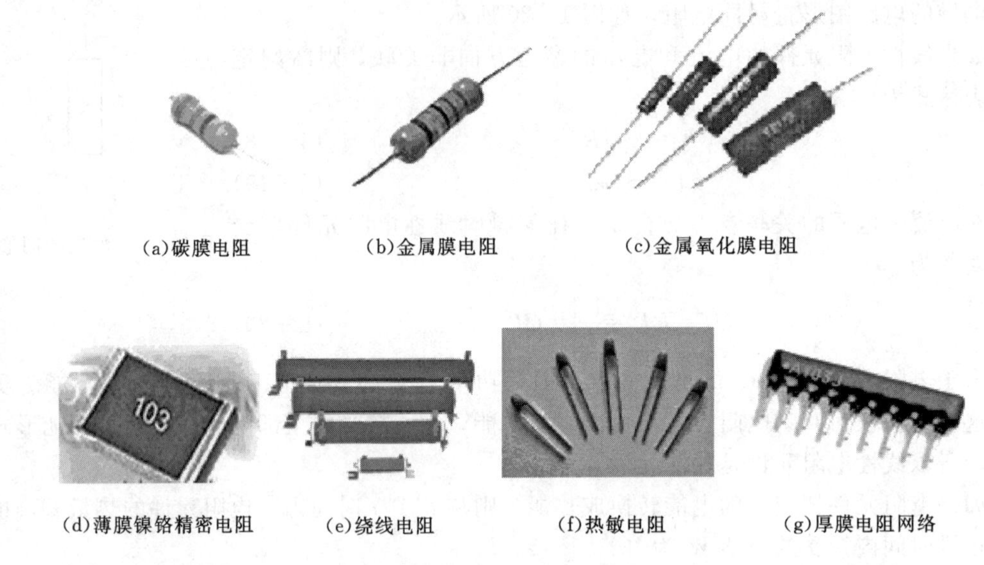

(a)碳膜电阻　(b)金属膜电阻　(c)金属氧化膜电阻

(d)薄膜镍铬精密电阻　(e)绕线电阻　(f)热敏电阻　(g)厚膜电阻网络

图1-21　电阻的分类

所示。

(4) 薄膜镍铬精密电阻。阻值精度高、温度系数小，稳定性高，适于要求较高的场合，价格较高，如图1-21 (d) 所示。

(5) 绕线电阻。阻值精度高、耐热抗氧化，功率可达100W以上，而其他电阻器功率通常为50W以下，主要用于精密和大功率场合，但是其高频性能较差，如图1-21 (e) 所示。

(6) 热敏电阻。负温度系数的热敏电阻器主要用在收音机和电视机等电路中做温度补偿用，也可用在温度控制或温度测量电路中，如图1-21 (f) 所示。

(7) 厚膜电阻网络。厚膜电阻网络是以高铝瓷做基体，采用高稳定性、高可靠性的锡系玻璃釉电阻材料，在高温下烧结制成。常用的是边侧并联单列直插式电阻网络，俗称阻排，阻值范围是10Ω～1MΩ，功率通常是1/8W或1/4W，如图1-21 (g) 所示。

实验室提供的绝大多数是金属膜电阻，在数字实验室也会遇到阻排，即厚膜电阻网络。

3. 电阻器的识别与注意事项

电阻器阻值的标定有两种：一种是直接数字标注，另一种是色标法。

(1) 直接数字标注。就是将电阻器阻值直接印刷在电阻器上。它的优点是容易识别，但是，其缺点也是明显的：①当表面出现局部磨损时，有可能造成无法读数；②仅能在一面观察读数，当焊接时误将读数面焊接到下面，则只有拆下来，才能读数。为了克服这些缺点，近年来，电阻生产者大量使用的是色环标注法，简称色标法。

(2) 色标法。就是在电阻上印刷4条或者5条具有不同颜色的环线，并用这些不同的颜色组合，标注该电阻的阻值。这种方法标注的电阻器，表面上少量的磨损，并不影响数值读取，并且因为是环线标注，无论怎样焊接，都可以方便地读取。其缺点是：必须学会并记住读取的色环表。

4 色环：前 2 条环表示 2 位有效数字，各有 10 种颜色，表示 0～9。第 3 条环表示倍率，有 8 种颜色，表示倍率为 $10^0 \sim 10^7$。电阻值为前面的有效值乘以当前的倍率。最后 1 条表示电阻器的允许偏差级别，分别用 7 种颜色表示允差为 0.1%～10%。

5 色环：前 3 条表示 3 位有效数字，其余与 4 色环相同。

图 1-22 给出了两种电阻的色环标注法示意图。内嵌的是色环表。

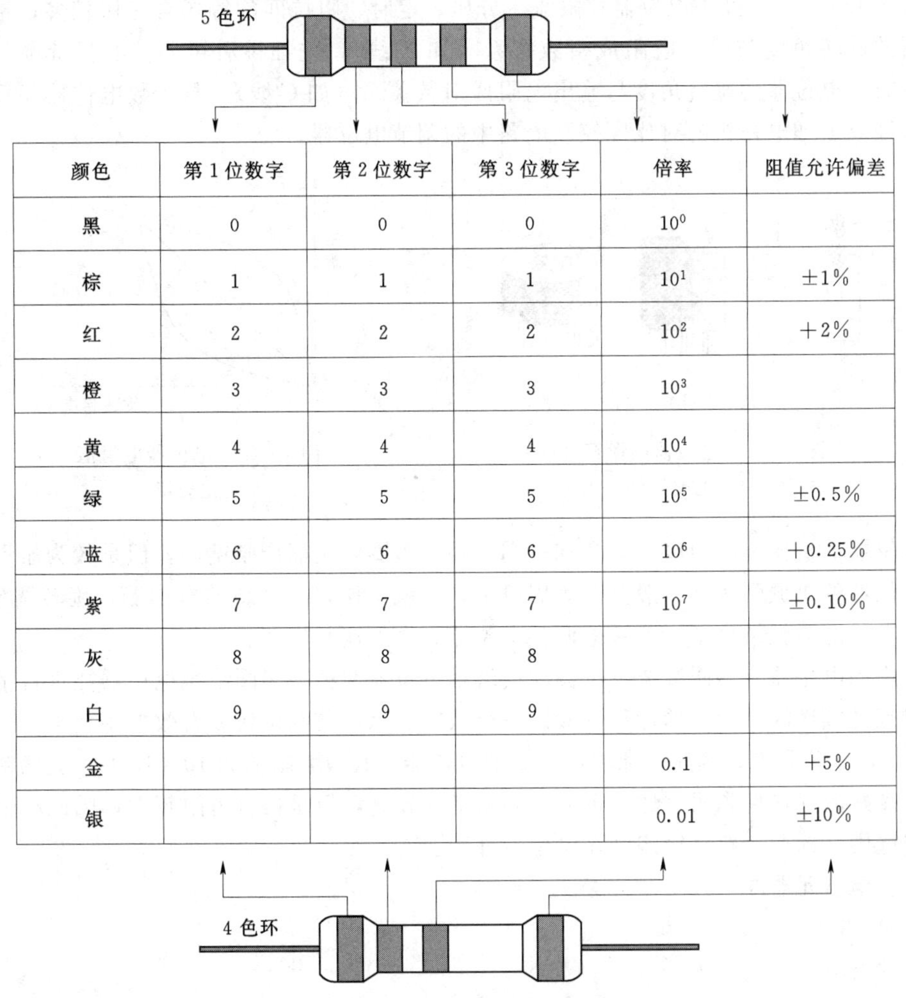

颜色	第 1 位数字	第 2 位数字	第 3 位数字	倍率	阻值允许偏差
黑	0	0	0	10^0	
棕	1	1	1	10^1	±1%
红	2	2	2	10^2	+2%
橙	3	3	3	10^3	
黄	4	4	4	10^4	
绿	5	5	5	10^5	±0.5%
蓝	6	6	6	10^6	+0.25%
紫	7	7	7	10^7	±0.10%
灰	8	8	8		
白	9	9	9		
金				0.1	+5%
银				0.01	±10%

图 1-22　电阻的色环标注法示意图

例如，某 4 色环标定的电阻器 4 条色环分别是棕、黑、黄和金，其对应阻值为：1(棕)0(黑)$\times 10^3$(黄)=100kΩ，误差为±5%（金）。某 5 色环标定的电阻器 5 条色环分别是橙、黑、黑、棕和棕，其对应阻值为：3(橙)0(黑)0(黑)×10(棕)=3.00kΩ，误差为±1%（棕）。注意：有些电阻器的色标很难区分起始位和最后一位，此时最好结合万用表读取电阻器的阻值。

注意事项：电阻器的实际功率不要超过电阻器的额定功率，否则电阻器容易发热甚至烧坏。

二、电位器

电位器是在一个电阻器内部增加一个滑动抽头形成的。有两个固定端和一个滑动端，其结构如图1-23（a）所示，图1-23（b）、（c）所示为两种常见电位器的外形。电位器除具有固定电阻器的性能指标外还有自身特点。电位器的旋转角度与输出电阻的规律有直线式、指数式和对数式三种，如图1-24所示。直线式电位器的旋转角度与输出电阻呈线性关系（如A线），此类电位器在限流、分压、定时、阻抗匹配等场合应用较多；指数式电位器的旋转角度与输出电阻成指数关系（如B线），先细挑后粗调，如音量调节电位器；对数式电位器的旋转角度与输出电阻成对数关系（如C线），与指数电位器相反，先粗调后细调，如电视机的对比度控制电路中的调节电位器。

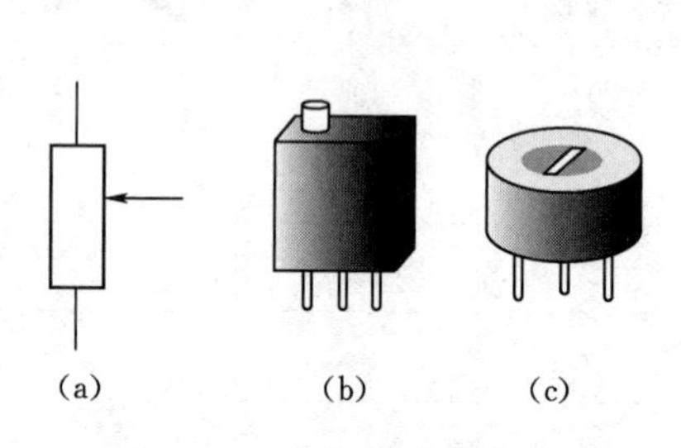

图1-23　电位器图形符号和两种常见类型外形图

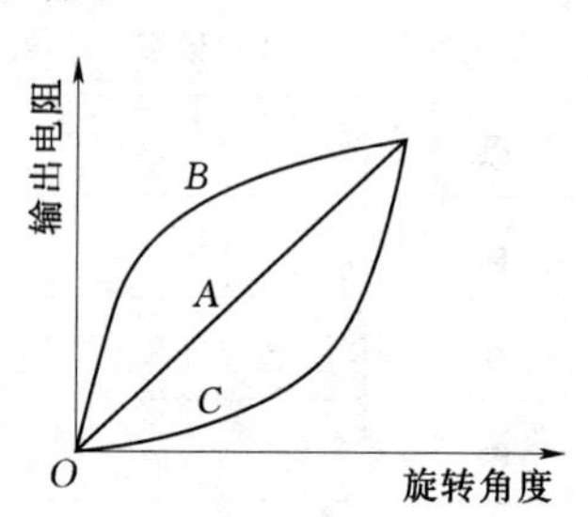

图1-24　电位器电阻值变化规律

电位器的机械旋转角度有单圈和多圈两种。多圈电位器调整精确，但是较为昂贵。

电位器的机械耐久性一般为200周以下，也就是说，一个新的电位器，旋转调整200次后，它的寿命就结束了。频繁地调整电位器，会加速其损坏。

常用的电位器有多圈线绕电位器和玻璃釉电位器两种。多圈线绕电位器能进行精密调整，但是高频性能差。它的标称一般以三个数字表示，前两位代表有效数字，第三位代表0的个数，单位是Ω，例如，标称位103的电位器，其最大阻值为$10\times10^3\Omega$；玻璃釉电位器具有良好的耐热性和耐磨性，可靠性和耐潮性较高，但是接触电阻较大，因此小阻值场合不宜选用，标称一般直接印刷在电位器外壳上。

三、电容元器件

（一）电容

1. 电容器特点

（1）电容元件的基本概念。两个导体之间用绝缘物隔开就构成了电容器。这两个导体称为电容器的极板，它们之间的绝缘物质称为介质。若在电容器的两个极板间加一直流电压后，电源将向电容器充电，使电容器的两极板上分别积聚起等量的异性电荷，在介质中建立起电场，并具有一定的电压u_C。在充电过程中，随着电荷量的不断增加，u_C不断增大，直到u_C等于电源电压时为止。充电的整个过程时间很短，也称暂态。充电过程结束后电路才达到稳态。充电过程实质上是电容器从电源取得能量的储能过程。在充电过程中，电容器上的电流由大减小，当充电过程结束时，电容器上的电流为零，这时电容器的电路相当于断路（开路）。

当已充电的电容器向电路放电，随着放电过程的进行，电容器两极间的电压u_C减小，

直至为零达到稳态。这一过程实质上是电容器把存储的能量反送回电路的过程。

电容元件通常用字母 C 表示，其图形符号如图 1-25 所示。

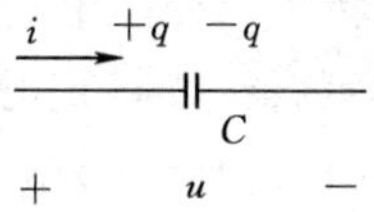

电容元件是一个理想的二端元件。其中 $+q$ 和 $-q$ 代表该元件正、负极板上的电荷量。若电容元件上的电压参考方向规定为由正极板指向负极板，则任何时刻都有以下关系

$$C=\frac{q}{u} \tag{1-23}$$

图 1-25　线性电容元件的图形符号

其中 C 是以衡量电容元件容纳电荷本领大小的一个物理量，称为电容元件的电容量。它是一个与电荷 q、电压 u 无关的正实数，但在数值上等于电容元件的电压每升高一个单位所容纳的电荷量。且如果电容元件的电容为常量，不随它所带电量的变化而变化，这样的电容元件即为线性电容元件。本书中没有特别说明，都是指线性电容元件。

但在实际中，当电容器两端电压变化时，介质中往往有一定的介质损耗，介质也不可能完全绝缘，因而也存在一定的漏电流。如果忽略电容器的这些次要性能，电容元件就是实际电容器的理想化模型。

电容元件和电容器也简称为电容。所以，电容一词，有时指电容元件（或电容器），有时则指电容元件（或电容器）的电容量。

电容器充、放电过程的时间长短，与电容器的电容 C 以及电路的电阻 R 成正比，这两个参数的乘积称为电容器的充、放电时间常数，用 τ 表示，单位为秒（s），即

$$\tau=RC \tag{1-24}$$

一般说来，无论充电还是放电，完成整个暂态过程所需的时间约为（3～5）τ。电容器的这种性能，在很多场合尤其是电子电路中得到了广泛的应用。

（2）电容元件的 $u-i$ 关系。由式（1-23）可知，当电容元件极板间的电压 u_C 变化时，极板上的电荷也随着变化，电路中就有电荷的转移，于是该电容电路中出现电流。

对于图 1-25 所示的电容元件，假设在时间 $\mathrm{d}t$ 内，极板上电荷量改变了 $\mathrm{d}q$，则由电流的定义式有

$$i=\frac{\mathrm{d}q}{\mathrm{d}t} \tag{1-25}$$

又根据式（1-23）可得 $q=Cu$，代入式（1-25）可得

$$i=C\frac{\mathrm{d}u}{\mathrm{d}t} \tag{1-26}$$

这就是关联参考方向下电容元件的电压与电流的约束关系，或称电容元件的 $u-i$ 关系。

式（1-26）表明：任何时刻，线性电容元件的电流与该时刻电压的变化率成正比，只有当极板上的电荷量发生变化时，极板间的电压才发生变化，电容支路才形成电流。因此，电容元件也称为动态元件。如果极板间的电压不随时间发生变化，则电流为零，这时电容元件相当于开路。故电容元件有隔断直流（简称隔直）的作用。

2. 电容器主要用途

电容元件是电子设备中大量使用的电子元件之一，任何两个彼此绝缘且相隔很近的导

体（包括导线）间都构成一个电容器。广泛应用于隔直、耦合、旁路、滤波、调谐回路、能量转换、控制电路等方面。此外，利用电容器还可构成直流成分恢复器、有缘滤波器、*LC* 振荡器、*RC* 定时器和 *RC* 移相等一系列电路。

（1）旁路。旁路电容是为本地器件提供能量的储能器件，它能使稳压器的输出均匀化，降低负载需求。就像小型可充电电池一样，旁路电容能够被充电，并向器件进行放电。为尽量减少阻抗，旁路电容要尽量靠近负载器件的供电电源管脚和地管脚。

（2）耦合。起耦合作用的耦合电容器对交流信号形成通路，同时又隔离直流信号。

（3）去耦。电子电路的各单元电路经常由同一电源供电，因此电源成了各单元电路交、直流成分的公共通道，电源通道的内阻上由各单元电路的电流产生的电压将反馈到各单元电路，只要条件适宜就将引起电路自激，多级放大电路尤其容易自激。为消除由公用电源所引起的寄生耦合，在电源上通常加 *LC* 或 *RC* 滤波去耦。

（4）滤波。从理论上（即假设电容为纯电容）讲，电容越大，阻抗越小，通过的频率也越高。但实际上，超过 1μF 的电容大多为电解电容，有很大的电感成分，所以随着频率升高后其阻抗也会随之增大。有时会看到一个电容量较大的电解电容并联了一个小电容，这时大电容通低频，小电容通高频。电容越大，低频越容易通过。具体在滤波应用中，大电容（$1\times10^3\mu$F）滤低频，小电容（20pF）滤高频。由于电容的两端电压不会突变，所以信号频率越高则衰减越大，它把电压的变动转化为电流的变化，频率越高，峰值电流就越大，从而缓冲了电压。

（5）储能。利用电解电容与外围电路组合通过对电容的充放电过程可以实现储能。

（6）波形变换。利用电容和电阻构成微分电路，可以将矩形脉冲变换为正负相间的尖峰脉冲，如图 1-26 所示。

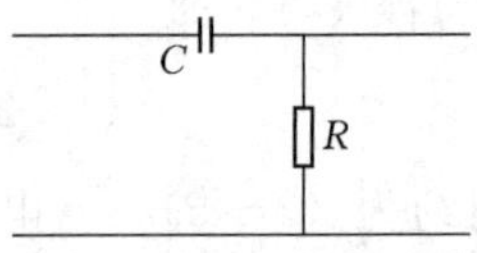

图 1-26 波形变换例图

（二）电容器分类

图 1-27 所示为常见电容器外形图，表 1-1 列出了常见电容器分类。

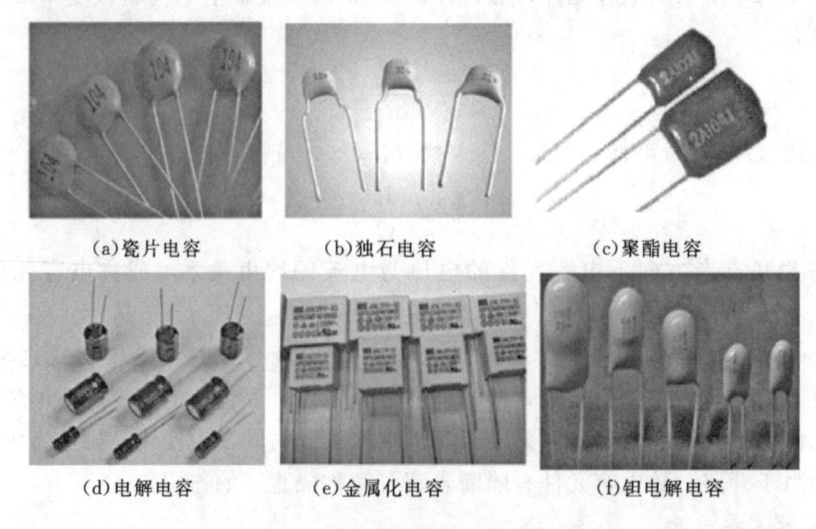

(a)瓷片电容 (b)独石电容 (c)聚酯电容

(d)电解电容 (e)金属化电容 (f)钽电解电容

图 1-27 常见电容器外形图

表 1-1　　常见电容器分类

名称		介质	特点	用途	缺点
瓷介电容器		高频无线电容器	性能优良，电容量稳定性高	高频电路	容量小
独石电容器		高介电常数的陶瓷	小体积大容量	耦合、旁路、滤波电路	电气性能一般
云母电容器		云母	绝缘性高，温度频率特性稳定	交流和脉冲电路	抗潮性能差
电解电容器	铝电容器	以铝箔或滤层为阴、阳极，铝的金属氧化物为介质	小体积大容量 10^0～$10^4\mu F$	去耦、耦合、电源滤波电路	容量易损耗，高频性能差，容量偏差较大
	钽电容器	以钽箔为阴、阳极，钽的金属氧化物为介质	体积小，温度范围宽，频率特性好，稳定性高	替补铝电容性能参数难以满足要求的电路	价格较高

（三）电容器的参数识别和注意事项

标称电容量是标志在电容器上的电容量。电容器的基本单位是法拉，简称法（F），但是，这个单位太大，在实际标注中很少采用。常用单位还有毫法（mF）、微法（μF）、纳法（nF）、皮法（pF），它们的单位关系为：$1F=1\times10^3mF$；$1mF=1\times10^3\mu F$；$1\mu F=1\times10^3nF$；$1nF=1\times10^3pF$。

电容器的标称方法有：将电容器的值直接标注在电容器上，如 30F、2.2μF/16V。电容器的工作电压不能长时间高于它的耐压值，否则电容器会发热甚至损毁。

选用电解电容器时应注意：电解电容器的标称值由耐压值和容量两部分构成，直接标注在电容器上。

电解电容器的标称耐压值选择原则为：在可供选择的标称耐压值中，应选用大于该电容可能承受最大电压两倍的最小值。一般标称耐压值为 16V、25V、50V 等。如在一个电路中，某个电解电容可能承受的最大电压为 12V，则应选择大于 24V 的标称耐压值中的最小值，为 25V。过分提高耐压值，一方面会增加成本（耐压值越高的电容越贵）；另一方面，也会造成电容实际容值小于标称值。

电解电容器有极性，应保证电解电容器在长期工作中，正极电压高于负极电压。长期施加反压，将会造成电解液起泡，并集聚压力而爆炸。

区分电解电容器管脚极性的方法有以下两种：

（1）电解电容器上“－”对应的管脚为负极，另一个管脚为正极。

（2）对于一个新的、未做过任何操作的电容器，长管脚为正极，短管脚为负极。

四、电感元器件

（一）电感

1. 电感器特点

（1）电感元件的基本概念。用导线绕制的空心线圈或具有铁心的线圈称为电感元件，其在工程中具有广泛的应用。电感元件图形符号如图 1-28 所示。

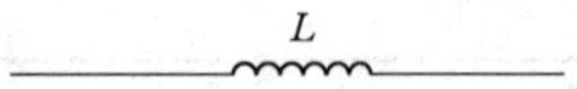

L

图1-28　电感元件图形符号

其中常数 L 称为线圈的电感（或自感系数）。电感的SI单位为亨［利］，符号为H（1H=1Wb/A）。通常还用毫亨（mH）和微亨（μH）作为其单位。它们的换算关系为

$$1\text{mH}=10^{-3}\text{H},\ 1\mu\text{H}=10^{-6}\text{H}$$

如果电感元件的电感为常量，而不随通过它的电流的改变而变化，则称为线性电感元件。本书中没有特别说明，都是指线性电感元件。

电感元件和电感线圈也称为电感。所以，电感一词有时指电感元件，有时则是指电感元件或电感线圈的电感系数。

（2）电感元件的 $u-i$ 关系。电感元件的电流变化时，其自感磁链也随之改变，由相关定律可知，在电感元件两端会产生自感电压。若选择 u、i 的参考方向都和磁通 Φ_{L} 关联，则 u 和 i 的参考方向也彼此关联，此时，自感磁链为

$$\Psi_{\mathrm{L}}=Li \tag{1-27}$$

而自感电压为

$$u=\frac{\mathrm{d}\Psi_{\mathrm{L}}}{\mathrm{d}t}=\frac{\mathrm{d}(Li)}{\mathrm{d}t} \tag{1-28}$$

即

$$u=L\frac{\mathrm{d}i}{\mathrm{d}t} \tag{1-29}$$

这就是关联参考方向下电感元件的电压与电流的约束关系或电感元件的 $u-i$ 关系。

由式（1-29）可知，只有当电感元件的电流发生变化时，其两端才会有电压。因此，电感元件也叫动态元件。电流变化越快，自感电压越大；电流变化越慢，自感电压越小。当电流不随时间变化时，则自感电压为零。所以直流电路中，电感元件相当于短路。

2. 电感器主要用途

（1）电感线圈有阻流作用。电感线圈中的自感电动势总是与线圈中的电流变化抵抗。电感线圈对交流电流有阻碍作用，阻碍作用的大小称感抗 X_{L}，单位是欧姆。它与电感量 L 和交流电频率 f 的关系为 $X_L=2\pi fL$，电感器主要可分为高频阻流线圈及低频阻流线圈。

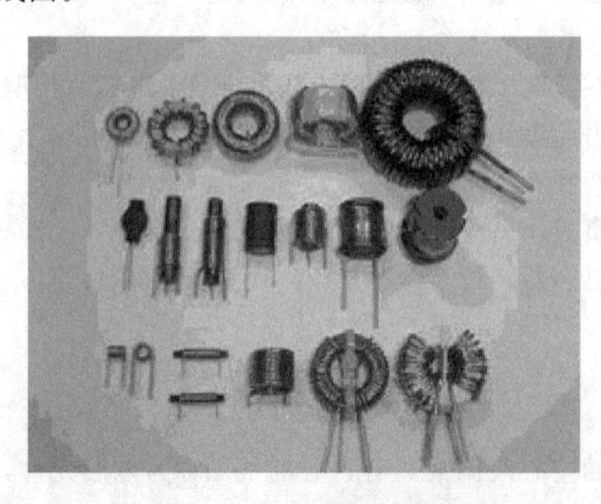

图1-29　常见电感器的外形

（2）电感器还有筛选信号、过滤噪声、稳定电流及抑制电磁波干扰等作用。电感器在电子线路中应用广泛，为实现振荡、调谐、耦合、滤波、延迟、偏转的主要元件之一。

常见电感器的外形如图1-29所示。

（二）电感器的分类和使用场合

1. 电感器分类

电感器分为空心和磁心两大类，磁心电感器又分为卧式和立式。空心电感器没有磁滞和涡流损耗，品质因数（$Q=\omega L/r$）

高，分布电容小，在高频电路中应用较多，可惜没有成品可购，需要自己绕制。磁心电感器体积小，结构牢固，可用于滤波、振荡、延迟和陷波等电路中。

电感器主要应用于低通滤波、高通滤波、谐振电路、阻抗匹配、延迟线、陷波电路和高频补偿等电路中，详见表1-2。

表1-2　　　　电感器的常用电路

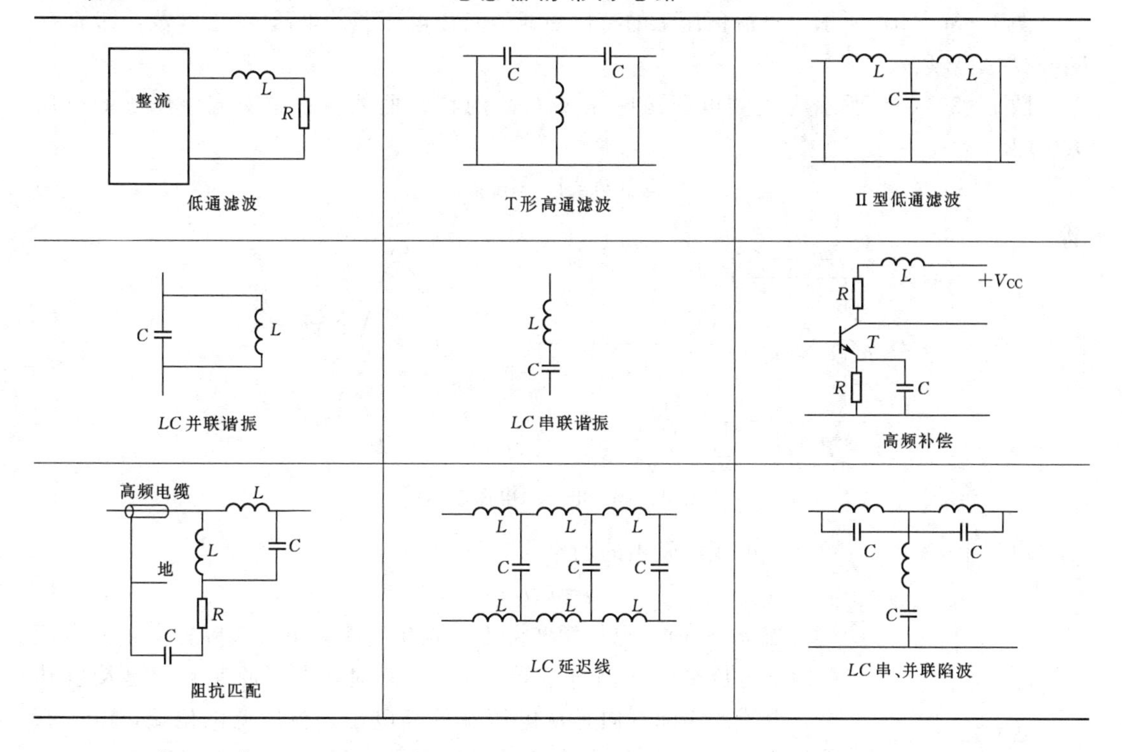

2. 电感器的参数识别和使用注意

标称电感量和偏差可直接标注在电感器上，也可以用色环的形式表示，规定与色环电阻类似，单位是μH。电感器标称值，由（$1\times10^{-1}\sim22\times10^{3}$）μH。选用电感器时除了要注意电感量、品质因数和电流等级外，还要注意其直流电阻值。

以上介绍了几种常用元器件，在分析研究的实际电路时可以用一个或若干个理想电路元件（考虑元件主要特性，忽略次要因素）经理想导体连接起来进行模拟，这便构成了电路模型。但分析电路模型时还必须依据一定的定律。

五、电源

给电路提供能量的元件是电源，如果忽略了电源内部的能量损耗，电源可以看作电压源或电流源，即两种有源元件。电压源和电流源都是给定的时间函数，不受外电路的影响，故称为独立源。在电子电路的模型中还经常遇到另一种电源，它们的源电压和源电流不是独立的，而是受电路中另一处的电压或电流控制，称为受控源或非独立源。

1. 电压源

电压源是一个理想二端元件，其图形符号如图1-30（a）所示，u_S为电压源的电压，“+”、“-”为电压的参考极性。电压u_S是某种给定的时间函数，与通过电压源的电流无关。因此电压源具有以下两个特点：

(1) 电压源对外提供的电压 $u(t)$ 是某种确定的时间函数，不会因所接的外电路不同而改变，即 $u(t)=u_S(t)$。

(2) 通过电压源的电流随外接电路不同而不同。常见的电压源有直流电压源和正弦交流电压源。

图 1－30（b）所示为直流恒压源的特性曲线。直流电压源的电压 u_S 是常数，即 $u_S=U_S$（U_S 是常数）。

图 1－30（c）所示为正弦电压源电压 $u_S(t)$ 的特性曲线。正弦交流电压源的电压 $u_S(t)$为

$$u_S(t)=U_m\sin\omega t \tag{1-30}$$

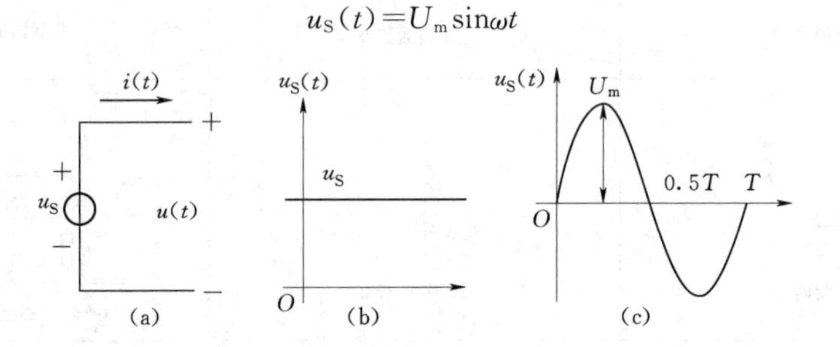

图 1－30　电压源电压波形

由图 1－30（a）可知，电压源发出的功率为

$$p=u_S i \tag{1-31}$$

当 $p>0$ 时，电压源实际上是发出功率，电流实际方向是从电压源的低电位端流向高电位端；当 $p<0$ 时，电压源实际上是接收功率，电流的实际方向是从电压源的高电位端流向低电位端，电压源是作为负载出现的。电压源中电流变化范围为 0～∞。

图 1－31　直流恒压源的伏安特性

图 1－31 所示为直流恒压源的伏安特性。它是一条与电流轴平行且纵坐标为 U_S 的直线，表明其端电压恒等于 U_S，与电流大小无关。当电流为零，亦即电压源开路时，其端电压仍为 U_S。

如果一个电压源的电压 $u_S=0$，则此电压源的伏安特性为与电流轴重合的直线，它相当于短路。

实际电压源种类很多，如图 1－32 所示，它们都能给电路输出稳定的电压。

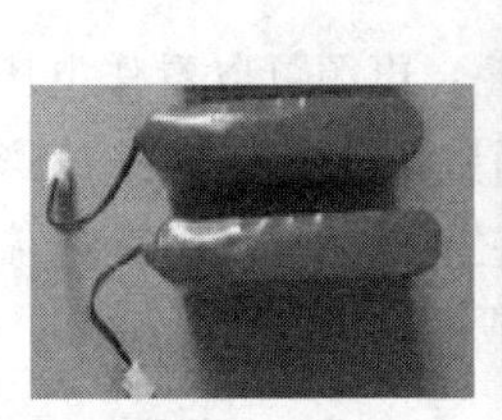

(a)锂电池

(b)蓄电池

(c)直流稳压电源

(d)发电机

图 1－32　实际电压源

2. 电流源

电流源也是一个理想的二端元件，图形符号如图 1－33（a）所示，i_S 是电流源的电流，电流源旁边的箭头表示电流 i_S 的参考方向。电流 i_S 是某种给定的时间函数，与端电压 u 无关。因此电流源有以下两个特点：

（1）电流源向外电路提供的电流 $i(t)$ 是某种确定的时间函数，不会因外电路不同而改变，即 $i(t)=i_S$，i_S 是电流源的电流。

（2）电流源的端电压 $u(t)$ 随外接的电路不同而不同。

如果电流源的电流 $i_S=I_S$（I_S 是常数），则为直流电流源。它的伏安特性是一条与电压轴平行且横坐标为 I_S 的直线，如图 1－33（b）所示，表明其输出电流恒等于 I_S，与端电压无关。当电压为零，亦即电源短路时，它发出的电流仍为 I_S。

如果一个电流源的电流 $i_S=0$，则此电流源的伏安特性为与电压源轴重合的直线，它相当于开路。

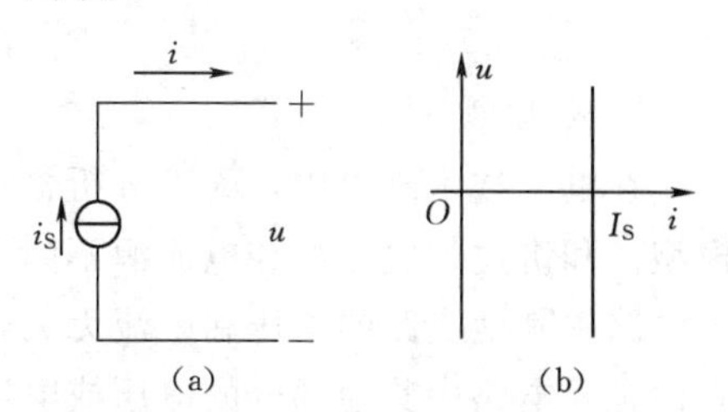

图 1－33　电流源及直流电流源的伏安特性

由图 1－33（a）可知，电流源发出的功率为

$$p=ui_S \tag{1-32}$$

当 $p>0$ 时，电流源实际是发出功率；当 $p<0$ 时，电流源实际是接收功率。此时，电流源是作为负载出现的。电流源中端电压变化范围为 0～∞。

恒流源电子设备和光电池器件的特性都接近电流源。实际电流源的种类较多，如图 1－34所示，它们都能给电路输出稳定的电流。

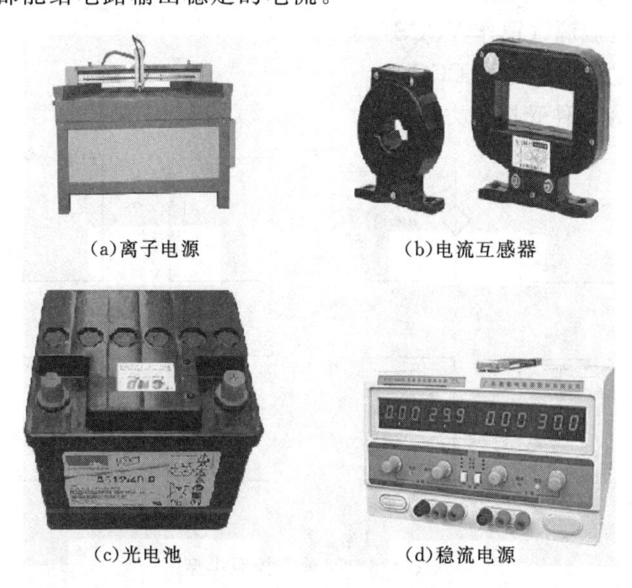

(a)离子电源　(b)电流互感器　(c)光电池　(d)稳流电源

图 1－34　实际电流源

【例 1－7】 计算如图1－35 所示电路中电流源的端电压 U_1、5Ω 电阻两端的电压 U_2 和电流源、电阻、电压源的功率 P_1、P_2、P_3。

解： 根据欧姆定律有

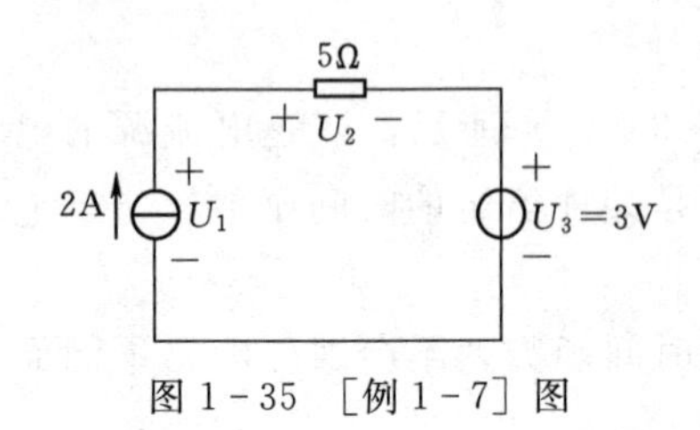

图 1-35 [例 1-7] 图

$$U_2=5\times2=10(\mathrm{V})$$

$$U_1=U_2+U_3=10+3=13(\mathrm{V})$$

电流源的电流、电压选择为非关联参考方向，所以

$$P_1=U_1I_S=13\times2=26(\mathrm{W})(\text{发出})$$

电阻的电流、电压选择为关联参考方向，所以

$$P_2=10\times2=20(\mathrm{W})(\text{接收})$$

电压源的电流、电压选择为关联参考方向，所以

$$P_3=2\times3=6(\mathrm{W})(\text{接收})$$

3. *受控源*

在电子技术理论中，为了分析含有三端以上的半导体器件的方便，引入了“受控源”模型。和讲过的电压源和电流源不同，电压源或电流源的电压和电流是本身就有的性能，与电路中其他支路的电压和电流无关，称其为独立源。而受控源的电压电流不是独立的，它们是受电路中其他部分的电压或电流控制的。例如，晶体管集电极电流受基极电流的控制。为区别起见，在电路符号上，受控源用菱形表示，独立源用圆圈表示。

受控源是四端元件，分为受控支路和控制支路（或称为输出支路和输入支路）两个部分。受控支路可能是受控电压源或受控电流源，其电压或电流由控制支路的电压或电流来调节，与受控支路的负载无关。

按受控变量与控制变量的不同组合，可将受控源分为以下四种类型：

(1) 电压控制电压源（记作 VCVS）。

(2) 电流控制电压源（记作 CCVS）。

(3) 电压控制电流源（记作 VCCS）。

(4) 电流控制电流源（记作 CCCS）。

图 1-36 所示为四种受控源类型。

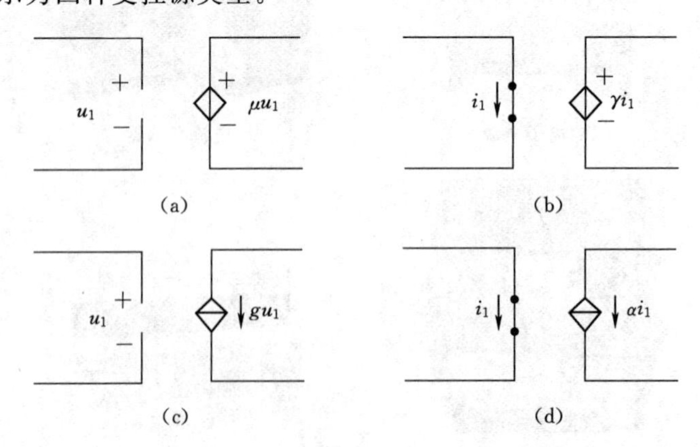

图 1-36 四种受控源类型

图 1-36 中 μ、γ、g、α 称为控制系数。其中，γ 具有电阻的量纲，称为转移电阻；g 具有电导的量纲，称为转移电导；α、μ 量纲为 1，分别称为电压放大系数和电流放大系数。控制系数为常数的受控源叫线性受控源。一般只讨论线性受控源（简称受控源）。

对于含受控源的电路分析，可把受控源当作通常的独立源一样看待，只是在控制量不

是待求量时，须补充一个反映控制量与待求量之间关系的方程。

【例 1-8】 如图1-37 所示电路，求 I。

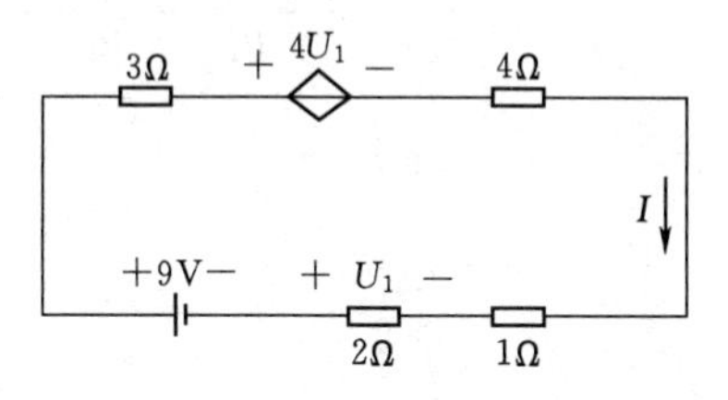

图 1-37 ［例 1-8］电路

解：这是一个单回路电路，只有一个电流 I，把受控源 $4U_1$ 当作独立源。则由全电路欧姆定律，有

$$I=\frac{9-4U_1}{3+4+1+2}=\frac{9-4U_1}{10}(\mathrm{A})$$

方程中多了一个未知量 U_1，U_1 是受控源的控制量，补充一个反映控制量 U_1 与求解量 I 之间关系的方程

$$U_1=2I$$

两式联立求解得 $I=0.5\mathrm{A}$。

顺便指出，这种流过同一个电流的各元件的连接方式称为串联。

知识链接三　直流电路分析

一、电阻电路的连接方式

（一）等效网络的定义

为了满足不同的要求，电路中各元件有不同的连接方式。由线性电阻元件和电源元件组成的电路称为线性电阻电路，简称电阻性电路或电阻电路。电阻电路中的电源可以是直流的，也可以是交流的。当电路中的电源都是直流时，这类电路简称为直流电路。就直流电阻电路而言，按连接方式不同，可分为两大类：简单电路和复杂电路。只用欧姆定律，分压、分流公式就可求解的电路称为简单电路。把不能用串、并联方法进行简化求其等效电阻的电路称为复杂电路。实际中，有两个引出线端的电路遇到较多，一般称其为二端口网络。二端口网络又分为无源二端网络（指网络内部不含电源）和有源二端口网络（指网络内含有电源）。二端网络符号如图 1-38所示。

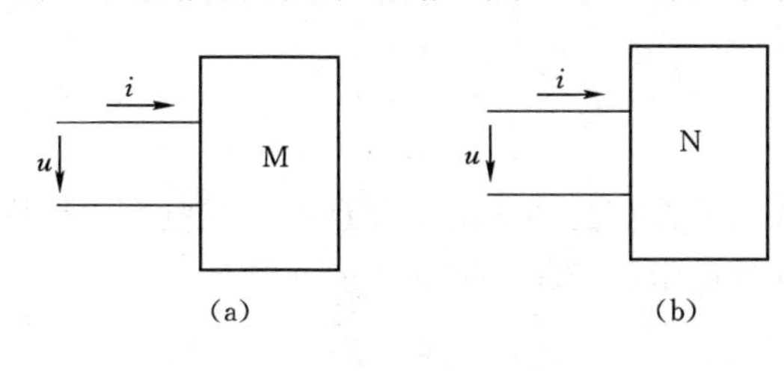

图 1-38　二端口网络的等效变换

只要端口处电流和电压的关系不变，两个网络就是等效的。等效是指网络外部保持原电流、电压关系不变。而一个内部没有独立源的电阻性二端口网络，总可以与一个电阻元件等效。这个电阻元件的电阻值等于该网络关联参考方向下端口电压与电流的比值，称为该网络的等效电阻或输入电阻，用 R_i 表示，也称为总电阻。

（二）电阻的连接方式

1. 电阻的串联

在电路中，把几个电阻元件依次一个一个首尾连接起来，中间没有分支，在电源的作用下流过各电阻的是同一电流，这种连接方式称为电阻的串联，如图 1-39 所示。

电路特点如下：

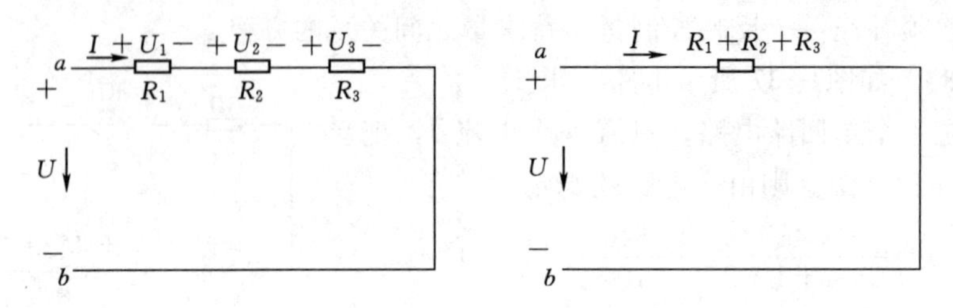

图 1-39　电阻的串联

(1) 电流相等。所以有

$$U=U_1+U_2+U_3=(R_1+R_2+R_3)I \tag{1-33}$$

(2) 等效电阻。

$$R_i=R_1+R_2+R_3 \tag{1-34}$$

(3) 分压公式。

$$\left.\begin{aligned}U_1&=R_1I=R_1\frac{U}{R_i}=\frac{R_1}{R_1+R_2+R_3}U\\U_2&=R_2I=R_2\frac{U}{R_i}=\frac{R_2}{R_1+R_2+R_3}U\\U_3&=R_3I=R_3\frac{U}{R_i}=\frac{R_3}{R_1+R_2+R_3}U\end{aligned}\right\} \tag{1-35}$$

可以推广出 n 个电阻串联的分压通式表达为

$$U_n=\frac{R_n}{R_i}U \tag{1-36}$$

式中　U_n——第 n 个电阻的分压；

R_n——第 n 个电阻值；

R_i——串联等效电阻值；

U——串联电阻电路两端总电压。

2. 电阻的并联

在电路中，把几个电阻元件的首尾两端分别并接在公共的两个节点上，在电源的作用下，它们两端的电压都相同，这种连接方式称为电阻的并联，如图 1-40 所示。

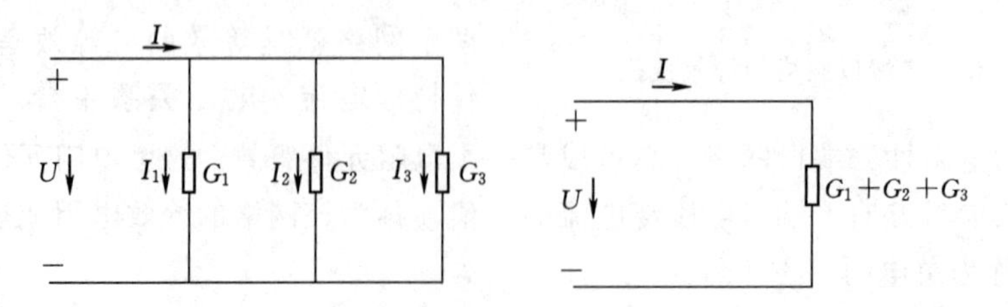

图 1-40　电阻的并联

电路特点如下：

(1) 电压相等。所以有

$$I=I_1+I_2+I_3=(G_1+G_2+G_3)U \tag{1-37}$$

(2) 等效电导。

$$G_i = G_1 + G_2 + G_3 \tag{1-38}$$

(3) 分流公式。

$$\left.\begin{aligned} I_1 &= G_1 U = G_1 \frac{I}{G_i} = \frac{G_1}{G_1+G_2+G_3} I \\ I_2 &= G_2 U = G_2 \frac{I}{G_i} = \frac{G_2}{G_1+G_2+G_3} I \\ I_3 &= G_3 I = G_3 \frac{I}{G_i} = \frac{G_3}{G_1+G_2+G_3} I \end{aligned}\right\} \tag{1-39}$$

只有两个电阻 R_1、R_2 并联时，有

$$R_i = \frac{R_1 R_2}{R_1 + R_2} \tag{1-40}$$

3. 电阻的混联

电路中既有电阻串联又有电阻并联，称为电阻的混联。

【例 1-9】 求图1-41 (a) 所示电路中 a、b 两点间的等效电阻 R_{ab}。

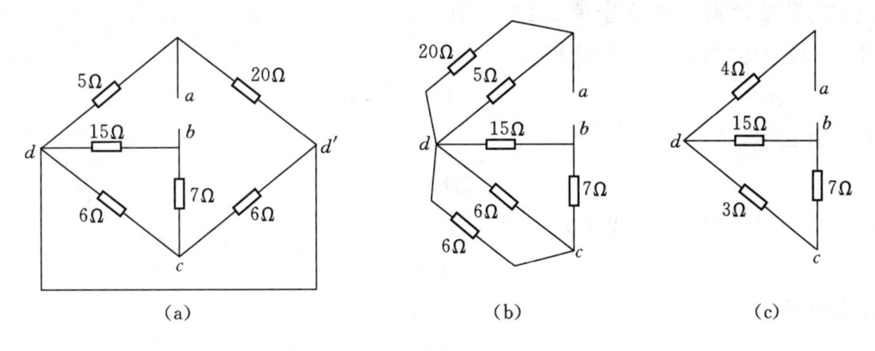

图 1-41 [例 1-9] 图

解：(1) 先将 d、d'合缩成一点用 d 表示，则得图 1-41 (b)。

(2) 并联化简，将图 1-41 (b) 变为图 1-41 (c)。

(3) 由图 1-41 (c) 求得 a、b 两点间等效电阻为

$$R_{ab} = 4 + \frac{15 \times (3+7)}{15 + (3+7)} = 4 + 6 = 10(\Omega)$$

分析电路除了了解器件的特性外，还应掌握它们相互连接时对电流和电压带来的约束，这种约束称为互联约束或拓扑约束。表示这类约束关系的是基尔霍夫定律。

二、基尔霍夫定律

基尔霍夫定律是分析和计算电路的基本定律。基尔霍夫定律包括电流定律和电压定律。电流定律适用于电路中任一节点；电压定律适用于电路中的任一回路。下面以图 1-42 为例先了解几个相关名词。

(一) 相关名词

(1) 支路。电路中至少有一个电路元件且通过同一电流的路径称为一条支路。图 1-42 中有 6 条支路，即 aed、cfd、agc、ab、bc、bd。

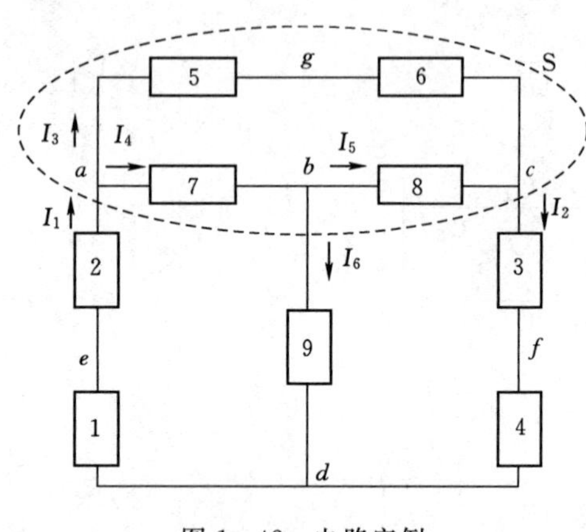

图 1-42　电路实例

(2) 节点。三条或三条以上支路的连接点称为节点。图 1-42 中有 4 个节点，即 a、b、c、d。

(3) 回路。由若干支路组成的闭合路径，这条闭合路径称为回路。图 1-42 中有 7 个回路，即 $abdea$、$bcfdb$、$abcga$、$abdfcga$、$agcbdea$、$abcfdea$、$agcfdea$。

(4) 网孔。网孔是回路的一种。将电路画在平面上，在回路内部不另含有支路的回路称为网孔。图 1-42 中有 3 个网孔，即 $abdea$、$bcfdb$、$abcga$。

(二) 基尔霍夫电流定律 (KCL)

1. KCL 定律

在集中参数电路中，任何时刻，流出（或流入）一个节点的所有支路电流的代数和恒等于零，这就是基尔霍夫电流定律，记为 KCL。

对图 1-42 中的节点 a，应用 KCL 则有

$$-I_1+I_3+I_4=0 \tag{1-41}$$

写出一般式子，为

$$\sum i=0 \tag{1-42}$$

把式（1-41）可以改写成下式，即

$$I_3+I_4=I_1$$

在直流电路中有

$$\sum I=0 \tag{1-43}$$

式（1-43）表明：在集中参数电路中，任何时刻流入一个节点的电流之和等于流出该节点的电流之和。

在式（1-41）中，流出节点的电流前取“+”号，流入节点的电流前取“−”，而电流是流出节点还是流入节点均按电流的参考方向来判定。

2. KCL 定律推广

KCL 原是适用于节点的，也可以把它推广应用于电路的任一假设的闭合平面称其为广义节点。因为对一个闭合平面来说，电流仍然是连续的，所以通过该闭合平面的电流代数和也等于零，也就是说，流出闭合平面的电流之和等于流入闭合平面的电流之和。基尔霍夫电流定律也是电荷守恒的体现。

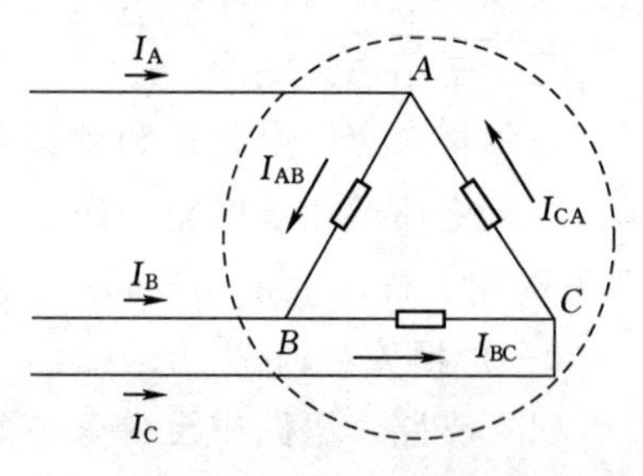

图 1-43 ［例 1-10］图

【例 1-10】 图1-43 所示为闭合面包围的是一个三角形电路，它有三个节点。求流入闭合面的电流 I_A、I_B、I_C 之和。

解： 应用 KCL 可列出

$$I_A=I_{AB}-I_{CA},\ I_B=I_{BC}-I_{AB},\ I_C=I_{CA}-I_{BC}$$

上列三式相加可得

$$I_A+I_B+I_C=0$$

或

$$\sum I=0$$

可见，在任一瞬时，通过任一闭合面的电流的代数和也恒等于零。

【例 1-11】 两个电气系统若用两根导线连接，如图 1-44（a）所示，电流 I_1 和 I_2 的关系如何？若用一根导线连接，如图 1-44（b）所示，电流 I 是否为零？

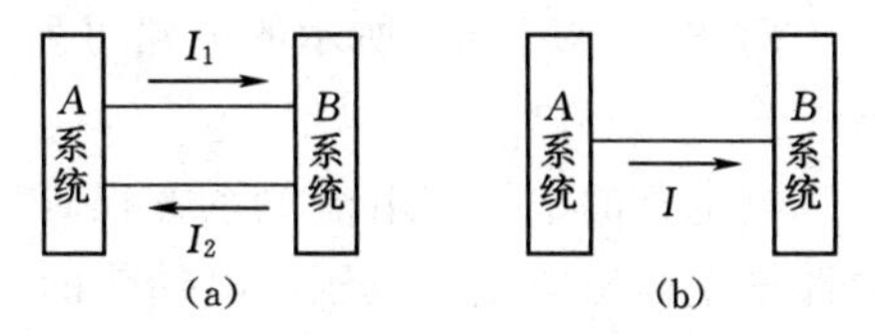

图 1-44 ［例 1-11］图

解： 将 A 电气系统视为一个广义节点，应用 KCL，则

对于图 1-44（a），$I_1=I_2$；对图 1-44（b），$I=0$。

（三）基尔霍夫电压定律（KVL）

1. KVL 定理

在集中参数电路中，任何时刻，沿着任一个回路绕行一周，所有支路电压的代数和恒等于零，这就是基尔霍夫电压定律，简写为 KVL，用数学写出一般表达式表示为

$$\sum u=0 \tag{1-44}$$

在直流电路中有

$$\sum U=0 \tag{1-45}$$

在写出式（1-45）时，先要任意规定回路绕行方向，凡支路电压的参考方向与回路绕行方向一致者，此电压前面取"+"，支路电压的参考方向与回路绕行方向相反者，则电压前取"−"。回路的绕行方向可用箭头表示，也可用闭合节点序列来表示。

在图 1-42 中，对回路 $abcga$ 应用 KVL，有

$$u_{ab}+u_{bc}+u_{cg}+u_{ga}=0$$

如果一个闭合节点序列不构成回路，例如图 1-42 中的节点 $acga$，在节点 ac 之间没有支路，但节点 ac 之间有开路电压 u_{ac}，KVL 同样适用于这样的闭合节点序列，即有

$$U_{ac}+U_{cg}+U_{ga}=0 \tag{1-46}$$

所以，在集中参数电路中，任何时刻，沿任何闭合节点序列，全部电压的代数和恒等于零。这是 KVL 的另一种形式。

将式（1-45）改写为

$$U_{ac}=-U_{cg}-U_{ga}=U_{ag}+U_{gc}$$

由此可见，电路中任意两点间的电压与计算路径无关，是单值的。所以基尔霍夫电压定律实质是两点间电压与计算路径无关这一性质的具体表现。

KVL 为电路中支路电压施加了线性约束。KCL 规定了电路中任一节点处电流必须服从的约束关系，而 KVL 规定了电路中任一回路电压必须服从的约束关系。这两个定律仅与元件的相互连接有关，而与元件的性质无关，所以，这种约束称为互连约束或拓扑约束。不论元件是线性的还是非线性的，电流、电压是直流的还是交流的，只要是集中参数电路，KCL 和 KVL 总是成立的。

2. KVL定理的推广应用

对图1-45（a）所示电路（各支路的元件是任意的）可列出

$$\sum U=U_{AB}-U_A+U_B$$

或

$$U_{AB}=U_A-U_B$$

对图1-45（b）所示的电路可列出

$$U=U_S-IR_0$$

列电路的电压与电流关系方程时，不论是应用基尔霍夫定律或欧姆定律，首先都要在电路图上标出电流、电压或电动势的参考方向。

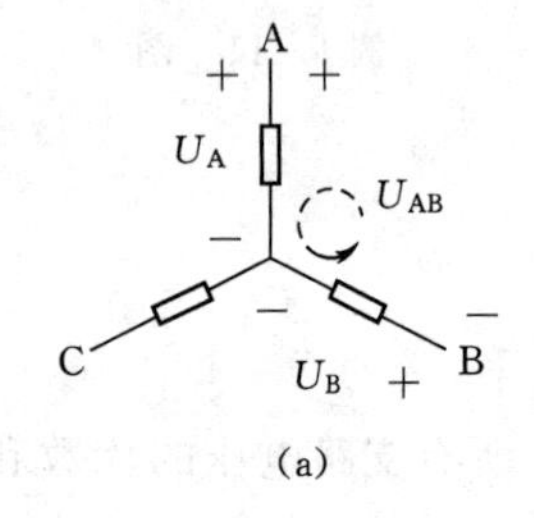

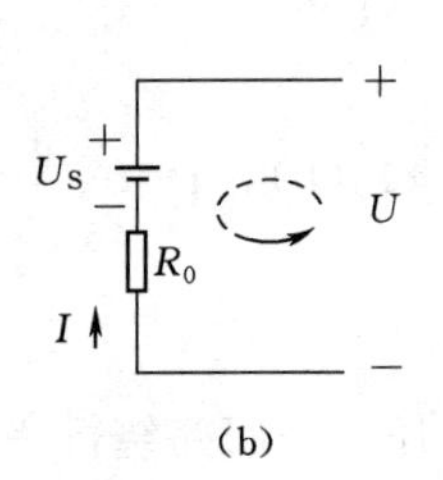

图1-45 KVL定理推广应用图

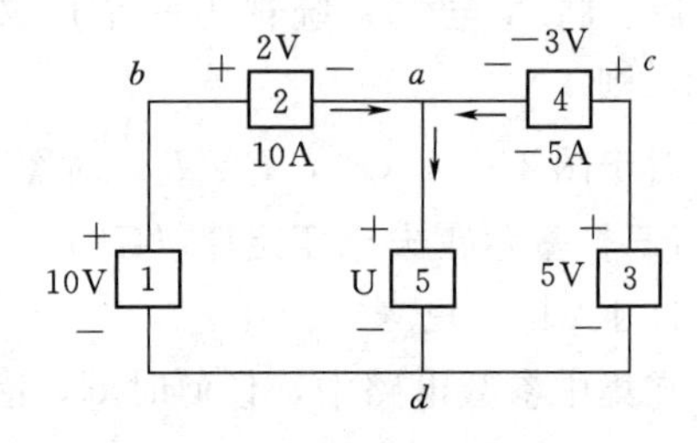

图1-46 ［例1-12］图

【例1-12】 试计算如图1-46所示电路中各元件的功率。

解： 为计算功率，先计算电流、电压。

元件1与元件2串联，$i_{db}=i_{ba}=10A$，元件1发出功率为

$$P_1=10\times10=100(W)$$

元件2接收功率为

$$P_2=10\times2=20(W)$$

元件3与元件4串联，$i_{dc}=i_{ca}=-5A$，元件3发出功率为

$$P_3=5\times(-5)=-25(W)$$

即接收25W。

选取回路$cabdc$，应用KVL，有

$$u_{ca}-2+10-5=0$$

得

$$u_{ca}=-3V$$

元件4接收功率为

$$P_4=(-3)\times(-5)=15(W)$$

取节点a，应用KCL，有

$$i_{ad}-10-(-5)=0$$

得

$$i_{ad}=5A$$

选取回路$abda$，应用KVL，有

$$u_{ad}-10+2=0$$

得

$$u_{ad}=8V$$

元件5接收功率为

$$P_5=8\times5=40(W)$$

验证功率平衡：100＝20＋25＋15＋40，证明计算无误。

具备了电路的一些基本内容和基本定理知识，就可以对电路进行分析计算，那就有必要了解和掌握电路的分析方法。

三、支路电流法

支路电流法以每个支路的电流为求解的未知量。设电路有 b 条支路，则有 b 个未知量可选为变量。因而支路电流法需列出 b 个独立方程，然后解出未知的支路电流。下面以图 1-47 所示电路为例来说明支路电流法应用。

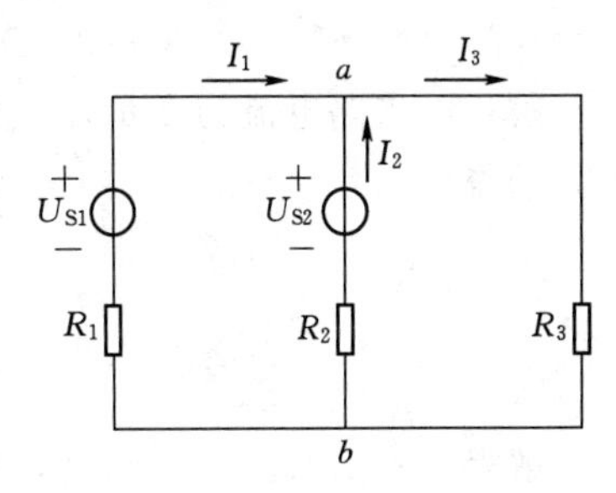

图 1-47 支路电流法举例

在电路中支路数 $b=3$，节点数 $n=2$，以支路电流 I_1、I_2、I_3 为变量，共要列出三个独立方程。列方程前指定各支路电流的参考方向如图 1-47 所示。

首先，根据电流的参考方向，对节点 a 列写 KCL 方程为

$$-I_1-I_2+I_3=0 \tag{1-47}$$

对节点 b 列写 KCL 方程为

$$I_1+I_2-I_3=0 \tag{1-48}$$

式（1-47）即为式（1-48），两个方程中只有一个是独立的。这一结果可以推广到一般电路：节点数为 n 的电路中，按 KCL 列出的节点电流方程只有 $n-1$ 个是独立的。并将 $n-1$ 个节点称为一组独立节点。这是因为每个支路连到两个节点，每个支路电流在 n 个节点电流方程中各出现两次；又因为同一支路电流对这个支路所连的一个节点取正号，对所连的另一个节点必定取负号，所以 n 个节点电流方程相加所得必定是个“0＝0”的恒等式。至于哪个节点不独立，则是任选的。

其次，选择回路，应用 KVL 列出其余 $b-(n-1)$ 个方程。每次列出的 KVL 方程与已经列写过的 KVL 方程必须是互相独立的。通常，可取网孔来列 KVL 方程。图 1-47 中有两个网孔，按顺时针方向绕行，对左面的网孔列写 KVL 方程为

$$R_1I_1-R_2I_2=U_{S1}-U_{S2} \tag{1-49}$$

按顺时针方向绕行，对右面的网孔列写 KVL 方程为

$$R_2I_2+R_3I_3=U_{S2} \tag{1-50}$$

网孔的数目恰好等于 $b-(n-1)=3-(2-1)=2$。因为每个网孔都包含一条互不相同的支路，所以每个网孔都是一个独立回路，可以列出一个独立的 KVL 方程。

应用 KCL 和 KVL 一共可列出 $(n-1)+[b-(n-1)]=b$ 个独立方程，它们都是以支路电流为变量的方程，因而可以解出 b 各支路电流。

综上所述，支路电流法分析计算电路的一般步骤如下：

（1）在电路图中选定各支路（b 个）电流的参考方向，设出各支路电流。

（2）对独立节点列出 $n-1$ 个 KCL 方程。

（3）通常取网孔列写 KVL 方程，设定各网孔绕行方向，列出 $b-(n-1)$ 个 KVL 方程。

（4）联立求解上述 b 个独立方程，便得出待求的各支路电流。

用支路电流法时，可把电流源与电阻并联组合变换为电压源与电阻串联，以简化计算。

【例 1-13】 图1-47 所示电路中，$U_{S1}=130V$、$R_1=1\Omega$ 为直流发电机的模型，电阻负载 $R_3=24\Omega$，$U_{S2}=117V$、$R_2=0.6\Omega$ 为蓄电池组的模型。试求各支路电流和各元件的功率。

解：以支路电流为变量，应用 KCL、KVL 列出以下关系表达式，并将已知数据代入，即得

$$-I_1-I_2+I_3=0$$
$$I_1-0.6I_2=130-117$$
$$0.6I_2+24I_3=117$$

解得 $I_1=10A$，$I_2=-5A$，$I_3=5A$。

I_2 为负值，表明它的实际方向与所选参考方向相反，这个电池组在充电时是负载。

U_{S1}发出的功率为

$$U_{S1}I_1=130\times10=1300(W)$$

U_{S2}发出的功率为

$$U_{S2}I_2=117\times(-5)=-585(W)$$

即 U_{S2}接收功率 585W。各电阻接收功率为

$$P_1=I_1^2R_1=10^2\times1=100(W)$$
$$P_2=I_2^2R_2=(-5)^2\times0.6=15(W)$$
$$P_3=I_3^2R_3=5^2\times24=600(W)$$

由上可得，1300=585+100+15+600，功率平衡，表明计算正确。

四、两种实际电源模型的等效变换

已知电源的电路模型有两种表示形式：一种是以电压形式表示的电路模型，称为电压源模型；另一种是以电流源形式表示的电路模型，称为电流源模型。而一个实际的直流电源在给电阻负载供电时，其端电压随负载电流的增大而下降。在一定范围内端电压、电流的关系近似于直线，这是由于实际直流电源内阻引起的内阻压降造成的。

图 1-48（a）所示为直流电压源和电阻串联的组合，其端电压 U 和电流 I 参考方向如图所示。U 和 I 都随外电路改变而变化，其外特性方程为

$$U=U_S-RI \tag{1-51}$$

图 1-48（b）所示为按式（1-51）画出的伏安特性曲线，它是一条直线。只要适当选择 R 值，电压源 U_S 和电阻 R 串联组合就可作为实际直流电源的电路模型。

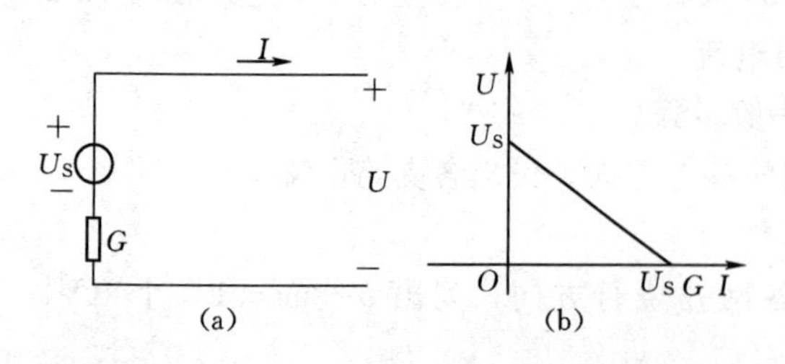

图 1-48　电压源和电阻串联组合

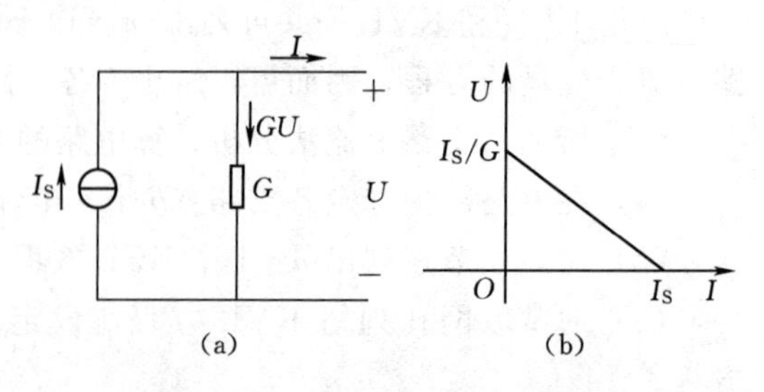

图 1-49　电流源和电导并联组合

图 1-49（a）所示为电流源和电导的并联组合，其端电压和电流的参考方向如图所示，其外特性为

$$I=I_S-GU \tag{1-52}$$

图 1-49（b）所示为按式（1-52）画出的伏安特性曲线，它是一条直线。只要适当选择 G 值，电流源和电导并联组合也可作为实际直流电源的电路模型。

比较式（1-51）和式（1-52），只要满足

$$\left.\begin{aligned}G&=\frac{1}{R}\\I_S&=GU_S\end{aligned}\right\} \tag{1-53}$$

则式（1-51）和式（1-52）所表示的方程完全相同，它们在 $I-U$ 平面上将表示同一直线，所以图 1-48（a）和图 1-49（a）所示电路对外完全等效，因此它们的电路模型之间是等效的，可以等效变换。

在这里要注意，U_S 和 I_S 参考方向的相互关系：I_S 的参考方向由 U_S 的负极指向其正极。所以在满足式（1-53）的条件下，电压源、电阻的串联组合与电流源、电导的并联组合之间可互相等效变换，这使得某些电路问题的解决更加灵活方便。顺便指出，没有串联电阻的电压源和没有并联电阻的电流源之间没有等效的关系。

一般情况下，这两种等效模型内部的功率情况并不相同，但是对外部来说，它们吸收或供出的功率总是一样的。

【例 1-14】 求图1-50（a）所示电路中 R 支路的电流。已知 $U_{S1}=10\text{V}$，$U_{S2}=6\text{V}$，$R_1=1\Omega$，$R_2=3\Omega$，$R=6\Omega$。

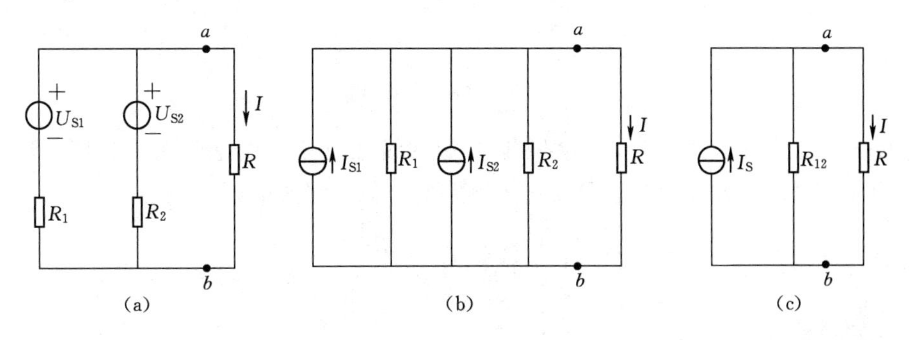

图 1-50 ［例 1-14］图

解： 先把每个电压源电阻串联支路变换为电流源电阻并联支路。网络变换如图 1-50（b）所示，其中

$$I_{S1}=\frac{U_{S1}}{R_1}=\frac{10}{1}=10(\text{A})$$

$$I_{S2}=\frac{U_{S2}}{R_2}=\frac{6}{3}=2(\text{A})$$

图 1-50（b）中两个并联电流可以用一个电流源代替，其

$$I_S=I_{S1}+I_{S2}=10+2=12(\text{A})$$

并联 R_1、R_2 的等效电阻为

$$R_{12}=\frac{R_1R_2}{R_1+R_2}=\frac{1\times 3}{1+3}=\frac{3}{4}(\Omega)$$

网络简化如图 1－50（c）所示。

对于图 1－50（c）所示电路，可按分流公式求得 R 的电流 I 为

$$I=\frac{R_{12}}{R_{12}+R}I_S=\frac{4}{3}=1.333(\mathrm{A})$$

五、叠加定理

在代数中，线性函数可以叠加。同样道理，在电工学中，由线性元件构成的线性电路也可以叠加。所以叠加定理是线性电路的一个基本定理。同样可以来分析电阻电路。叠加定理可表述如下：在线性电路中，当有两个或两个以上的独立电源作用时，则任意支路的电流或电压，都可以认为是电路中各个电源单独作用而其他电源不作用时，该支路中产生的各电流分量或电压分量的代数和。如图 1－51（a）所示，以支路电流 I 为例说明叠加定理在线性电路中的体现。

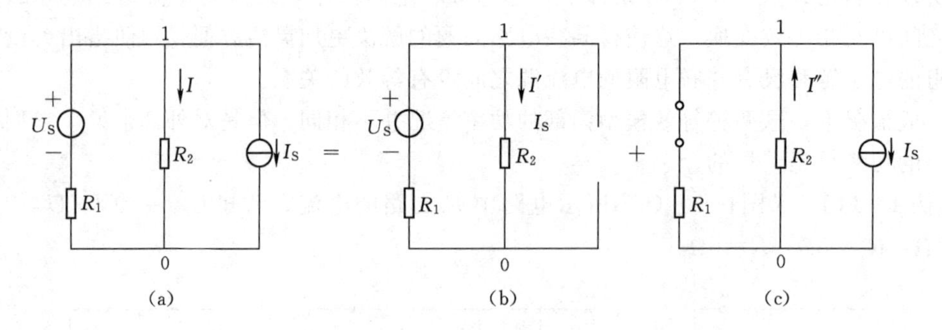

图 1－51　叠加定理举例

图 1－51（a）所示为一个含有两个独立源的线性电路，根据前面的分析方法，列写电路的 KCL 和 KVL 方程，整理可得这个电路两个节点间的电压为

$$U_{10}=\frac{R_2}{R_1+R_2}U_{S1}-\frac{R_1R_2}{R_1+R_2}I_S$$

R_2 支路电流为

$$I=\frac{U_{10}}{R_2}=\frac{U_S}{R_1+R_2}-\frac{R_1}{R_1+R_2}I_S$$

图 1－51（b）所示为电压源 U_S 单独作用下的情况。此情况下电流源的作用为零，零电流源相当于无限大电阻（即开路）。在 U_S 单独作用下，可得 R_2 支路电流为

$$I'=\frac{U_S}{R_1+R_2}$$

图 1－51（c）所示为电流源 I_S 单独作用下情况。此情况下电压源的作用为零，零电压源相当于零电阻（即短路）。在 I_S 单独作用下，可得 R_2 支路电流为

$$I''=\frac{R_1}{R_1+R_2}I_S$$

求所有独立源单独作用下 R_2 支路电流的代数和，得

$$I'-I''=\frac{U_S}{R_1+R_2}-\frac{R_1}{R_1+R_2}I_S=I$$

对 I' 取正号，是因为它的参考方向与 I 的参考方向一致；对 I'' 取负号，是因为它的参考方向与 I 的参考方向相反。

使用叠加定理时，应注意以下几点：

(1) 只能用来计算线性电路的电流和电压，对非线性电路，叠加定理不适用。

(2) 叠加时要注意电流和电压的参考方向，求其代数和。

(3) 化为几个单独电源的电路来进行计算时，所谓电压源不作用，就是在该电压源处用短路代替，电流源不作用，就是在该电流源处用开路代替。

(4) 不能用叠加定理直接来计算功率。

叠加定理在线性电路分析中起重要作用，它是分析线性电路的基础。线性电路的许多定理可从叠加定理导出。

独立电源代表外界对电路的作用，称为激励。激励在电路中产生的电流和电压称为响应。由线性电路的性质得知：当电路中只有一个激励时，网络的响应与激励成正比。这个关系称为齐次定理。用齐次定理分析梯形电路比较方便。

【例 1-15】 如图1-52 所示，已知 $U_{S1}=10V$，$U_{S2}=6V$，$R_1=1\Omega$，$R_2=3\Omega$，$R_3=6\Omega$。试运用叠加定理求支路电流 I_3。

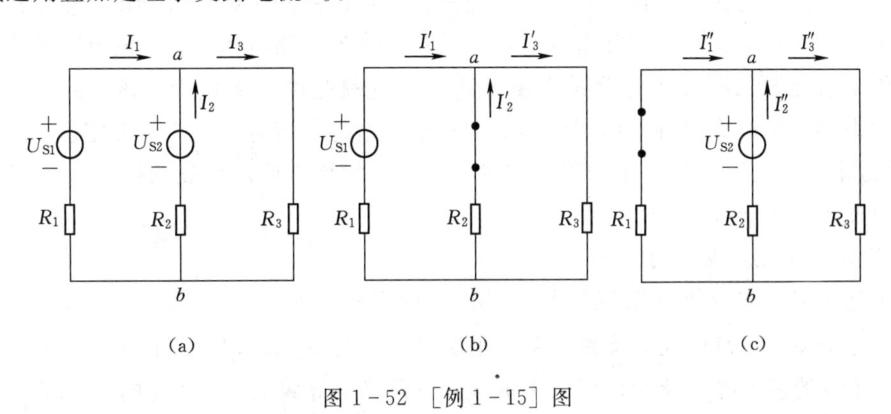

图 1-52 ［例 1-15］图

解： (1) 当电压源 U_{S1} 单独作用时，电压源 U_{S2} 短路，如图 1-52 (b) 所示，利用分流公式，可得支路电流 I_3' 为

$$I_3'=\frac{U_{S1}}{R_1+\dfrac{R_2R_3}{R_2+R_3}}\frac{R_2}{R_2+R_3}=\frac{130}{1+\dfrac{0.6\times24}{0.6+24}}\times\frac{0.6}{0.6+24}=2(A)$$

(2) 当电压源 U_{S2} 单独作用时，电压源 U_{S1} 短路，如图 1-52 (c) 所示，利用分流公式，可得支路电流 I_3'' 为

$$I_3''=\frac{U_{S2}}{R_2+\frac{R_1R_3}{R_1+R_3}}\frac{R_1}{R_1+R_3}=\frac{117}{0.6+\frac{1\times 24}{1+24}}\times\frac{1}{1+24}=3(A)$$

（3）两个独立源共同作用时，支路电流 I_3 为

$$I_3=I_3'+I_3''=2+3=5(A)$$

自己试着运用支路电流法求出 I_1、I_2，对比是否与运用支路电流法叠加定理求出的结果一样。

六、戴维南定理

（一）电桥

直流电桥是一种精密的电阻测量仪器，具有重要的应用价值。按电桥的测量方式可分为平衡电桥和非平衡电桥。平衡电桥如图 1-53 所示，当满足条件 $R_1R_3=R_2R_4$ 时，电桥输出 $I_g=0$，即电桥处于平衡状态。如果是非平衡电桥，同样求 I_g 的数值，就需借助戴维南定理求取 U_O 与 R_i 的大小（$I_g=U_O/R_i$）。那么到底何为戴维南定理呢？

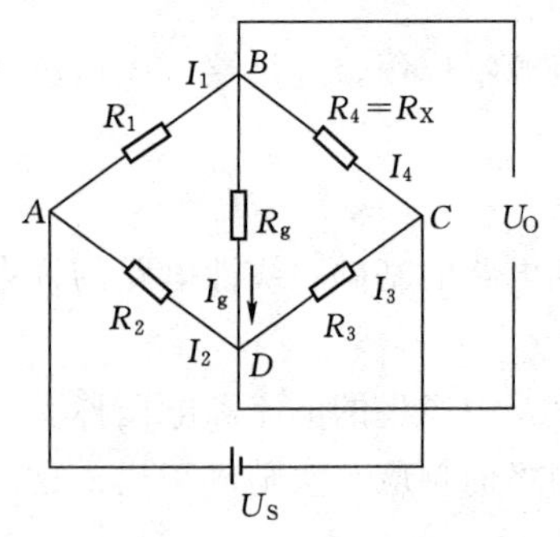

图 1-53　电桥电路图

（二）戴维南定理分析

在工程实践中常有这种情况，就是在一个复杂的电网络中，并不需要把所有支路的电流都计算出来，而只是对某一支路进行分析和计算。为了避免求解较多未知数的方程组，提出了“等效电源”的设想。

任何一个线性有源二端网络，对外电路来说，可以用一个电压源和电阻串联组合的电路模型来等效。该电压源的电压等于有源二端口网络的开路电压 U_{OC}，该电阻等于有源二端口网络变成无源二端口网络后的等效电阻 R_0，这就是戴维南定理。该电路模型称为戴维南等效电路。戴维南定理是阐明线性有源二端网络外部性能的一个重要定理。

“等效电源”与“有源二端口网络”等效，是指代替之后，负载两端的电压 U 及通过负载的电流 I 都不会变化。

1. 等效电压及内电阻的计算

由上述可知，求等效电压 U_{OC} 及内电阻 R_0 的方法如下：

（1）求 U_{OC}。将待研究的支路移开，求所剩下的有源二端口网络的开路电压 U_{OC}。应注意所选 U_{OC} 的参考方向及所求值的正负号，以便确定等效电压源 U_{OC} 的正负端。

（2）求 R_0。将有源二端口网络中的电源“去掉”（电压源短接，电流源断开），形成无源网络，计算由端口处看入的等效电阻。

戴维南定理证明如图 1-54 所示，是应用叠加定理证明的，这里不再详述。

如将图 1-54（e）所示电压源与电阻串联组合还可等效变换为电流源与电阻并联组合，这就是诺顿定理。诺顿定理在此不讨论。

2. 等效电阻的计算

等效电阻的计算方法有以下三种：

（1）设网络内所有电源为零，用电阻串、并联或三角形与星形网络变换加以化简，计

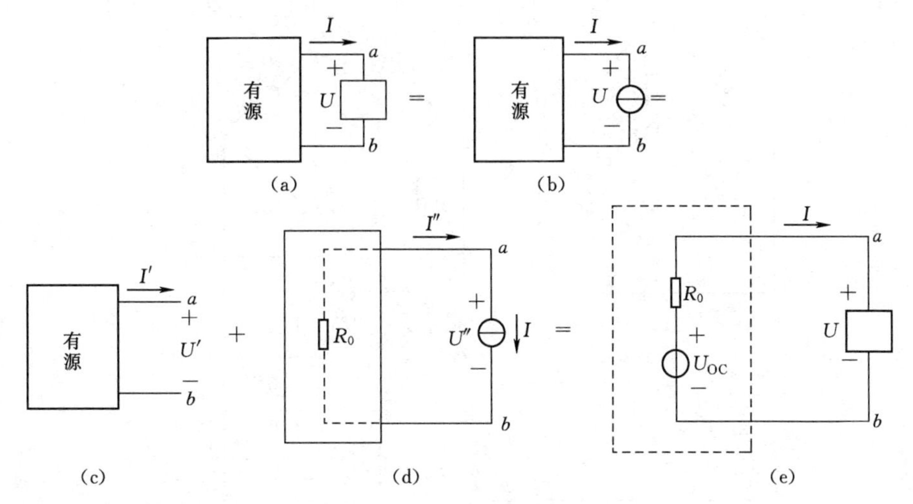

图 1－54　戴维南定理的证明

算端口 ab 的等效电阻。

（2）设网络内所有电源为零，在端口 a、b 处施加一电压 U，计算或测量输入端口的电流 I，则等效电阻 $R_i=\dfrac{U}{I}$。

（3）用实验方法测量，或用计算方法求得该有源二端网络开路电压 U_{OC} 和短路电流 I_{SC}，则等效电阻 $R_i=\dfrac{U_{OC}}{I_{SC}}$。

在使用戴维南定理时，应特别注意电压源 U_{OC} 在等效电路中的正确连接。

给定一线性有源二端网络，如接在它两端的负载电阻不同，从二端网络传输给负载的功率也不同。可以证明，当外接电阻 R 等于二端网络的戴维南等效电路的电阻 R_i 时，外接电阻获得的功率最大。满足 $R=R_i$ 时，称为负载与电源匹配。在电信工程中，由于信号一般很弱，常要求从信号源获得最大功率，因而必须满足匹配条件。但此时传输效率很低，这在电力工程中是不允许的。在电力系统中，输出功率很大，效率非常重要，故应使电源内阻（以及输电线路电阻）远小于负载电阻。

【例 1－16】 如图1－55（a）所示为一非平衡电桥电路，试求检流计的电流 I。

解： 将检流计从 a、b 处断开，对端钮 a、b 来说，余下的电路是一个有源二端网络。用戴维南定理求其等效电路。开路电压 U_{OC} 为［图 1－55（b）］

$$U_{OC}=5I_1-5I_2=5\times\frac{12}{5+5}-5\times\frac{12}{10+5}=2(\mathrm{V})$$

将 12V 电压源短路，可求得端钮 a、b 的输入电阻 R_i 为［图 1－55（c）］

$$R_i=\frac{5\times5}{5+5}+\frac{10\times5}{10+5}=5.83(\Omega)$$

图 1－55（a）所示的电路可化简为图 1－55（d）所示的等效电路，因而可整理求得

$$I=\frac{U_{OC}}{R_i+R_g}=\frac{2}{5.83+10}=0.126(\mathrm{A})$$

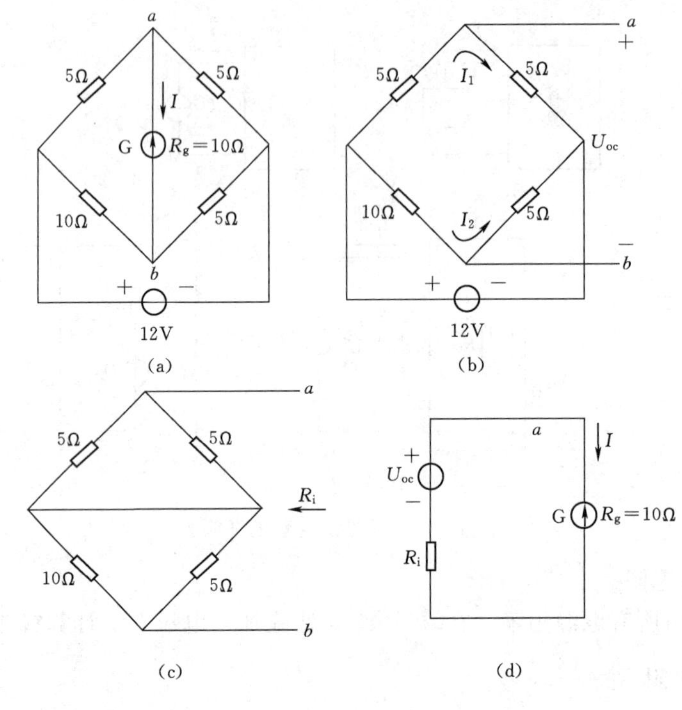

图 1－55 ［例 1－16］图

任务实施　MF50 型指针万用表的装配与调试

一、电路装配准备

如图 1－56 所示，组装与调试 MF50 型万用表。

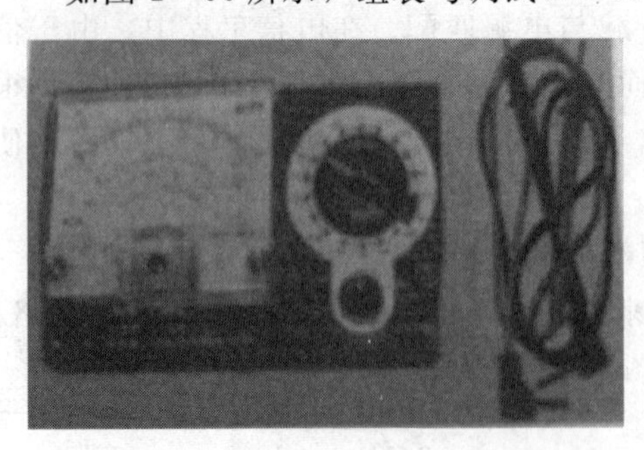

图 1－56　MF50 型万用表

1. 预习要求

（1）阅读 MF50 型万用表任务资讯内容。

（2）认真阅读本任务实施的安装方法相关内容。

（3）了解测试过程中各个环节的要求及其注意事项。

2. 任务实施目标

（1）熟悉电子线路的锡焊工艺，能使用电烙铁，能掌握电子产品锡焊焊接技能。

（2）初步掌握元器件的选择和元件参数的测试。

（3）能阅读万用表的原理图及安装图，会计算元件参数。

（4）能独立完成万用表的组装、调试和一般故障的排除，初步掌握万用表一般校验方法。

3. 设备与器件

（1）电烙铁、烙铁架、焊丝、焊剂、镊子、螺丝刀等。

（2）MF50 型万用表组装套件的检查。

清点套件内电阻、二极管、可变电阻、各色导线、MF50型表头以及外壳、旋转开关等，对套件内器件进行识别、核对。

(3) 熟悉MF50型万用表的电气原理图和装配图。

二、装配及其工艺

1. MF50型万用表的组装要求

(1) 清点好万用表各元器件。

(2) 各色环电阻水平安装时，按从左到右的识读方向安装，垂直安装时要按从下往上的识读方向安装，并且要紧贴印刷电路板安装。

(3) 布线合理，长度适中，焊接时不要把焊锡粘到转换开关的固定连接片上，以免妨碍其转动。

(4) 焊点大小要适中，牢固，光亮美观，呈凹圆锥形，不允许有毛刺或者虚焊。

2. MF50型万用表的组装要求

(1) 预热电烙铁，烙铁头做清洁处理，上锡。

(2) 根据需要选择连接线的长短和颜色，剥开线心的长度要适中。

(3) 焊接转换开关上各挡位对应的电阻元件及其对外连接线。

(4) 焊接完一个挡位要给指导老师检查后才焊接下一挡位。

三、MF50型指针万用表的调试与检修

(1) 由工作原理可知，万用表100μA挡即等效表头是其电路的核心，其余各量程只不过是通过转换开关并联或者串联电阻组成。如果等效表头部分出故障，则影响所有量程，而其余部分出故障只影响个别量程。所以对MF50型万用表的检修，首先确定是所有量程指示不对还是个别量程指示不对，从而确定故障范围。

(2) 电流挡并联电阻的检测方法：不需打开后盖，只需将另一正常万用表拨至$R\times100$电阻挡并调零，被测万用表拨至2.5mA挡，将两表的表笔交叉对接，即黑接红、红接黑，此时正常万用表的读数应是300Ω；同样，正常表拨至$R\times10$挡，被测表拨至2.5mA挡，正常读数应该是30Ω，如此可快速检测270Ω、27Ω、2.7Ω及0.3Ω电阻是否正常。

(3) 万用表读数不准，各量程和其他表测量相比偏大或偏小。此故障在等效表头部分，如偏差不大，可调节校准电阻来改变。通过测量不同电池电压来调节，具体办法是：和一读数准确的万用表测同一电池，如万用表的15V、1.5V电池，调节校准电阻，使其两表读数一致。如偏差较大，调节校准电阻达不到所需精度，这除了表头故障外，就应重点检查和表头并联的那几个电阻或电位器阻值是否准确，接触是否良好，有无虚接等。注意：一般情况下，不要贸然去调节校准电阻，应先查找其他原因，以免调节不当。

(4) 电阻挡不能调零。一般有两种情况：一是指针达不到零位，这主要是电池老化，需要换新，或串联电阻阻值变大，转换开关接触不良等；二是指针超过零位并明显向右猛偏，此时直流电压挡测量读数偏大1.2倍，如1.5V变为1.8V等，这一般是0.3Ω、2.7Ω、27Ω、…与2000Ω调零电位器中间某一电阻烧断、线路虚焊或电位器接触不良等造成的，应重点检查2.7Ω、27Ω和270Ω这三个电阻。如果是由于用电流挡测高电压、大电流造成烧表后引起这种现象，更应注意检查上述三个电阻。例如，某MF50型万用表电阻挡不能调零，且在表笔短接时指针超过零位；用直流2.5V量程测1.5V电池读数偏

大，最后查为 270Ω 电阻值为 1kΩ。

（5）在调零过程中，指针跳跃不稳。在调零过程中，指针跳跃不稳应检查调零电位器是否良好。

（6）直流电压挡各挡均无指示。此现象说明表头中无电流流过，如电阻挡正常，应检查直流电压挡独立电路，如电阻挡也不正常，则应先检查 100μA 挡是否正常，若不正常则应检查相应电路。

万用表头是一套相当精密的机械装置，它不像电气部分，可方便地进行拆焊修理，没有特殊需要一般不要轻易打开，实际使用中，如果没有强烈撞击，像跌落等，表头是不易损坏的。

任务评价

考核评价表见表 1－3。

表 1－3　　考核评价表

考核项目	考核内容	考核方式	百分比
态度	（1）能按照现场管理要求（整理、整顿、清扫、清洁、素养、安全、环保、节约）安全文明生产。 （2）认真整理并按照配线工艺完成安装任务。 （3）具有团队合作精神，具有一定的组织协调能力	学生自评＋学生互评＋教师评价	30%
技能	（1）熟练使用常用的电工工具。 （2）团队协作完成 MF50 型万用表的安装与调试。 （3）熟练掌握 MF50 型万用表的故障检修。 （4）完成任务报告的撰写	教师评价＋学生互评＋学生自评	40%
知识	（1）掌握 MF50 型万用表的基本知识。 （2）掌握电工操作安全知识。 （3）掌握 MF50 型万用表检修的基本常识	教师评价	30%

训练题集一

一、填空题

1. 已知部分电路及其电流如图 1－57 所示，则 I_X＝________；I＝________。

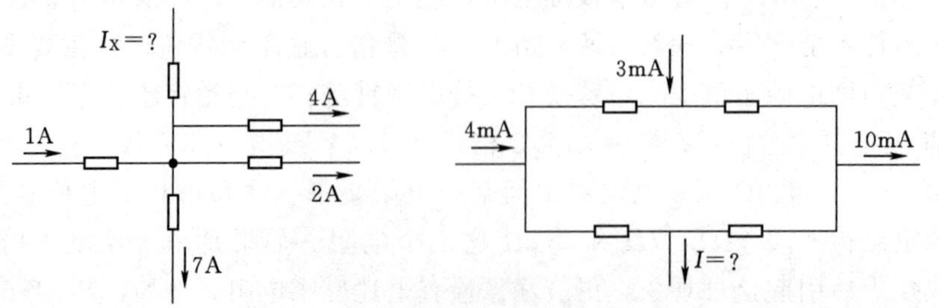

图 1－57　填空题 1 图

2. 如图 1－58 所示电路，则 $I=$________。

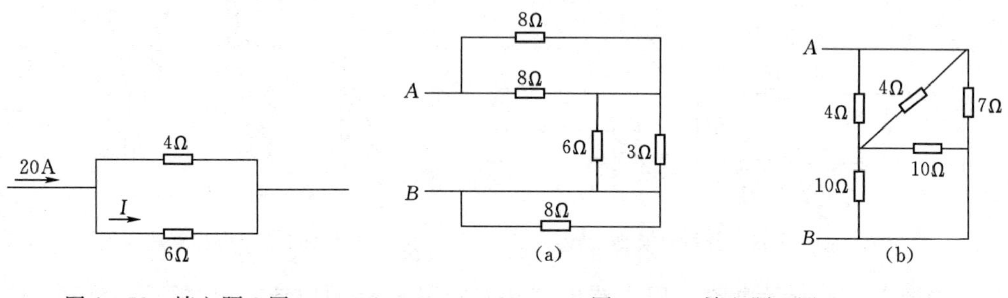

图 1－58　填空题 2 图　　　　图 1－59　填空题 3 图

3. 如图 1－59 所示电路，AB 端的等效电阻分别为__________。

二、问答题

1. 把额定电压 110V，额定功率分别为 100W 和 60W 的两只灯泡，串联在端电压为 220V 的电源上使用，这种接法会有什么后果？它们实际消耗的功率各是多少？如果是两个 110W、60W 的灯泡，是否可以这样使用？为什么？

2. 给功率为 60W 的用电器供电 3 天，供给的电能是多少？若电价为 0.45 元/(kW · h)，则该用电器需付的钱是多少？

3. 根据图 1－60 中电压电流方向关系判别下面各图是接收还是发出功率。

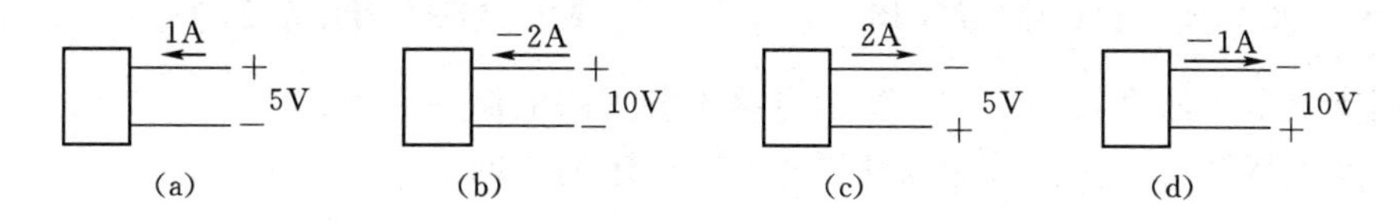

图 1－60　问答题 3 图

4. 一输电线路的电阻为 2Ω，输送的功率 1000kW，用 400V 的电压送电，求输电线路因发热产生的功率损耗为多少？若采用 6kV 电压送电，则输电线路的热损耗为多少？

5. 有一只标有 220V、60W 的白炽灯，欲接到 400V 的直流电源上工作，需串联阻值多大的电阻？其规格如何？

三、分析计算题

1. 如图 1－61 所示电路中，$R_1=100\Omega$，$R_2=400\Omega$，$R_3=300\Omega$，$R_4=200\Omega$，$R_5=120\Omega$。求开关 S 断开与闭合时 A、B 之间的等效电阻。

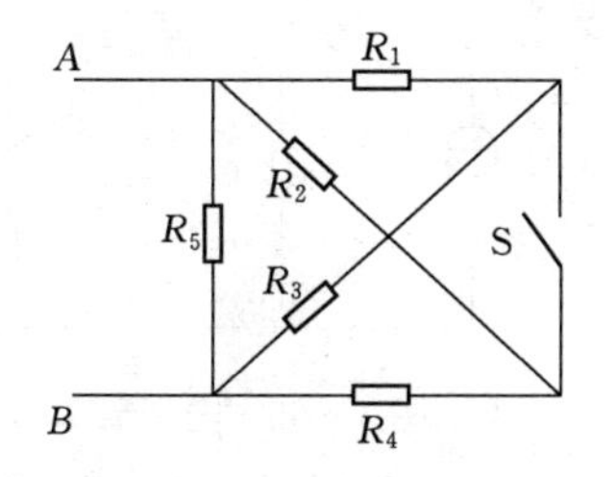

图 1－61　分析计算题 1 图

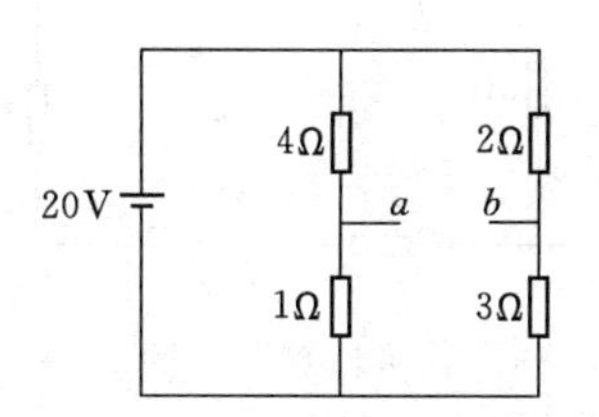

图 1－62　分析计算题 2 图

2. 试求如图 1－62 所示电路中的电压 U_{ab}。

3. 求图 1-63 所示电路中 A、B 两点的电位及这两点间的电压。

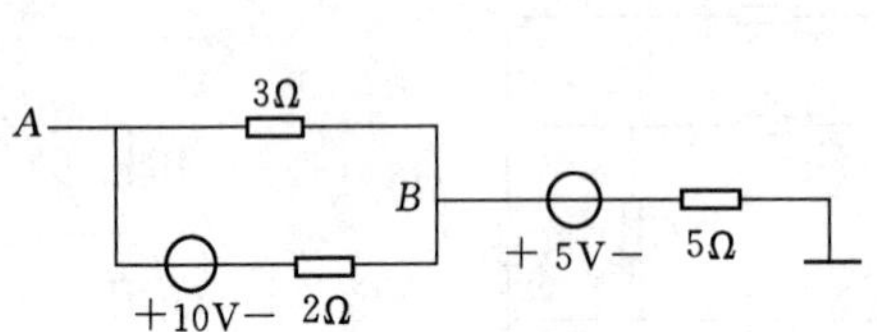

图 1-63　分析计算题 3 图

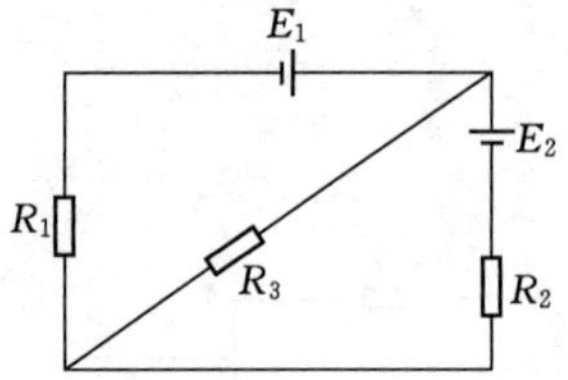

图 1-64　分析计算题 4 图

4. 如图 1-64 所示电路，用支路电流法求出各支路的电流。已知 $E_1=60\text{V}$，$E_2=10\text{V}$，$R_1=10\Omega$，$R_2=20\Omega$，$R_3=15\Omega$。

5. 用支路电流法求图 1-65 所示电路中各支路的电流及电流源电压 U。

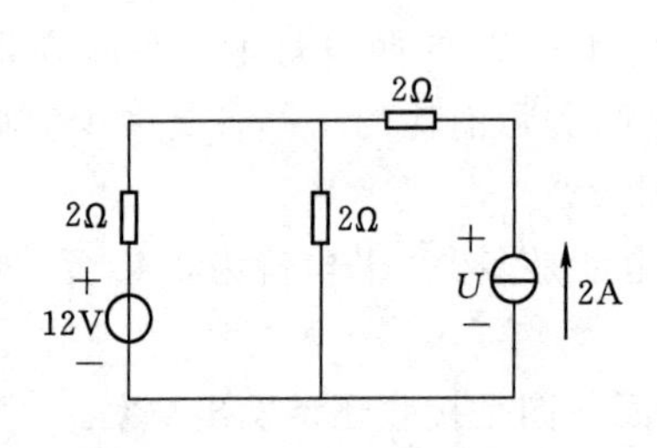

图 1-65　分析计算题 5 图

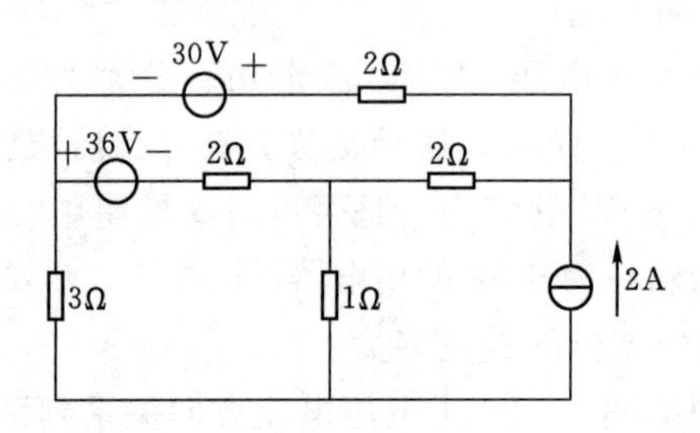

图 1-66　分析计算题 6 图

6. 用支路电流法列写图 1-66 所示电路中各支路电流的表达式。

7. 试用电压源与电流源等效简化图 1-67 所示的各网络。

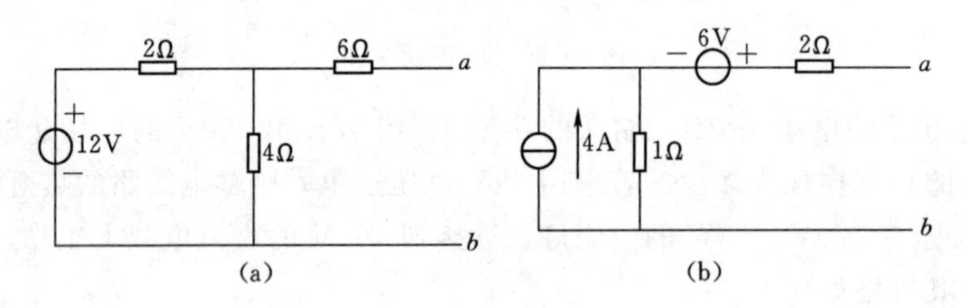

图 1-67　分析计算题 7 图

8. 用叠加定理求图 1-68 所示电路中的 I 和 U。

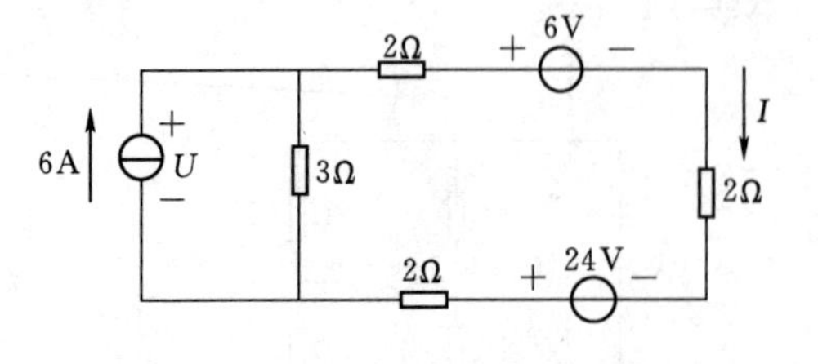

图 1-68　分析计算题 8 图

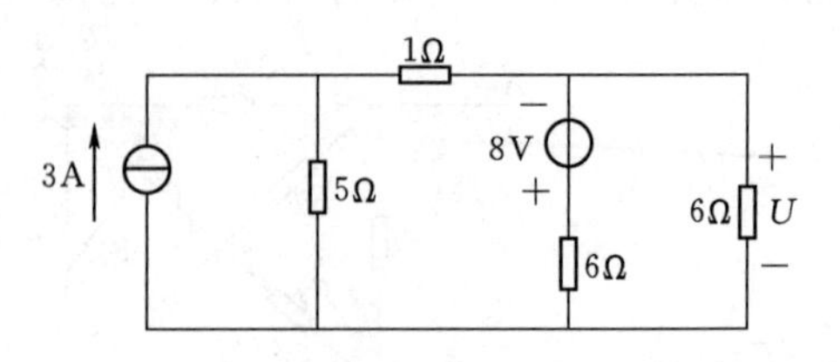

图 1-69　分析计算题 9 图

9. 用叠加定理求图 1-69 所示电路中的 U。

10. 求图 1-70 所示二端网络的戴维南等效电路。

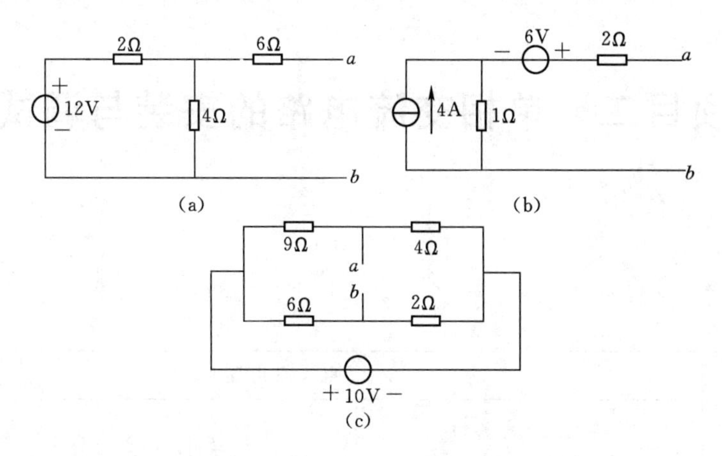

图 1－70　分析计算题 10 图

项目二　单相交流电路的安装与调试

任务导入

学习领域	电工应用技术		
项目二	单相交流电路的安装与调试	学时	18
任　务　布　置			
任务描述	介绍日光灯的安装电路图，学习安装镇流器式日光灯；通过日光灯电路的分析，学习单相交流电路的基本知识。 （1）了解日光灯构成的各主要部件：日光灯管、镇流器、启辉器。 （2）熟悉日光灯电路的电路模型，学会电路图的绘制。 （3）学习日光灯电路的概念与分析方法		
知识目标	（1）掌握单相交流电路的基本概念。 （2）能够独立完成单相交流电路的分析计算。 （3）能够分析日光灯电路的电压、电流关系。 （4）正确分析日光灯电路的功率情况，了解功率因数提高的方法		
技能目标	（1）能够根据给定的实训条件，选择合适的元器件，在综合实训台上设计并安装一个由熔断器、开关、镇流器、启辉器及日光灯等元器件组成的日光灯电路，调试后能够正常工作。 （2）能够熟练使用相关的仪器仪表，学会检测电路的方法。 （3）掌握电路走线的规范，学会线路布局美观、合理。 （4）学会书写任务完成报告和学习体会		

任务资讯

我们日常生活离不开照明，而照明电路、日常生活中所使用的家用电器以及工厂的生产机械都是使用交流电；交流电在日常生产和生活中应用极为广泛。因此，必须了解关于交流电的相关知识，掌握交流电路的分析计算方法，并能够分析简单的交流电路。

根据交流电路中电源的相数，可以把交流电路分为单相交流电路和三相交流电路，本单元就是通过讲解典型的日光灯电路的安装与调试的相关内容，重点学习有关单相交流电路的知识。

知识链接一　日光灯的工作原理

日光灯又称荧光灯，是一种应用比较普遍的电光源，它具有照度大、耐用省电、光线散布均匀、灯管表面温度低、使用寿命长等优点。

一、日光灯电路的组成

日光灯电路由灯管、启辉器、镇流器、灯架和灯座等组成，如图 2-1 所示。

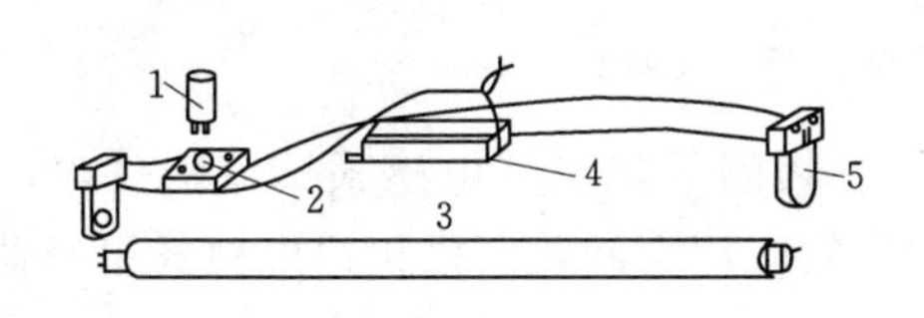

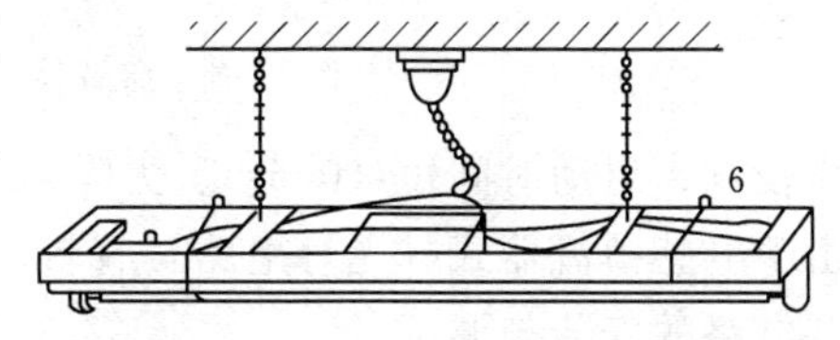

图 2-1　日光灯的组成

1—启辉器；2—启辉器座；3—灯管；4—镇流器；5—灯座；6—灯架

1. 灯管

灯管由玻璃管、灯丝和灯头等组成，如图2-2所示。玻璃管内壁均匀地涂敷一层卤磷酸钙荧光粉，管内空气抽空，并充入少量的惰性气体和微量的液态水银。灯管两端装有(螺旋状钨灯丝，灯丝上涂有一层易发射电子的）三元碳酸盐，受热后会发射电子，在灯管内形成持续的导电气体。

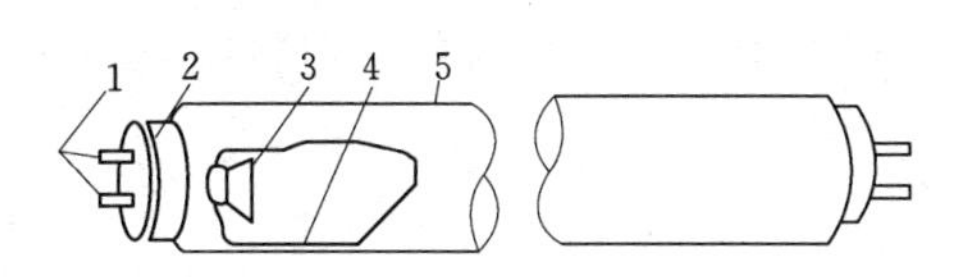

图 2-2　灯管的结构

1—灯脚；2—灯光；3—灯丝；4—荧光灯；5—玻璃管

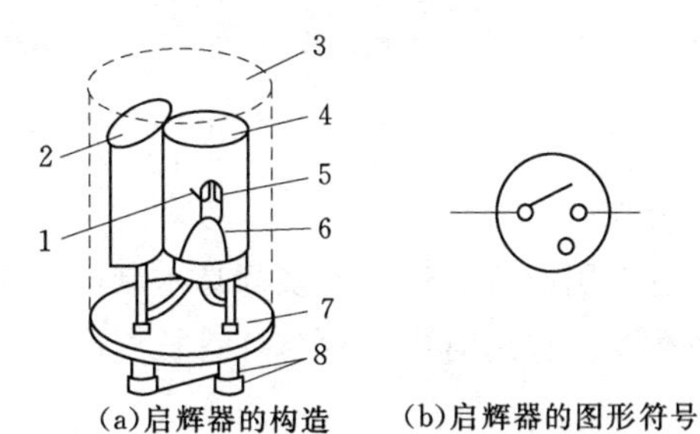

图 2-3　启辉器的构造及图形符号

1—静触片；2—电容；3—铝壳；4—玻璃泡；5—动触片；6—钠化物；7—绝缘底座；8—插头

2. 启辉器

启辉器由氖泡、小电容、出线脚和外壳构成。氖泡是一个充满惰性气体的玻璃泡，内装有 U 形双金属片、动触片和静触片。氖泡两端并联一个小电容，其容量一般为 0.005～0.01μF。电容有两个作用：其一是消除附近无线电设备的干扰；其二是与镇流器形成一个振荡电路，可延长灯丝预热时间和脉动电动势，从而有利于灯管的启辉。启辉器有多种规格，如 4～8W、16～20W、30～40W 以及通用型 4～40W 等多种。启辉器的构造及图形符号如图 2-3 所示，启辉器及启辉器座外形如图 2-4 所示。

3. 镇流器

日光灯的镇流器有电感镇流器和电子镇流器两种。虽然电子式镇流器具有高效节能、

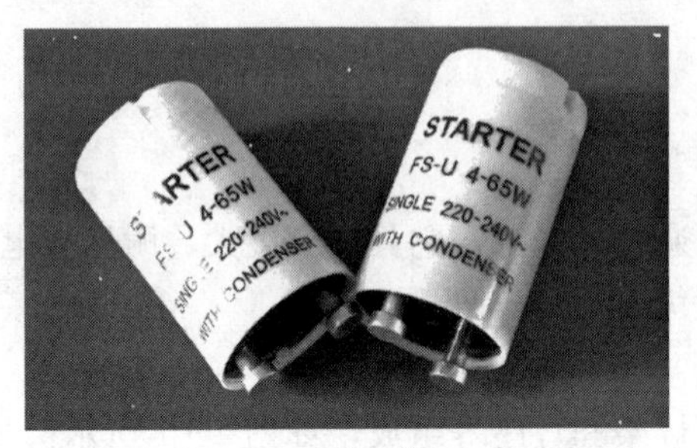

(a)启辉器

(b)启辉器座外形

图 2-4　启辉器及启辉器座的外形

启动电压较宽、启动时间短（0.5s）、无噪声、无频闪等优点，电感式镇流器耗电能多一些，但由于电感镇流器式日光灯电路具有较广泛的应用空间，所以仍以电感式镇流器为例来完成其电路的安装与调试。

电感式镇流器（后面简称镇流器）由铁心和线圈组成，其主要作用是限制通过灯管的电流以及产生脉冲电动势，使日光灯迅速点亮。常用的规格有交流 220V、频率 50Hz 的 6W、8W、20W、30W、40W、100W 等多种，可与相应规格的灯管配套使用。图 2-5 所示为日光灯镇流器的外形。

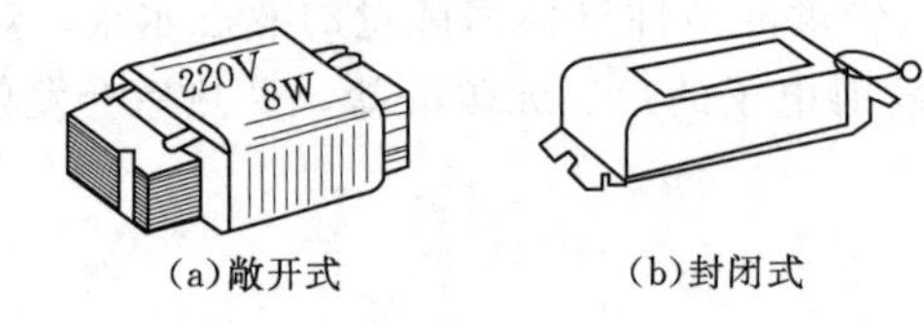

(a)敞开式　(b)封闭式　(c)半封闭式(出口型)

图 2-5　日光灯镇流器的外形

4. 灯架

以前常用的日光灯架大多都是木制的，目前日光灯灯架主要是用铁皮、塑料制成，而且品种繁多。选用时应注意与灯管长度配套。

5. 灯座

灯管在安装时应选用专用日光灯灯座。

二、日光灯电路的工作原理

日光灯电路图如图 2-6 所示。在开关接通的瞬间，线路上的电压全部加在启辉器的两端，迫使启辉器辉光放电。辉光放电所产生的热量使启辉器中的双金属片变形，并与静触片接触，使电路接通，电流流过镇流器与灯丝，灯丝经加热后发射电子，电流方向如图 2-6（a）所示。启辉器的双金属片与静触片接触后，启辉器停止放电，氖泡温度下降，双金属片因温度下降而恢复原来的断开状态。

而在启辉器断开的瞬间，镇流器两端产生一个自感电动势，这个自感电动势与线路所加的交流电源的电压叠加，形成一个高压脉冲电，使日光灯灯管内的氩气电离放电。放电后，管内温度升高，从而使管内的汞蒸气压力升高，在电子撞击下便开始放电，这样管内就由氩气放电过渡到汞蒸气放电。放电时辐射出的紫外线激励管壁上的荧光粉，发出像日光一样的光线，故称日光灯。灯管点燃后的电路如图 2-6（b）所示。日光灯管壁上涂不

同的荧光粉，可得到不同颜色的光线。

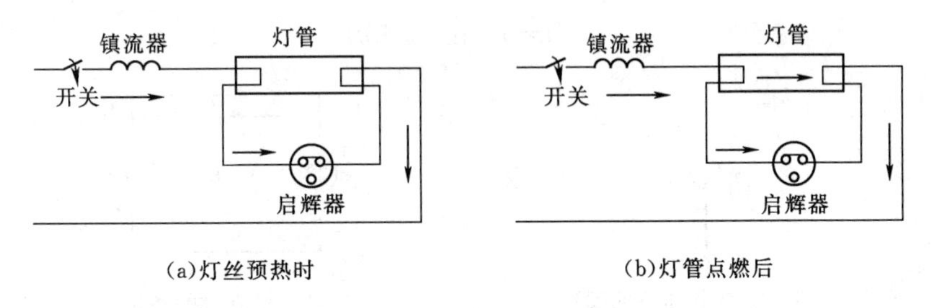

图 2-6　日光灯电路图

知识链接二　日光灯电路的分析

日光灯电路工作时需要接单相交流电。电路中的灯管主要起将电能转换为光能的作用，其电路模型为电阻；镇流器的电路模型为电感；除了在启辉器中有电容元件外，必要时还可以在电路中接入电容元件以提高日光灯电路工作的功率因数（后面将讲到）。所以，要想学会分析日光灯电路，就必须先掌握关于单相交流电路的相关知识。

一、单相正弦交流电的基本概念

前面学习了直流电，直流电是指方向不随时间变化的电压、电流或电动势。交流电则是指方向随时间变化的电压、电流或电动势，或说交流电是交变电压、交变电流和交变电动势的总称。由于大多交流电都是周期性变化的，所以又将交流电定义成大小和方向都随时间作周期性变化，并且在一个周期内的平均值为零的电动势（或电压、电流）。

交流电按其变化规律可分为正弦交流电和非正弦交流电，如图 2-7 所示。由于日光灯电路使用的是正弦交流电，所以本单元如不特别说明，所讲的交流电都是指正弦交流电。正弦交流电又简称为正弦量。按交流电中供电交变电动势的个数可将交流电分成单相交流电和三相交流电两种。下面着重讲解单相正弦交流电的相关知识。

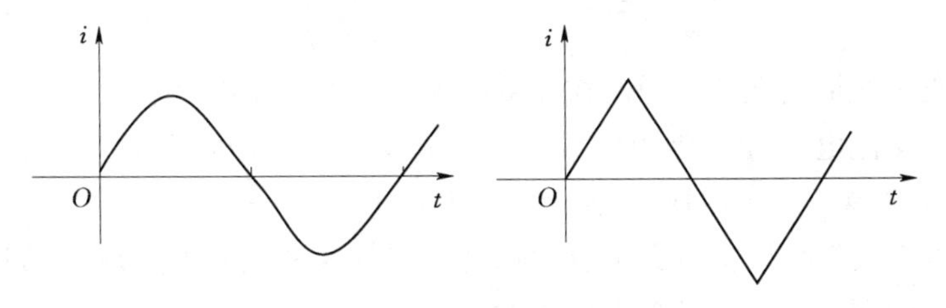

图 2-7　交流电的波形

（一）正弦交流电的三要素

交流电的物理量用小写英文字母表示，如 e、u、i 等。交流电动势 e 又常写为 e_S，其图形符号与直流电动势的不同，如图 2-8 所示。图 2-9 标出了交流电参考方向的选择，图中标示的电动势 e、电流 i 和电压 u 的方向为参考方向，它们的实际方向是在不断反复变化的，与参考方向相同的半个周期为正值，与参考方向相反的半个周期为负值。

通常将某一瞬间交流电的值称为交流电的瞬时值，可用解析式或波形图来表示。以电

流 i 为例，正弦量的一般解析式（即瞬时值表达式）为

$$i(t)=I_m\sin(\omega t+\theta) \tag{2-1}$$

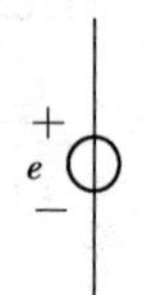

图 2-8 交流电动势的图形

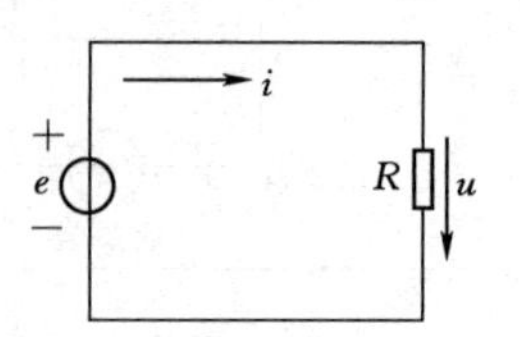

图 2-9 交流电的参考方向

波形如图 2-10（设 $\theta>0$）所示。当然，正弦量的解析式和波形图都是对应于已经选定的参考方向而言的。

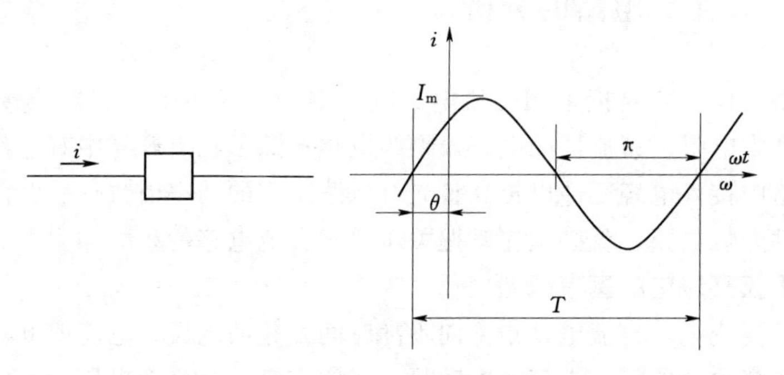

图 2-10 参考方向下正弦电流的波形

式（2-1）中，只要知道 I_m、ω、θ 三个值，便可以将这个正弦电流描述出来，因此将这三个值称为正弦交流电的三要素。下面分别解释这三个值的意义。

1. 最大值

最大值是用来表示正弦交流电瞬时值变化范围的物理量，又称为振幅或峰值。用大写字母加下标 m 表示，如 U_m、I_m、E_m 等。

2. 角频率

用来表示正弦交流电变化快慢的物理量有频率、周期和角频率。

（1）频率。交流电每秒变化的次数，用字母 f 表示，单位是赫兹，简称赫，符号为 Hz。实际应用中还有千赫（kHz）、兆赫（MHz）等。

我国和世界上大多数国家电力工业的标准频率（通常简称为工频）都是 50Hz，也有少数国家（如美国和日本）的工频采用 60Hz。

（2）周期。交流电变化一周所用的时间，用字母 T 表示，单位是秒，符号为 s。

频率与周期是倒数关系，即

$$f=\frac{1}{T} \tag{2-2}$$

（3）角频率。交流电每秒钟变化的电角度，用字母 ω 表示，单位是弧度/秒，符号为 rad/s。由于交流电每变化一周所经过的电角度为 2πrad。所以，角频率和频率之间有如下关系式

$$\omega = 2\pi f = \frac{2\pi}{T} \tag{2-3}$$

【例 2-1】 已知我国电力工频为50Hz，问周期、角频率各为多少？

解：根据式（2-2）和式（2-3）可得

$$T=\frac{1}{f}=\frac{1}{50}=0.02(\mathrm{s})$$

$$\omega=2\pi f=2\times\pi\times50=100\pi\approx314(\mathrm{rad/s})$$

3. 初相角

在正弦交流电的解析式中，角度 $\omega t+\theta$ 称为相位角，简称相位，是决定正弦交流电在某一时刻所处状态的物理量；而初相角是指正弦交流电在计时起点 $t=0$ 时的相位角值，也就是角度 θ。相位角和初相角的范围都是（$-\pi$，$+\pi$），它有以下三种情况：

（1）当 $\theta>0$ 时，表明正弦量 $t=0$ 时的值为正数，其波形图的零点在坐标原点左侧，与纵轴相差的电角度为 θ，如图 2-11（a）所示。

（2）当 $\theta<0$ 时，表明正弦量 $t=0$ 时的值为负数，其波形图的零点在坐标原点右侧，与纵轴相差的电角度为 θ，如图 2-11（b）所示。

（3）当 $\theta=0$ 时，表明正弦量 $t=0$ 时的值为零，其波形图的零点与坐标原点重合，如图 2-11（c）所示。

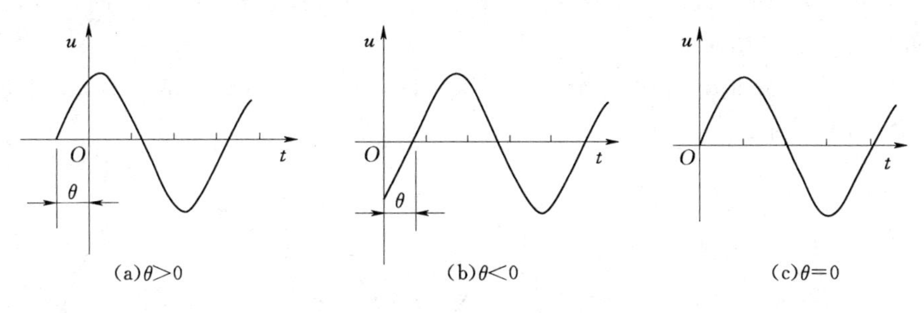

图 2-11　初相角的三种情况

综上所述，最大值、角频率和初相各自反映了正弦交流电一个方面的特征，通过这三个量可以完整地表达一个正弦交流电，即可以画出它的波形图或写出它的瞬时表达式。所以，称它们为正弦交流电的三要素。

【例 2-2】 已知正弦交流电压的最大值 $U_m=311\mathrm{V}$，频率 $f=50\mathrm{Hz}$，初相 $\theta=30°$。求：

（1）该电压的瞬时表达式。

（2）$t=0$ 和 $t=10\mathrm{ms}$ 时的电压值。

解：（1）交流电压的一般表达式为

$$u=U_m\sin(\omega t+\theta)$$

将 $U_m=311\mathrm{V}$，$\omega=2\pi f=2\times\pi\times50=100\pi(\mathrm{rad/s})$，$\theta=30°$，代入上式得表达式为

$$u=311\sin(100\pi t+30°)\mathrm{V}$$

（2）当 $t=0\mathrm{ms}$ 时，有

$$u=311\sin30°=155(\mathrm{V})$$

当 $t=10\text{ms}$ 时，有

$$u=311\sin(100\pi\times10\times10^{-3}+30°)=-155(\text{V})$$

(二) 正弦交流电的相位差

相位差，顾名思义就是两个正弦量的相位之差，用字母“φ”表示。

设有以下两个正弦电压

$$u_1=U_{1m}\sin(\omega_1 t+\theta_1)$$
$$u_2=U_{2m}\sin(\omega_2 t+\theta_2)$$

这两个正弦量的相位差为

$$\varphi_{12}=(\omega_1 t+\theta_1)-(\omega_2 t+\theta_2)$$

当两正弦量的频率相同，即 $\omega_1=\omega_2$ 时，有

$$\varphi_{12}=\theta_1-\theta_2 \tag{2-4}$$

可见：两个同频率正弦量的相位差就是它们的初相之差。相位差的范围是 $(-\pi,+\pi)$。有以下几种情况：

(1) 当 $\varphi_{12}=\theta_1-\theta_2>0$ 时，说明 u_1 比 u_2 先到达最大值或零值，称 u_1 的相位超前 u_2 的相位 φ_{12}，简称 u_1 超前 $u_2\varphi_{12}$ 角，或 u_2 滞后 $u_1\varphi_{12}$ 角，如图 2-12 (a) 所示。

(2) 当 $\varphi_{12}=\theta_1-\theta_2<0$ 时，称 u_1 滞后 $u_2|\varphi_{12}|$ 角，或 u_2 超前 $u_1|\varphi_{12}|$ 角。

(3) 当 $\varphi_{12}=0$ 时，说明 u_1、u_2 同时到达最大值或零值，称 u_1 和 u_2 同相位，简称同相，如图 2-12 (b) 所示。

(4) 当 $\varphi_{12}=\pm\pi$ 时，说明 u_1 到达正最大值时，u_2 到达负最大值，称 u_1 和 u_2 反相，如图 2-12 (c) 所示。

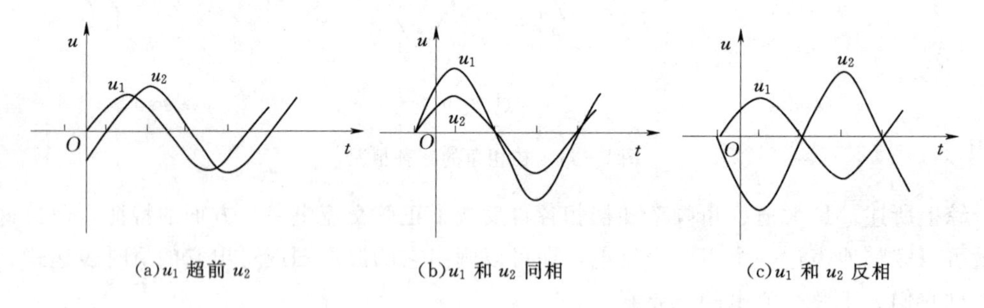

(a) u_1 超前 u_2　(b) u_1 和 u_2 同相　(c) u_1 和 u_2 反相

图 2-12 u_1 与 u_2 的相位关系

(三) 正弦交流电的有效值

1. 有效值的定义

交流电的最大值、瞬时值显然都是表征交流电大小的物理量，但最大值是其一个特殊值，瞬时值是随时间不断变化的，它们都不能正确反映交流电在电路中的实际工作效果。为此，引入一个既能衡量交流电大小，又能正确反映交流电做功能力的物理量，称为有效值。

交流电的有效值是根据其热效应来确定的。如果在数值相等的两个电阻中分别通过交流电和直流电（图 2-13），在交流电的一个周期的时间里，两种情况产生的热量相等，则把直流电流的数值称为该交流电流的有效值，用英文大写字母 I 表示。同理，在数值相

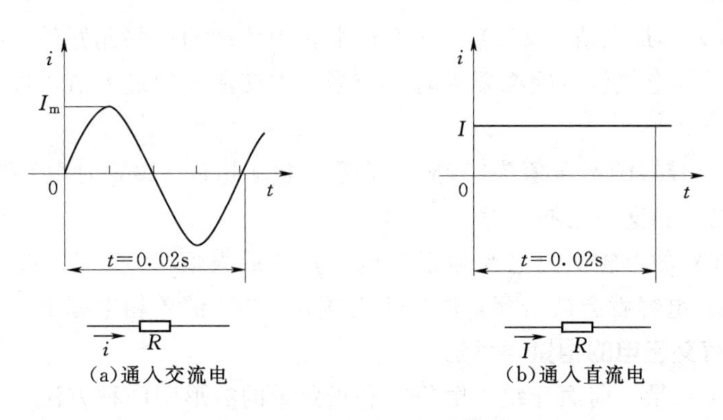

图 2-13　交流电的有效值

等的电阻上产生热效应相等的直流电压、直流电动势分别称为交流电压、交流电动势的有效值，分别用大写字母 U、E 表示。

平常所说的交流电流、电压和电动势的大小，各种交流电气设备铭牌所标的额定值，均是指它们的有效值，如电能表所标的容量“220V，10A”就是指交流电压和电流的有效值；用交流电表所测量的电压、电流的数值也是交流电的有效值。

2. 有效值的大小

一个周期 T 内直流电 I 通过电阻 R 产生的热量为

$$Q=I^2RT$$

交流电 i 通过同样的电阻 R，在一个周期 T 内产生的热量为

$$Q=\int_0^T i^2R\mathrm{d}t$$

依据有效值的定义，这两个电流所产生的热量相等，即

$$I^2RT=\int_0^T i^2R\mathrm{d}t$$

所以交流电的有效值为

$$I=\sqrt{\frac{1}{T}\int_0^T i^2\mathrm{d}t}$$

当电阻 R 上通过正弦交流电流 $i=I_m\sin\omega t$ 时，可求得

$$I=\sqrt{\frac{1}{T}\int_0^T I_m^2\sin^2\omega t\,\mathrm{d}t}=\sqrt{\frac{I_m^2}{T}\int_0^T\frac{1-\cos2\omega t}{2}\mathrm{d}t}$$

$$=\sqrt{\frac{I_m^2}{2T}\left(\int_0^T\mathrm{d}t-\int_0^T\cos2\omega t\,\mathrm{d}t\right)}=\sqrt{\frac{I_m^2}{2T}(T-0)}$$

即

$$I=\frac{I_m}{\sqrt{2}}=0.707I_m$$

同理可得

$$\left.\begin{aligned}U&=\frac{U_m}{\sqrt{2}}=0.707U_m\\E&=\frac{E_m}{\sqrt{2}}=0.707E_m\end{aligned}\right\}\qquad(2-5)$$

这样，只要知道有效值，再乘以$\sqrt{2}$就可以得到它的最大值。如我们日常所说的照明

用电电压为220V，其最大值为311V。在交流电路中使用的一些元器件（指耐压标最大值的）耐压水平和计算电气设备绝缘要求时，应当考虑交流电的最大值，以免造成元件击穿和绝缘损坏。

【例2-3】 电容器的耐压值为250V，即所加电压超过250V时电容器就会损坏，问能否用在220V的单相交流电源上？

解： 因为220V的单相交流电源为正弦电压，其最大值为311V，大于电容器的耐压250V，如果使用，电容就会被击穿，所以不能接在220V的单相电源上。

二、单相正弦交流电的相量表示法

要表示一个正弦量，前面介绍了解析式和正弦量的波形图两种方法。但这两种方法在分析和计算交流电路时比较麻烦，为此，下面将介绍正弦量的相量表示法。

由于相量法要涉及复数的运算，所以在介绍相量法之前，先扼要复习一下复数的运算。

（一）复数及四则运算

1. 复数

在数学中常用$A=a+bi$表示复数，其中a为实部，b为虚部，$i=\sqrt{-1}$称为虚单位。在电工技术中，为区别于电流的符号，虚单位常用j表示。

当已知一个复数的实部和虚部，那么这个复数便可确定。

取一直角坐标系，其横轴为实轴，纵轴为虚轴，这两个坐标轴所在的平面称为复平面。这样，每一个复数在复平面上都可找到唯一的点与之对应，而复平面上每一点也都对应着唯一的复数。如复数$A=4+3\mathrm{j}$，所对应的点即为图2-14中所示的A点。

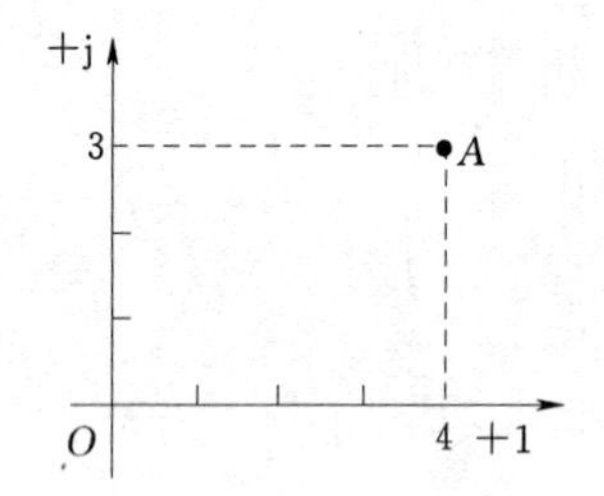

图2-14　复数在复平面上的表示

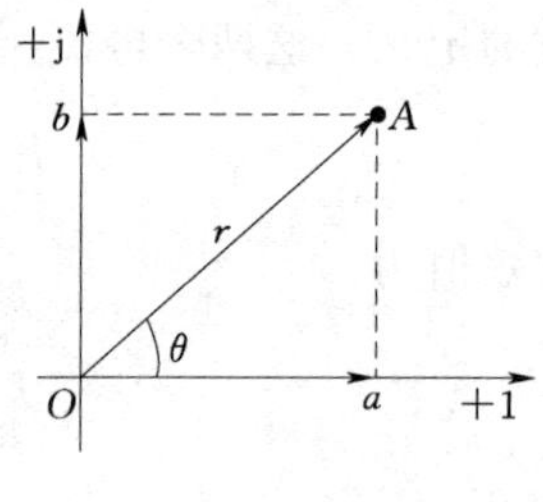

图2-15　复数的矢量图示法

复数还可以用复平面上的一个矢量来表示。复数$A=a+\mathrm{j}b$可以用一个从原点O到A点的矢量来表示，如图2-15所示，这种矢量称为复矢量。矢量的长度r为复数的模。

$$r=|A|=\sqrt{a^2+b^2} \tag{2-6}$$

矢量和实轴正方向的夹角θ称为复数A的辐角，即

$$\theta=\arctan\frac{b}{a}\quad(\theta\leqslant 2\pi) \tag{2-7}$$

不难看出，复数A的模$|A|$在实轴上的投影就是复数A的实部a，在虚轴上的投影就是复数A的虚部b。

$$\left.\begin{aligned}a&=r\cos\theta\\ b&=r\sin\theta\end{aligned}\right\} \tag{2-8}$$

2. 复数的四种形式

（1）复数的代数形式。

$$A=a+\mathrm{j}b$$

（2）复数的三角函数形式（简称为三角形式）。

$$A=r\cos\theta+\mathrm{j}r\sin\theta$$

（3）复数的指数形式。

$$A=r\mathrm{e}^{\mathrm{j}\theta}$$

（4）复数的极坐标形式。

$$A=r\angle\theta$$

在运算中，代数形式和极坐标形式是常用的，对它们的换算应该十分熟练。

【例 2-4】 写出复数 $A_1=4-\mathrm{j}3$，$A_2=-3+\mathrm{j}4$ 的极坐标形式。

解： 复数 A_1 的模为

$$r_1=\sqrt{4^2+(-3)^2}=5$$

辐角为 $$\theta_1=\arctan\frac{-3}{4}=-36.9°\quad（在第四象限）$$

则 A_1 的极坐标形式为

$$A_1=5\angle-36.9°$$

复数 A_2 的模为 $$r_2=\sqrt{(-3)^2+4^2}=5$$

辐角为 $$\theta_2=\arctan\frac{4}{-3}=126.9°\quad（在第二象限）$$

则 A_2 的极坐标形式为

$$A_2=5\angle126.9°$$

【例 2-5】 写出复数 $A=100\angle30°$的三角形式和代数形式。

解： 复数 A 的三角形式为

$$A=100(\cos30°+\mathrm{j}\sin30°)$$

复数 A 的代数形式为

$$A=100(\cos30°+\mathrm{j}\sin30°)=86.6+\mathrm{j}50$$

3. 复数的四则运算

（1）复数的加减法。设 $A_1=a_1+\mathrm{j}b_1=r_1\angle\theta_1$，$A_2=a_2+\mathrm{j}b_2=r_2\angle\theta_2$，则

$$A_1\pm A_2=(a_1\pm a_2)+\mathrm{j}(b_1\pm b_2) \tag{2-9}$$

即复数相加减时，将实部与实部相加减，虚部与虚部相加减。图 2-16 为复数相加减矢量图。复数相加符合“平行四边形法则”，复数相减符合“三角形法则”。

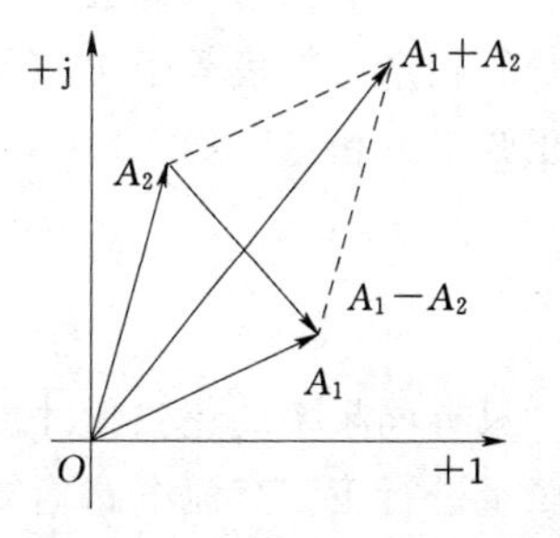

图 2-16　复数相加减矢量图

（2）复数的乘除法。

$$A_1\cdot A_2=r_1\angle\theta_1\cdot r_2\angle\theta_2=r_1r_2\angle(\theta_1+\theta_2) \tag{2-10}$$

$$\frac{A_1}{A_2}=\frac{r_1\angle\theta_1}{r_2\angle\theta_2}=\frac{r_1}{r_2}\angle(\theta_1-\theta_2) \tag{2-11}$$

即复数相乘，模相乘，辐角相加；复数相除，模相除，辐

角相减。

【例 2-6】 求复数 $A=8+j6$，$B=6-j8$ 之和 $A+B$ 及积 $A \cdot B$。

解：

$$A+B=(8+j6)+(6-j8)=14-j2$$

$$A \cdot B=(8+j6) \cdot (6-j8)=10\angle 36.9° \cdot 10\angle -53.1°=100\angle -16.2°$$

（二）正弦量的相量表示法

相量表示法又称为矢量图示法，是用旋转矢量表示正弦量的方法。图 2-17 所示为正弦交流电流 $i=I_m\sin(\omega t+\theta)$ 的相量表示，是在复平面上作出的表示正弦量的矢量。图中矢量的长度表示正弦量的最大值，称为最大值相量，用 $\dot{I}_m$ 表示（也可表示正弦量的有效值，称为有效值相量，用“$\dot{I}$”表示）；矢量与横坐标的夹角表示初相角 θ，当 $\theta>0$ 时，矢量在横坐标的上方；当 $\theta<0$ 时，矢量在横坐标的下方；矢量以角速度 ω 逆时针旋转。

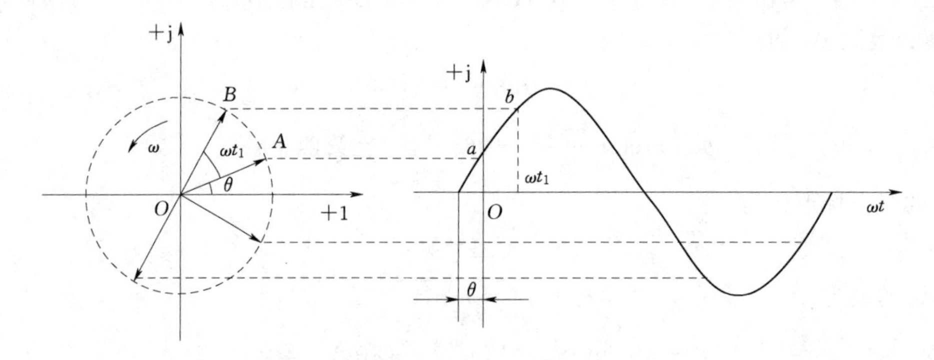

图 2-17　正弦量的相量表示

当 $t=0$ 时，旋转矢量在纵轴上的投影 $Oa=I_m\sin\omega t$ 。经过一定时间 t_1，矢量从 OA 转到 OB，这时矢量在纵轴上的投影为 $I_m\sin(\omega t_1+\theta)$，等于 t_1 时刻正弦量的瞬时值 Ob。由此可见，上述旋转矢量既能反映正弦量的三要素，又能通过它在纵轴上的投影确定正弦量的瞬时值，所以复平面上一个旋转矢量可以完整地表示一个正弦量。

在正弦交流电路中，由于角频率 ω 常为一定值，各电压和电流都是同频率的正弦量，这样，表示各正弦量的旋转矢量的旋转角速度都相等。因此，我们可以忽略矢量的旋转，用初始时刻的矢量表示正弦量。需说明的是，正弦量本身并不是矢量，而是标量，所以将表示正弦量的矢量称为相量。将同频率的正弦量的相量画在一个坐标中的图，称为相量图。

正弦量的相量和复数一样，都可以在复平面上用矢量表示，所以可以用复数来表示正弦量的相量，将模等于正弦量的最大值（或有效值），幅角等于正弦量的初相的复数称为该正弦量的相量。如

$$\begin{aligned}\dot{I}_m&=I_m\angle\theta \\ \dot{I}&=I\angle\theta\end{aligned} \tag{2-12}$$

只有同频率的正弦量才能相互运算，运算方法按复数的运算规则进行。把用相量表示正弦量进行正弦交流电路运算的方法称为相量法。

【例 2-7】 已知两个正弦量的解析式分别为 $i=10\sin(\omega t+30°)$A，$u=220\sqrt{2}\sin(\omega t-$

45°)V，分别写出电流和电压的最大值相量和有效值相量，并绘出相量图。

解：由解析式可得

$$I=\frac{I_m}{\sqrt{2}}=\frac{10}{\sqrt{2}}=5\sqrt{2}(A)\text{，}\theta=30°$$

$$U=\frac{U_m}{\sqrt{2}}=\frac{220\sqrt{2}}{\sqrt{2}}=220(V)\text{，}\theta_u=-45°$$

所以，最大值相量为

$$\dot{I}_m=I_m\angle\theta_i=10\angle30°(A)$$

$$\dot{U}_m=U_m\angle\theta_u=220\sqrt{2}\angle-45°(V)$$

有效值相量为

$$\dot{I}=I\angle\theta_i=5\sqrt{2}\angle30°(A)$$

$$\dot{U}=U\angle\theta_u=220\angle-45°(V)$$

相量图如图2-18所示，箭头中的虚线表示此线段很长，表示的电压有效值为220V（长度是电流相量箭头长度的$\frac{220}{5\sqrt{2}}=22\sqrt{2}$倍）。

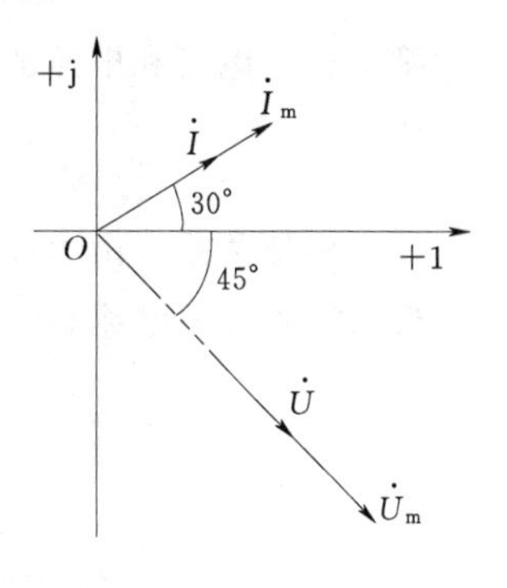

图2-18 ［例2-7］图

【例2-8】 工频条件下，两正弦量的相量分别为$\dot{U}_1=10\sqrt{2}\angle60°V$，$\dot{U}_2=20\sqrt{2}\angle-30°V$。试求两正弦电压的解析式。

解：由给定的相量形式可知是有效值相量，所以可得

$$U_1=10\sqrt{2}V,\quad \theta_1=60°$$

$$U_2=20\sqrt{2}V,\quad \theta_2=-30°$$

则最大值分别为

$$U_{1m}=10\sqrt{2}\times\sqrt{2}=20(V)$$

$$U_{2m}=20\sqrt{2}\times\sqrt{2}=40(V)$$

工频下，$f=50Hz$，则

$$\omega=2\pi f=2\pi\times50=100\pi(rad/s)$$

可得

$$u_1=20\sin(100\pi t+60°)V$$

$$u_2=40\sin(100\pi t-30°)V$$

三、正弦交流电路中的电阻、电感、电容元件

电阻元件、电感元件及电容元件是交流电路的基本元件，日常生活中的交流电路都是由这三个元件组合起来构成的。为了分析这种交流电路，先来分析单个元件上电压与电流的关系以及能量的转换与储存情况。

（一）正弦交流电路中的电阻元件

类似日光灯、电炉等用电器，其主要作用都是将电能转换为其他形式的能量，都属于耗能设备，其电路模型都是电阻元件。

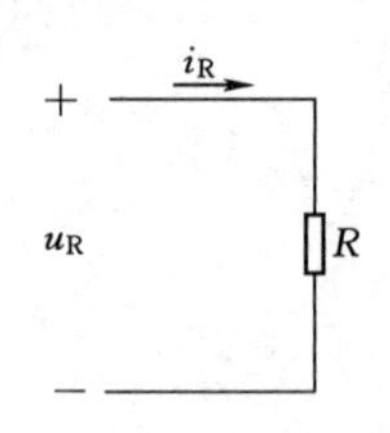

图 2-19　交流电路中的电阻元件

1. 电压与电流的关系

如图 2-19 所示，当线性电阻 R 两端加上正弦电压 u_R 时，电阻中便有电流 i_R 通过。前面的内容中我们已经学过，在任一瞬间，电压 u_R 和电流 i_R 都满足欧姆定律。选择电压与电流关联参考方向时，如图 2-19 所示，可得到电阻元件上电压电流的下列关系式。

（1）瞬时值关系。

$$i_R=\frac{u_R}{R} \tag{2-13}$$

（2）有效值关系（大小关系）。设加在电阻元件两端的电压为 $u_R=U_{Rm}\sin(\omega t+\theta_u)$，则

$$i_R=\frac{u_R}{R}=\frac{U_{Rm}}{R}\sin(\omega t+\theta_u)=I_{Rm}\sin(\omega t+\theta_i)$$

其中

$$I_{Rm}=\frac{U_{Rm}}{R}\text{ 或 }U_{Rm}=RI_{Rm}$$

把上式中电流和电压的振幅各除以$\sqrt{2}$，便得电压电流有效值关系（大小关系）为

$$I_R=\frac{U_R}{R}\text{ 或 }U_R=RI_R \tag{2-14}$$

（3）相位关系。由上面的求解可以得到 $\theta_u=\theta_i$，所以电流和电压是同相的。图 2-20（a）是电阻元件上电流和电压的波形图（设 $R>1$，$\theta_u=\theta_i>0$）。

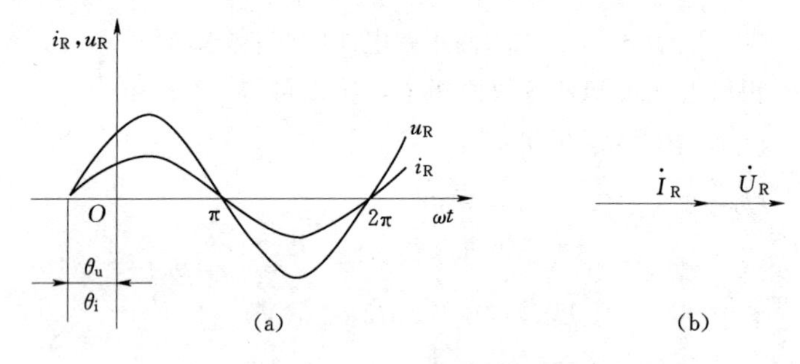

图 2-20　电阻元件上电压与电流之间的关系

（4）相量关系。由电流的解析式可以写出对应的相量为

$$\dot{I}_R=I_R\angle\theta_i$$

电压的相量为

$$\dot{U}_R=U_R\angle\theta_u=I_RR\angle\theta_u=I_R\angle\theta_uR$$

所以

$$\dot{U}_R=\dot{I}_RR \tag{2-15}$$

式（2-15）就是交流电路中电阻元件上电压与电流的相量关系，也就是相量形式的欧姆定律。图 2-20（b）所示为电压与电流的相量图，二者是同相的关系。

2. 功率

交流电路中，任一瞬间，元件上电压的瞬时值与电流的瞬时值的乘积称为该元件的瞬时功率，用小写字母 p 表示，即

$$p=ui \tag{2-16}$$

电阻元件通过正弦交流电时，在关联参考方向下，若 $u_R=U_{Rm}\sin\omega t$，则

$$i_R=I_{Rm}\sin\omega t$$

所以，电阻吸收的瞬时功率为

$$\begin{aligned}p_R&=u_R i_R\\&=U_{Rm}\sin(\omega t)I_{Rm}\sin(\omega t)\\&=U_{Rm}I_{Rm}\sin^2(\omega t)\\&=\frac{U_{Rm}I_{Rm}}{2}(1-\cos2\omega t)=U_R I_R(1-\cos2\omega t)\end{aligned} \tag{2-17}$$

图 2-21 所示为电阻元件的瞬时功率曲线。由式（2-17）和功率曲线可知，电阻元件的瞬时功率以电源频率的两倍作周期性变化，在任一瞬间，电压与电流的实际方向都是相同的，所以始终有 $p\geqslant0$，表明电阻元件是一个耗能元件，任一瞬间均从电源接受功率。

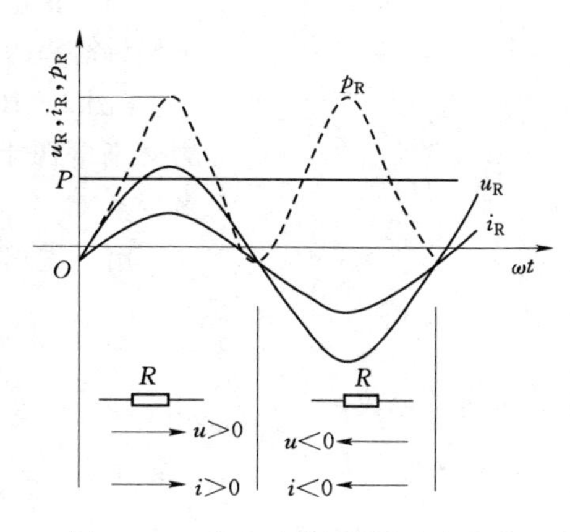

图 2-21　电阻元件的瞬时功率曲线

由于瞬时功率不便计算和测量，所以通常用瞬时功率的平均值来表示功率的大小，称为平均功率，用大写字母 P 表示。周期性交流电路中的平均功率就是其瞬时功率在一个周期内的平均值，即

$$P=\frac{1}{T}\int_0^T p\mathrm{d}t$$

正弦交流电路中电阻元件的平均功率为

$$\begin{aligned}P_R&=\frac{1}{T}\int_0^T p\mathrm{d}t=\frac{1}{T}\int_0^T U_R I_R(1-\cos2\omega t)\mathrm{d}t\\&=\frac{U_R I_R}{T}\left(\int_0^T 1\mathrm{d}t-\int_0^T\cos2\omega t\,\mathrm{d}t\right)=\frac{U_R I_R}{T}(T-0)=U_R I_R\end{aligned}$$

因 $I_R=\dfrac{U_R}{R}$ 或 $U_R=RI_R$，代入上式可得

$$P_R=U_R I_R=I_R^2R=\frac{U_R^2}{R} \tag{2-18}$$

平均功率简称为功率，单位为瓦（W），工程上也常用千瓦（kW）。由于平均功率反映了电阻元件实际消耗电能的情况，所以又称有功功率。例如，60W 的灯泡、1000W 的电炉等都是指平均功率。

【例 2-9】 一电阻 $R=100\Omega$，R 两端的电压 $u_R=100\sqrt{2}\sin(\omega t-30°)$V，求：

（1）通过电阻 R 的电流 I_R 和 i_R。

（2）电阻 R 接受的功率 P_R。

（3）作 $\dot{U}_R$、$\dot{I}_R$ 的相量图。

解：（1）因为 $U_{Rm}=100\sqrt{2}$V，所以有

$$U_{\mathrm{R}}=\frac{U_{\mathrm{Rm}}}{\sqrt{2}}=\frac{100\sqrt{2}}{\sqrt{2}}=100(\mathrm{V})$$

则

$$I_{\mathrm{R}}=\frac{U_{\mathrm{R}}}{R}=\frac{100}{100}=1(\mathrm{A})$$

又因为 i_{R} 与 u_{R} 是同频率、同相位的，所以

$$i_{\mathrm{R}}=\sqrt{2}I_{\mathrm{R}}\sin(\omega t-30^{\circ})=\sqrt{2}\sin(\omega t-30^{\circ})(\mathrm{A})$$

（2）电阻 R 接受的功率为

$$P_{\mathrm{R}}=U_{\mathrm{R}}I_{\mathrm{R}}=100\times1=100(\mathrm{W})\quad 或\quad P_{\mathrm{R}}=I_{\mathrm{R}}^{2}R=1^{2}\times100=100(\mathrm{W})$$

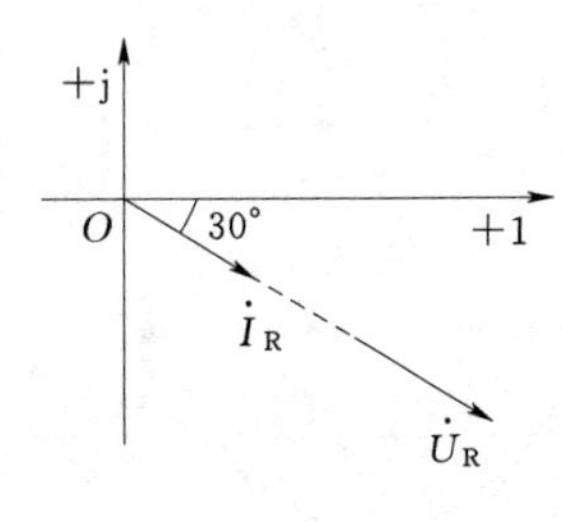

图 2-22　[例 2-9] 图

（3）相量图如图 2-22 所示。图中虚线表示线段很长（电压相量箭头的长度是电流相量箭头长度的 100 倍）。

【例 2-10】　标有“220V、100W”的电烙铁，接在 220V 的交流电源上，通过的电流是多少？工作 4h 消耗的电能是多少？

解： 先求电烙铁的电阻 R。

$$R=\frac{U^{2}}{P}=\frac{220^{2}}{100}=484(\Omega)$$

后求通过的电流。

$$I=\frac{U}{R}=\frac{220}{484}\approx0.45(\mathrm{A})$$

再求 4h 消耗的电能。

$$W=IUt=0.45\times220\times4\times10^{-3}=0.4(\mathrm{kW\cdot h})$$

（二）正弦交流电路中的电感元件

大多交流电路都是电感性的，分析电路时，其电感作用都可以用电感元件来代替。日光灯电路中镇流器的电路模型就是电感元件。

1. 电压与电流的关系

（1）瞬时值关系。电感元件上的伏安关系，前面已经讲过，在图 2-23 所示的关联参考方向下有

$$u_{\mathrm{L}}=L\,\frac{\mathrm{d}i_{\mathrm{L}}}{\mathrm{d}t}\qquad(2-19)$$

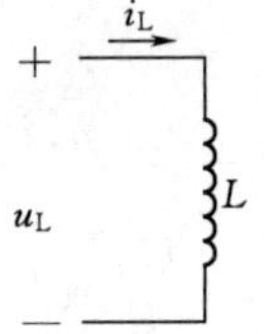

图 2-23　交流电路中的电感元件

式（2-19）是交流电路中电感元件上电压和电流的瞬时值关系式，二者是微分关系，而不是正比关系。

（2）有效值关系（大小关系）。设 $i_{\mathrm{L}}=I_{\mathrm{Lm}}\sin(\omega t+\varphi_{\mathrm{i}})$，代入式（2-19）得

$$\begin{aligned}u_{\mathrm{L}}&=L\,\frac{\mathrm{d}[I_{\mathrm{Lm}}\sin(\omega t+\varphi_{\mathrm{i}})]}{\mathrm{d}t}=I_{\mathrm{Lm}}\omega L\cos(\omega t+\varphi_{\mathrm{i}})\\&=I_{\mathrm{Lm}}\omega L\sin\left(\omega t+\frac{\pi}{2}+\varphi_{\mathrm{i}}\right)\\&=U_{\mathrm{Lm}}\sin(\omega t+\varphi_{\mathrm{u}})\end{aligned}$$

所以

$$U_{\mathrm{Lm}}=I_{\mathrm{Lm}}\omega L$$

两边同除以$\sqrt{2}$，便可得电压电流有效值关系（大小关系）为

$$I_L=\frac{U_L}{\omega L}=\frac{U_L}{X_L}\quad \text{或}\quad U_L=I_L\omega L=I_LX_L \tag{2-20}$$

其中

$$X_L=\omega L=2\pi fL \tag{2-21}$$

X_L 称为感抗，单位为 Ω。感抗是用来表示电感线圈对电流的阻碍作用的一个物理量。在电压一定的条件下，ωL 越大，电路中的电流越小。式（2-21）表明感抗 X_L 与电源的频率（角频率）成正比。电源频率越高，感抗越大，表示电感对电流的阻碍作用越大。反之，频率越低，线圈的感抗也就越小。对直流电来说，频率 $f=0$，感抗也就为零，此时电感元件相当于短路。所以线圈是一个“低通”元件，具有“通直阻交”的作用。

（3）相位关系。由上面的推导可以得到电感元件上电压和电流的相位关系为

$$\theta_u=\frac{\pi}{2}+\theta_i \tag{2-22}$$

即电感元件上电压较电流超前 90°，或者说，电流滞后电压 90°。图 2-24（a）所示为电流和电压的波形图（设 $X_L>1$，$\varphi_i=0$）。

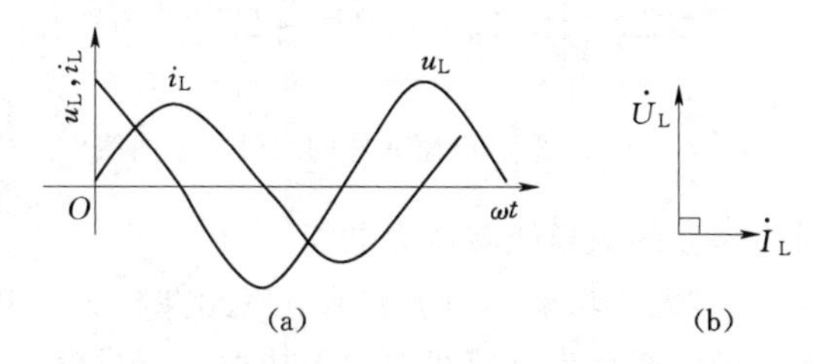

图 2-24　电感元件上电压和电流的关系

（4）相量关系。在关联参考方向下，流过电感的电流为

$$i_L=I_{Lm}\sin(\omega t+\theta_i)$$

对应的相量为

$$\dot{I}_L=I_L\angle\theta_i$$

电感元件两端的电压为

$$u_L=I_{Lm}\omega L\sin\left(\omega t+\frac{\pi}{2}+\theta_i\right)$$

对应的相量为

$$\dot{U}_L=I_L\omega L\angle\left(\theta_i+\frac{\pi}{2}\right)=\mathrm{j}\omega LI_L\angle\theta_i$$

所以

$$\dot{U}_L=\mathrm{j}\omega L\dot{I}_L=\mathrm{j}X_L\dot{I}_L \tag{2-23}$$

式（2-23）就是交流电路中电感元件上电压与电流的相量关系，也是交流电路中相量形式的欧姆定律。图 2-24（b）所示为电压与电流的相量图，二者是垂直的关系，电压超前电流 90°。

2. *功率*

（1）瞬时功率。设通过电感元件的电流为 $i_L=I_{Lm}\sin\omega t$，则

$$u_L=U_{Lm}\sin\left(\omega t+\frac{\pi}{2}\right)$$

$$\begin{aligned}p_L=u_Li_L&=U_{Lm}\sin\left(\omega t+\frac{\pi}{2}\right)I_{Lm}\sin\omega t\\&=U_{Lm}I_{Lm}\sin\omega t\cos\omega t=\frac{1}{2}U_{Lm}I_{Lm}\sin2\omega t\\&=U_LI_L\sin2\omega t\end{aligned} \tag{2-24}$$

式（2-24）说明电感元件的瞬时功率 p 也是随着时间按正弦规律变化的，其频率是电流频率的两倍。图 2-25 所示为电感元件的瞬时功率曲线。

（2）平均功率。

$$P=\frac{1}{T}\int_0^T p\mathrm{d}t=\frac{1}{T}\int_0^T U_L I_L \sin 2\omega t\,\mathrm{d}t=0 \tag{2-25}$$

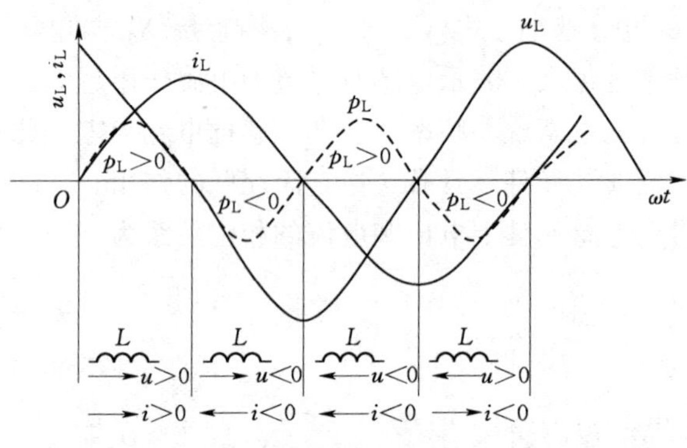

图 2-25　电感元件的瞬时功率曲线

由图 2-25 可看到，在第一及第三个 1/4 周期内，瞬时功率为正值，电感元件从电源吸收功率，在第二及第四个 1/4 周期内，瞬时功率为负值，电感元件向电源释放功率。在一个周期内，吸收功率和释放功率是相等的，即平均功率为零。这说明电感元件不是耗能元件，而是储能元件，与电源之间存在着能量的交换，吸收功率时将电能转换为磁场能存储起来，释放功率时将储存的磁场能转换为电能。

（3）无功功率。为了表示电感元件与交流电源交换能量的数量大小，电感元件上瞬时功率的最大值称为电感线圈的无功功率，用符号 Q_L 表示，即

$$Q_L=U_L I_L=I_L^2 X_L=\frac{U_L^2}{X_L} \tag{2-26}$$

当 $Q_L>0$ 时，电感元件吸收功率；当 $Q_L<0$ 时，电感元件发出功率。

为了区别于有功功率，无功功率的单位是乏尔，简称为乏，符号为 var，有时还用千乏（kvar）。

必须指出的是，这里无功的含义是交换，而不是消耗，更不能理解为无用。这是因为电气设备中的许多电感性负载，如交流电动机、变压器和扬声器等，都是依靠交变磁场来传送和转换能量的。所以，没有无功功率，这些设备就无法工作。

【例 2-11】　设有一线圈为纯电感，$L=127\text{mH}$，把其接在 $u=220\sqrt{2}\sin(314t+30°)\text{V}$ 的交流电路中，求：

（1）流过线圈电流的有效值及其瞬时表达式；

（2）线圈的无功功率。

解：（1）先求线圈的感抗。

$$X_L=2\pi fL=2\pi\times 50\times 127\times 10^{-3}=40(\Omega)$$

后求线圈中通过的电流。

$$I=\frac{U}{X_L}=\frac{220}{40}=5.5(\text{A})$$

再写出电流的瞬时表达式，因为电流 i 滞后电压 u 90°，所以

$$\begin{aligned}i&=5.5\sqrt{2}\sin(314t+30°-90°)\\&=5.5\sqrt{2}\sin(314t-60°)(\text{A})\end{aligned}$$

（2）无功功率。

$$Q=UI=220\times5.5=1210(\text{var})$$

（三）正弦交流电路中的电容元件

1. 电压与电流的关系

（1）瞬时值关系。如图 2-26 所示，有

$$i_C=C\frac{\mathrm{d}u_C}{\mathrm{d}t} \tag{2-27}$$

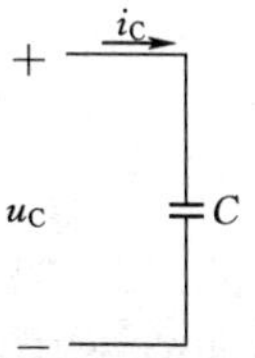

电容元件上电压和电流的瞬时关系也是微分关系。

图 2-26　交流电路中的电容元件

（2）有效值关系（大小关系）。设 $u_C=U_{Cm}\sin(\omega t+\theta_u)$，代入式（2-27）得

$$\begin{aligned}i_C&=C\frac{\mathrm{d}[U_{Cm}\sin(\omega t+\theta_u)]}{\mathrm{d}t}=U_{Cm}\omega C\cos(\omega t+\theta_u)\\&=U_{Cm}\omega C\sin\left(\omega t+\frac{\pi}{2}+\theta_u\right)\\&=I_{Cm}\sin(\omega t+\theta_i)\end{aligned}$$

所以

$$I_{Cm}=U_{Cm}\omega C$$

两边同除以$\sqrt{2}$，便可得电压电流有效值关系（大小关系）为

$$U_C=\frac{I_C}{\omega C}=I_CX_C\quad 或\quad I_C=U_C\omega C=\frac{U_C}{X_C} \tag{2-28}$$

其中

$$X_C=\frac{1}{\omega C}=\frac{1}{2\pi fC} \tag{2-29}$$

X_C 称为容抗，单位为 Ω。容抗是表示电容在充放电过程中对电流的一种阻碍作用。在一定的电压下，容抗越大，电路中的电流越小。

由式（2-29）可看出，容抗 X_C 与电源的频率（角频率）成反比。电源频率越高，容抗越小，表示电容对电流的阻碍作用越小。反之，频率越低，电容的容抗也就越大。对直流电来说，频率 $f=0$，容抗也为无穷大，电容元件相当于开路。所以电容是一个“高通”元件，具有“隔直阻交”的作用。

（3）相位关系。由上面的推导可以得到电感元件上电压和电流的相位关系为

$$\theta_i=\frac{\pi}{2}+\theta_u \tag{2-30}$$

即电容元件上电压较电流滞后 90°，或者说，电流超前电压 90°。图 2-27（a）所示为电流和电压的波形图（设 $X_C>1$，$\theta_u=0$）。

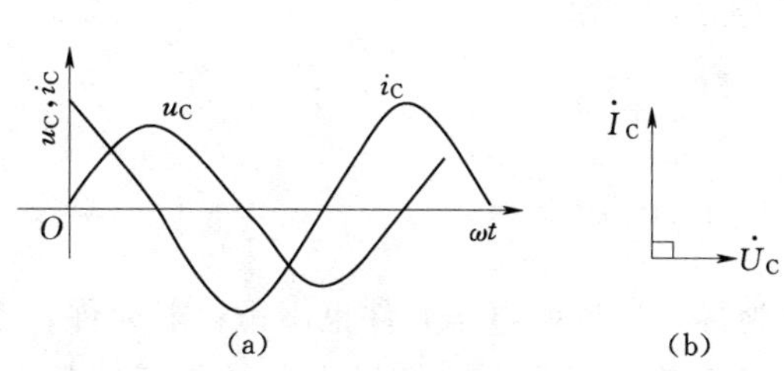

图 2-27　电容元件上电压和电流的关系

（4）相量关系。在关联参考方向下，设电容元件两端的电压为

$$u_C=U_{Cm}\sin(\omega t+\theta_u)$$

对应的相量为

$$\dot{U}_C=U_C\angle\theta_u$$

流过电感的电流为

$$i_C = U_{Cm}\omega C\sin\left(\omega t + \frac{\pi}{2} + \theta_u\right)$$

对应的相量为

$$\dot{I}_C = U_C\omega C\angle\left(\theta_u + \frac{\pi}{2}\right) = j\omega C U_C\angle\theta_u$$

所以

$$\dot{U}_C = \frac{1}{j\omega C}\dot{I}_C = -jX_C\dot{I}_C \tag{2-31}$$

式（2-31）就是交流电路中电容元件上电压与电流的相量关系，也是交流电路中相量形式的欧姆定律。图 2-27（b）所示为电压与电流的相量图，二者是垂直的关系，电流超前电压 90°。

2. 功率

（1）瞬时功率。设电容元件的电压为 $u_C = U_{Cm}\sin\omega t$，则

$$i_C = I_{Cm}\sin\left(\omega t + \frac{\pi}{2}\right)$$

$$p_C = u_C i_C = U_{Cm}\sin\omega t I_{Cm}\sin\left(\omega t + \frac{\pi}{2}\right)$$

$$= U_{Cm}I_{Cm}\sin\omega t\cos\omega t = \frac{1}{2}U_{Cm}I_{Cm}\sin 2\omega t = U_C I_C\sin 2\omega t \tag{2-32}$$

式（2-32）说明电容元件的瞬时功率 p 也是随着时间按正弦规律变化的，其频率也是电流频率的两倍。图 2-28 所示为电容元件的瞬时功率曲线。

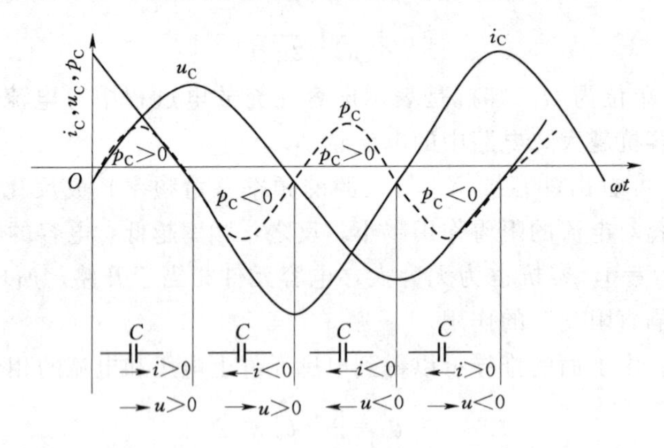

图 2-28　电容元件的功率曲线

（2）平均功率。

$$P = \frac{1}{T}\int_0^T p\mathrm{d}t = \frac{1}{T}\int_0^T U_C I_C\sin 2\omega t\,\mathrm{d}t = 0 \tag{2-33}$$

同电感元件一样，电容元件的平均功率也为零。这说明电容元件也不是耗能元件，而是储能元件，与电源之间存在着能量的交换，吸收功率时将电能转换为电场能存储起来，释放功率时是将储存的电场能转换为电能。

（3）无功功率。为了表示电容元件与交流电源交换能量的数量大小，电容元件上瞬时功率的最大值称为电容元件的无功功率，用符号 Q_C 表示，即

$$Q_C = U_C I_C = I_C^2 X_C = \frac{U_C^2}{X_C} \tag{2-34}$$

当 $Q_C>0$ 时，电容元件吸收功率；当 $Q_C<0$ 时，电容元件发出功率。

电容元件无功功率的单位也是乏尔（var）或千乏（kvar）。

【例 2-12】 把一个 $10\mu F$ 的电容器，接到 $U=220V$，$\theta=30°$的工频交流电源上，试写出电流的瞬时表达式，画出电流电压的相量图，求出电路的无功功率。

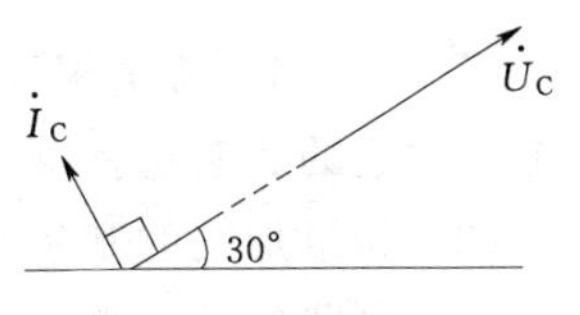

图 2-29 ［例 2-12］图

解：(1) 先求电容的容抗。工频 $\omega=314rad/s$，所以

$$X_C=\frac{1}{\omega C}=\frac{1}{314\times10\times10^{-6}}=318(\Omega)$$

再求电流。

$$I=\frac{U}{X_C}=\frac{220}{318}=0.692(A)$$

最后写出电流的瞬时表达式。因为电流 i 超前电压 u 90°，所以

$$i=0.692\sqrt{2}\sin(314t+30°+90°)=0.692\sqrt{2}\sin(314t+120°)A$$

(2) 电压电流相量图如图 2-29 所示。箭头中的虚线表示此线段很长，表示的电压有效值为 220V（长度是电流有效值矢量长度的$\frac{220}{0.692}$倍）。

(3) 无功功率。

$$Q=UI=220\times0.692=152(var)$$

四、正弦交流电路的相量分析法

前面对简单的正弦交流电路进行了分析，对一些任意复杂的正弦交流电路，如果构成电路的电阻、电感、电容等元件都是线性的，电路中正弦电源都是同频率的，那么电路各部分的电压和电流仍将是同频率的正弦量，可用相量法进行分析。

（一）相量形式的基本定律

1. 欧姆定律的相量形式

前面讲解三种元件时，已经学习了各种元件上欧姆定律的相量形式表达式，在这里只做一下总结。

选择元件上的电压与电流关联参考时，其欧姆定律的表达式分别为

电阻元件　$$\dot{U}_R=\dot{I}_R R$$

电感元件　$$\dot{U}_L=jX_L\dot{I}_L$$

电容元件　$$\dot{U}_C=-jX_C\dot{I}_C$$

2. 基尔霍夫定律的相量形式

(1) 相量形式的基尔霍夫电流定律。基尔霍夫电流定律的实质是电流的连续性原理。在交流电路中，任一瞬间的电流总是连续的，因此，基尔霍夫定律也适用于交流电路的任一瞬间。即任一瞬间，流过电路的一个节点（或闭合面）的各个电流的瞬时值代数和等于零。电流的瞬时值可以用电流的解析式表示，所以也可以说成流过电路中的一个节点（或闭合面）的各个电流的解析式代数和等于零。亦即

$$\sum i=0 \tag{2-35}$$

正弦交流电路中的各电流都是与电源同频率的正弦量，把这些同频率的正弦量用相量表示，即得

$$\sum \dot{I}=0 \tag{2-36}$$

式（2－36）就是相量形式的基尔霍夫电流定律（KCL），电流前的正负号都是由其参考方向决定的。若选择支路电流的参考方向流入节点时为正号，则流出节点时就为负号。

（2）相量形式的基尔霍夫电压定律。根据能量守恒定律，基尔霍夫电压定律也同样适用于交流电路的任一瞬间。即在电路的同一瞬间，电路中任一个回路上各元件的电压瞬时值的代数和等于零，亦即

$$\sum u=0 \tag{2-37}$$

正弦交流电路中，各电压也都是与电源同频率的正弦量，所以表示一个回路中各元件电压的相量代数和也等于零，即

$$\sum \dot{U}=0 \tag{2-38}$$

式（2－38）就是相量形式的基尔霍夫电压定律（KVL）。

【例 2－13】 如图2－30（a）、（b）所示电路中，已知电流表 A_1、A_2、A_3 都是 10A，求电路中电流表 A 的读数。

解： 设端电压 $\dot{U}=U\angle 0°\text{V}$。

（1）选定电流的参考方向如图 2－30（a）所示，则

$$\dot{I}_1=10\angle 0°\text{A}\quad（电阻上电流与电压同相）$$

$$\dot{I}_2=10\angle -90°\text{A}\quad（电感上电压超前电流 90°）$$

由 KCL 可得

$$\dot{I}=\dot{I}_1+\dot{I}_2=10\angle 0°+10\angle -90°=10-10\text{j}=10\sqrt{2}\angle -45°(\text{A})$$

电流表 A 的读数为 $10\sqrt{2}$A。

注意：与直流电路的计算是不同的，总电流并不是 20A。

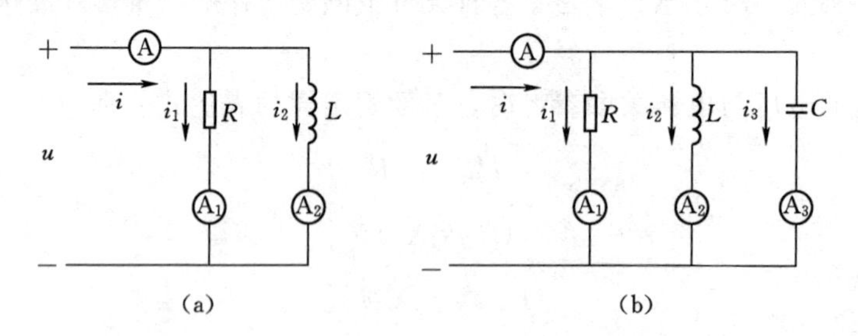

图 2－30 ［例 2－13］图

（2）选定电流的参考方向如图 2－30（b）所示，则

$$\dot{I}_1=10\angle 0°\text{A}\quad（电阻上电流与电压同相）$$

$$\dot{I}_2=10\angle -90°\text{A}\quad（电感上电压超前电流 90°）$$

$$\dot{I}_3=10\angle 90°\text{A}\quad（电容上电流超前电压90°）$$

由 KCL 可得

$$\dot{I}=\dot{I}_1+\dot{I}_2+\dot{I}_3=10\angle 0°+10\angle -90°+10\angle 90°=10-10\text{j}+10\text{j}=10\angle 0°(\text{A})$$

电流表 A 的读数为 10A。

注意：总电流并不是 30A。

【例 2-14】 如图 2-31（a）、（b）所示电路中，电压表 V_1、V_2、V_3 的读数都是 50V，分别求各电路中 V 表的读数。

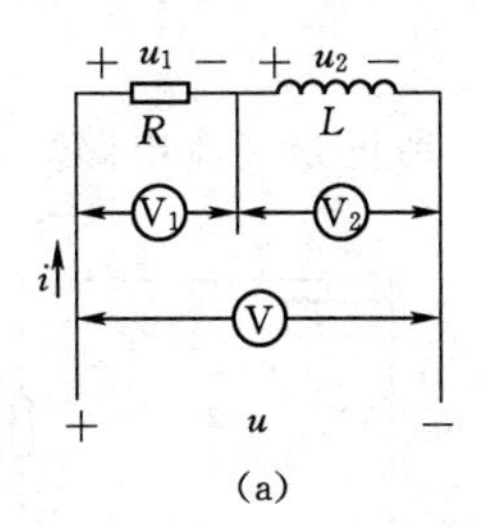

(a)

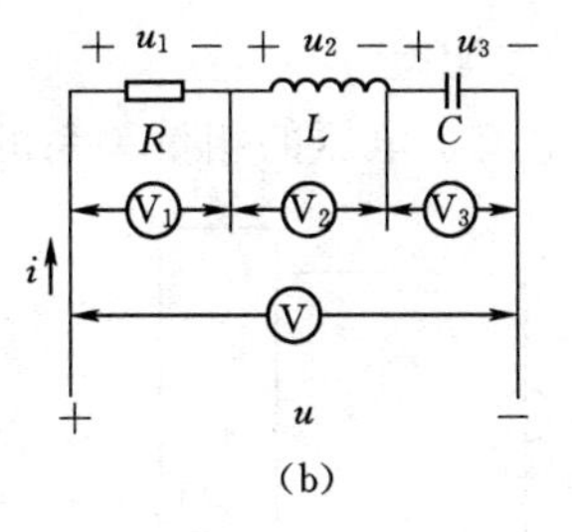

(b)

图 2-31 ［例 2-14］图

解：设电流为参考相量，即 $\dot{I}=I\angle 0°\text{A}$

（1）选定 i、u_1、u_2、u 的参考方向如图 2-31（a）所示，则

$$\dot{U}_1=50\angle 0°\text{V}\quad（与电流同相）$$

$$\dot{U}_2=50\angle 90°\text{V}\quad（超前电流90°）$$

由 KVL 可得

$$\dot{U}=\dot{U}_1+\dot{U}_2=50\angle 0°+50\angle 90°=50+50\text{j}=50\sqrt{2}\angle 45°(\text{V})$$

电流表 V 的读数为 $50\sqrt{2}$V。

（2）选定 i、u_1、u_2、u 的参考方向如图 2-31（b）所示，则

$$\dot{U}_1=50\angle 0°\text{V}\quad（与电流同相）$$

$$\dot{U}_2=50\angle 90°\text{V}\quad（超前电流90°）$$

$$\dot{U}_3=50\angle -90°\text{V}\quad（滞后于电流90°）$$

由 KVL 可得

$$\dot{U}=\dot{U}_1+\dot{U}_2+\dot{U}_3=50\angle 0°+50\angle 90°+50\angle -90°=50+50\text{j}-50\text{j}=50\angle 0°(\text{V})$$

所以，电压表 V 的读数为 50V。

（二）复阻抗、复导纳及其等效变换

1. 复阻抗

前面分析了电路中电阻、电感和电容元件上的电流和电压的相量关系，分别为

$$\frac{\dot{U}_\text{R}}{\dot{I}_\text{R}}=R$$

$$\frac{\dot{U}_L}{\dot{I}_L}=j\omega L$$

$$\frac{\dot{U}_C}{\dot{I}_C}=-j\frac{1}{\omega C}$$

以上各式可以用如下统一形式来表示，即

$$\frac{\dot{U}}{\dot{I}}=Z$$

式中　Z——元件的复阻抗。

以上对元件上电流、电压的相量关系的讨论推广到正弦交流电路，如图2-32所示。

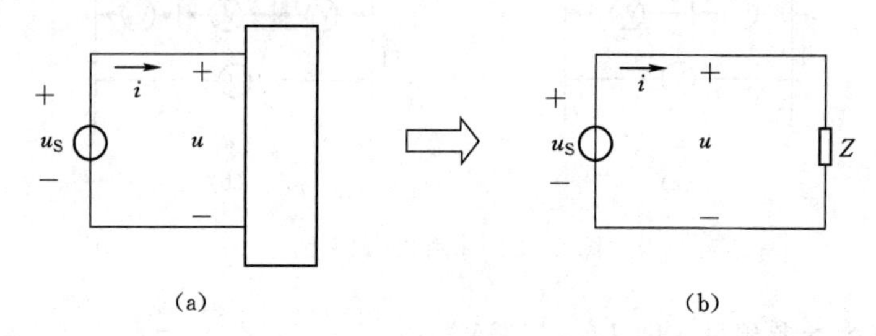

图2-32　正弦交流电路的复阻抗

设加在电路中的端电压为$u=\sqrt{2}U\sin(\omega t+\theta_u)$，对应的相量为$\dot{U}=U\angle\theta_u$，通过电路端口的电流为$i=\sqrt{2}I\sin(\omega t+\theta_i)$，对应的相量为$\dot{I}=I\angle\theta_i$。$\dot{U}$和$\dot{I}$之比用$Z$表示，即有

$$\frac{\dot{U}}{\dot{I}}=Z=|Z|\angle\theta=\frac{U\angle\theta_u}{I\angle\theta_i} \tag{2-39}$$

Z称为该电路的复阻抗，由式（2-39）还可得

$$|Z|=\frac{U}{I} \tag{2-40}$$

$$\theta=\theta_u-\theta_i \tag{2-41}$$

Z是一个复数，所以称为复阻抗，也简称为阻抗，$|Z|$是阻抗的模，θ为阻抗角。复阻抗的图形符号与电阻的图形符号一样。复阻抗的单位为欧姆（Ω）。

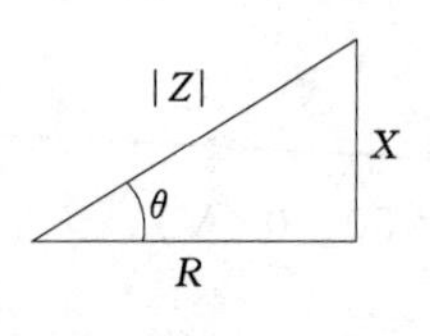

图2-33　阻抗三角形

复阻抗Z用代数形式表示时可以写成为$Z=R+jX$，Z的实部为R，称为电阻，Z的虚部为X，称为电抗，它们之间符合阻抗三角形，如图2-33所示。从而有下列关系式

$$|Z|=\sqrt{R^2+X^2} \tag{2-42}$$

$$\theta=\arctan\frac{X}{R} \tag{2-43}$$

2. 复导纳

复阻抗的倒数叫复导纳，用大写字母Y表示，即

$$Y=\frac{1}{Z} \tag{2-44}$$

在国际单位制中，Y 的单位是西门子，用 S 表示，简称西。由于 $Z=R+\mathrm{j}X$，所以

$$Y=\frac{1}{Z}=\frac{1}{R+\mathrm{j}X}=\frac{R-\mathrm{j}X}{R^2+X^2}=\frac{R}{|Z|}+\mathrm{j}\frac{-X}{|Z|^2}=G+\mathrm{j}B$$

复导纳 Y 的实部称为电导，用 G 表示；复导纳的虚部称为电纳，用 B 表示，由上式可知

$$\left.\begin{aligned}G&=\frac{R}{|Z|^2}\\B&=\frac{-X}{|Z|^2}\end{aligned}\right\}\tag{2-45}$$

复导纳的极坐标形式为

$$Y=G+\mathrm{j}B=|Y|\angle\theta'$$

$|Y|$ 为复导纳的模，θ' 为复导纳的导纳角，所以有

$$|Y|=\sqrt{G^2+B^2}\tag{2-46}$$

$$\theta'=\arctan\frac{B}{G}\tag{2-47}$$

3. 复阻抗与复导纳的等效变换

（1）复阻抗与复导纳的关系。由复导纳的定义可知

$$Y=\frac{1}{Z}=\frac{1}{|Z|\angle\theta}=\frac{1}{|Z|}\angle-\theta$$

又

$$Y=|Y|\angle\theta'$$

可以看出

$$|Y|=\frac{1}{|Z|}\tag{2-48}$$

$$\theta'=-\theta\tag{2-49}$$

即复导纳的模等于对应复阻抗模的倒数，导纳角等于对应阻抗角的负值。

当电压和电流的参考方向为关联参考时，用复导纳表示的欧姆定律为

$$\dot{I}=\dot{U}Y\tag{2-50}$$

（2）复阻抗与复导纳的等效变换。在交流电路中，有时候为了分析电路的方便，常要将复阻抗与复导纳做等效变换。对于一个无源二端网络，不论其内部结构如何，从等效的角度来看，只要端口间电压 $\dot{U}$ 和电流 $\dot{I}$ 保持不变，二者即可等效，下面来分析二者的等效变换。

1）将复阻抗等效为复导纳。图 2-34（a）所示为电阻 R 与电抗 X 串联组成的复阻抗，即 $Z=R+\mathrm{j}X$。图 2-34（b）所示为电导 G 与电纳 B 组成的复导纳，即 $Y=G+\mathrm{j}B$。

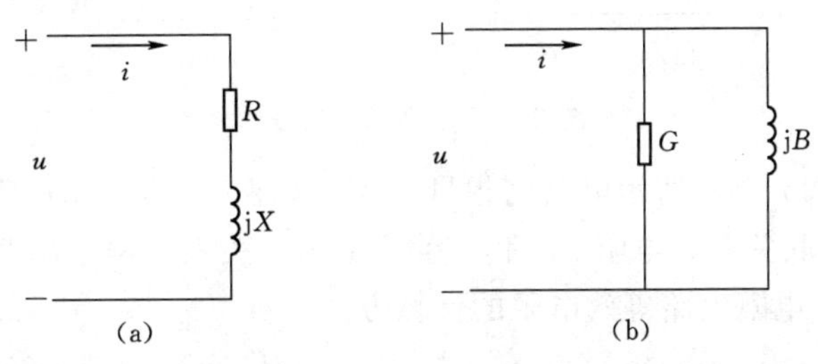

图 2-34　复阻抗与复导纳的等效变换

根据等效的含义：两个二端网络只要端口处具有完全相同的电压电流关系，二者便是互为等效的。可见，式（2-45）就是由复阻抗等效为复导纳的参数条件。

2）将复导纳等效为复阻抗。与上述类似，同样如图2-34（a）、（b）所示，其端口的电压 $\dot{U}$ 和电流 $\dot{I}$ 保持不变时，由

$$Z=\frac{1}{Y}=\frac{1}{G+\mathrm{j}B}=\frac{G-\mathrm{j}B}{G^2+B^2}=\frac{G}{G^2+B^2}+\mathrm{j}\frac{-B}{G^2+B^2}=R+\mathrm{j}X$$

所以

$$\left.\begin{aligned}R&=\frac{G}{G^2+B^2}\\X&=\frac{-B}{G^2+B^2}\end{aligned}\right\}\qquad(2-51)$$

式（2-51）就是由复导纳等效变换为复阻抗的参数条件。

【例2-15】 已知加在电路上的端电压为 $u=311\sin(\omega t+60°)\mathrm{V}$，通过电路中的电流为 $\dot{I}=10\angle-30°\mathrm{A}$。求 $|Z|$、阻抗角 θ 和导纳角 θ'。

解： 电压的相量为 $\dot{U}=\frac{311}{\sqrt{2}}\angle 60°\mathrm{V}$，所以

$$|Z|=\frac{U}{I}=\frac{220}{10}=22(\Omega)$$

$$\theta=\theta_u-\theta_i=60°-(-30°)=90°$$

$$\theta'=-\theta=-90°$$

（三）等效阻抗的计算

由电阻、电感和电容元件连接后便可以组成任意形式的连接电路，计算此类电路的总的阻抗（又称为等效阻抗）时，只需画出原正弦交流电路的相量模型，然后按照分析直流电路的方法计算则可。

交流电路的相量模型的画法：各元件上标明复阻抗，各电流、电压均标相量形式。

【例2-16】 已知图2-35（a）所示电路中，$R_1=R_2=6\Omega$，$X_L=X_C=10\Omega$。试求电路总的阻抗 Z。

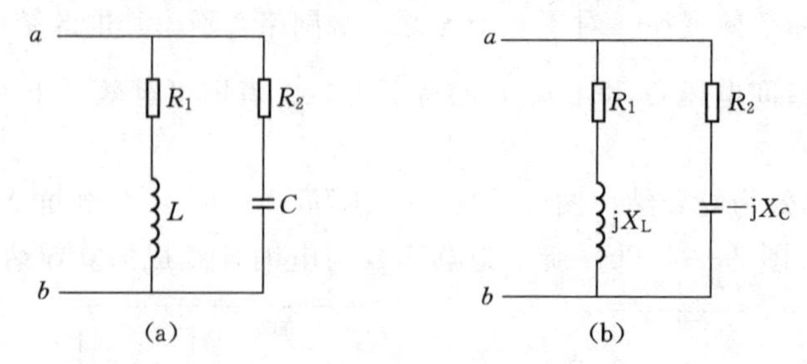

图2-35 ［例2-16］图

解： 画出图2-35（a）所示电路的相量模型，如图2-35（b）所示。由图可知，电阻 R_1 和电感 L 是串联关系，电阻 R_2 和电容 C 是串联关系，两个串联后的支路又是并联关系，所以根据串并电阻电路等效电阻的计算方法，有

$$Z=(R_1+\mathrm{j}X_L)/\!/[R_2+(-\mathrm{j}X_C)]=\frac{(R_1+\mathrm{j}X_L)(R_2-\mathrm{j}X_C)}{(R_1+\mathrm{j}X_L)+(R_2-\mathrm{j}X_C)}$$

$$=\frac{(6+j10)(6-j10)}{(6+j10)+(6-j10)}=\frac{6^2-(j10)^2}{12}=\frac{36+100}{12}=\frac{34}{3}(\Omega)$$

（四）*RLC* 串联电路

电阻、电感、电容串联电路包含了三个不同的电路参数，是具有一般意义的典型电路。常用的串联电路，都可以认为是这种电路的特例。

1. 电压与电流的关系

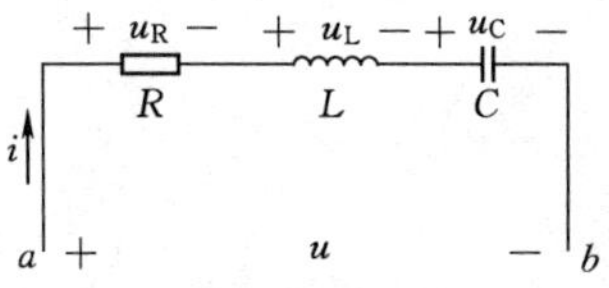

图 2-36 给出了 *RLC* 串联电路。电路中流过各元件的是同一个电流 i，若 $i=I_m\sin\omega t$，则其相量为

$$\dot{I}=I\angle 0°\text{A}$$

图 2-36　*RLC* 串联电路

电阻元件上的电压为

$$\dot{U}_R=R\dot{I}$$

电感元件上的电压为

$$\dot{U}_L=jX_L\dot{I}$$

电容元件上的电压为

$$\dot{U}_C=-jX_C\dot{I}$$

由 KVL 得

$$u=u_R+u_L+u_C$$

相量形式为

$$\dot{U}=\dot{U}_R+\dot{U}_L+\dot{U}_C=R\dot{I}+jX_L\dot{I}-jX_C\dot{I}=[R+j(X_L-X_C)]\dot{I}$$

所以

$$\dot{U}=(R+jX)\dot{I}=Z\dot{I} \tag{2-52}$$

其中 $X=X_L-X_C$ 称为 *RLC* 串联电路的电抗，单位为欧姆（Ω），其正负关系到电路的性质；Z 是交流电路中的复阻抗，单位是欧姆（Ω）。

RLC 串联电路中，复阻抗为

$$Z=R+jX=R+j(X_L-X_C)$$
$$=\sqrt{R^2+(X_L-X_C)^2}\angle\arctan\frac{X_L-X_C}{R}=|Z|\angle\varphi \tag{2-53}$$

可见，*RLC* 串联后总的复阻抗等于三个元件的复阻抗的和，这一点，满足等效复阻抗的计算。

式（2-52）就是 *RLC* 串联电路中的相量形式的欧姆定律。

2. 电路的性质

（1）电感性电路：$X_L>X_C$。

此时 $X>0$，$U_L>U_C$。阻抗角 $\varphi=\arctan\frac{X}{R}>0$。

以电流 $\dot{I}$ 为参考方向，$\dot{U}_R$ 和电流 $\dot{I}$ 同相，$\dot{U}_L$ 超前电流 $\dot{I}$ 90°，$\dot{U}_C$ 滞后电流 $\dot{I}$ 90°。将各电压相量相加，即得总电压 $\dot{U}$。相量图如图 2-37（a）所示，从相量图中可看出，电流滞后于电压 φ 角。

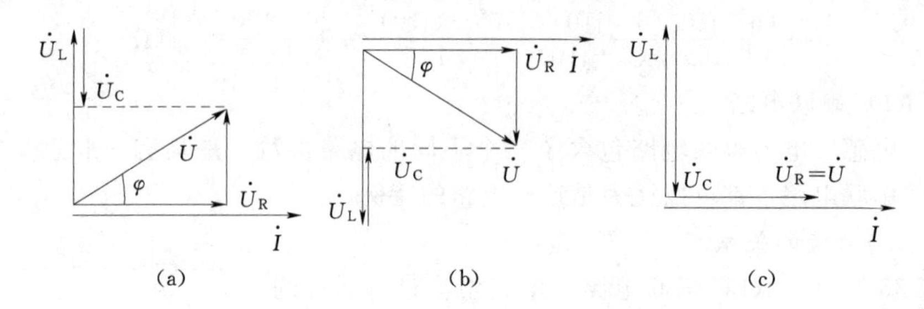

图 2-37　*RLC* 串联电路的相量图

(2) 电容性电路：$X_L<X_C$。

此时 $X<0$，$U_L<U_C$。阻抗角 $\varphi=\arctan\dfrac{X}{R}<0$。

其相量图如图 2-37（b）所示，从相量图中可看出，电流超前电压 φ 角。

(3) 电阻性电路：$X_L=X_C$。

此时 $X=0$，$U_L=U_C$。阻抗角 $\varphi=0$。

其相量图如图 2-37（c）所示，从相量图中可看出，此时电流与电压同相。

注意：这种电路相当于纯的电阻电路，但与纯电阻电路不同，因为它本质上是有感抗和容抗的，只是作用相互抵消而已。所以称它为“电阻性”电路。

将 *RLC* 构成的串联电路出现的端口电压与电流同相的这种情况称为电路的串联谐振，此时 $\omega L=\dfrac{1}{\omega C}$，$\omega=\dfrac{1}{\sqrt{LC}}$称为串联谐振角频率，其对应的频率 $f=\dfrac{1}{2\pi\sqrt{LC}}$称为电路的固有频率。所以改变电路的 f 或 L、C 的值，就可以使电路发生谐振。谐振在电子电路中应用较多。

同理，在 *RLC* 构成的并联电路中出现的端口电压与电流同相的这种情况称为电路的并联谐振，图 2-37（a）所示的三角形称为 *RLC* 串联电路的电压三角形。

3. 功率

在 *RLC* 串联电路中，电阻是耗能元件，故有有功功率；电感和电容是储能元件，一般情况下也有无功功率（$\varphi=0$ 时除外）。所不同的是：由于电感电压与电容电压相位恰好相反，就形成了电感储存磁场能与电容释放电场能的互补性质。也就是说，电感（或电容）所存储的能量中，有一部分是来自电容（或电感）所释放的电场（磁场）能。这样，电路与电源之间的能量交换（即总无功功率）就应该是电感无功功率与电容无功功率之差。于是，有功功率为

$$P=U_R I=I^2 R=UI\cos\varphi \tag{2-54}$$

无功功率为

$$Q=Q_L-Q_C=U_L I-U_C I=(U_L-U_C)I$$
$$=I^2(X_L-X_C)=I^2X=UI\sin\varphi \tag{2-55}$$

将式（2-54）和式（2-55）两边平方后相加得

$$P^2+Q^2=(UI)^2(\cos^2\varphi+\sin^2\varphi)=(UI)^2=S^2 \tag{2-56}$$

式中　S——负载的视在功率（也是电源输出的视在功率），V·A（伏·安），$S=UI$，因此有 $S=\sqrt{P^2+Q^2}$ 。

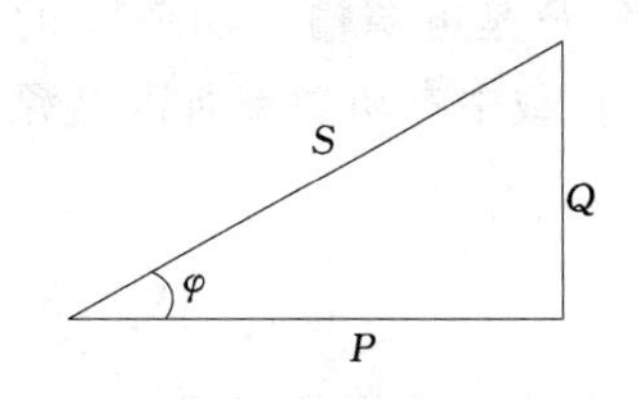

图 2-38　*RLC* 串联电路的功率三角形

由此得：*RLC* 串联电路的功率三角形如图 2-38 所示。总电压与电流的相位差 φ 又可表示为

$$\varphi=\arctan\frac{Q}{P} \tag{2-57}$$

所以，根据 Q 值的符号，也可判断电路特性。

（1）$Q>0$，电路呈感性。

（2）$Q<0$，电路呈容性。

（3）$Q=0$，电路呈阻性。

【例 2-17】 线圈和一电容器相串联。已知线圈 $R=4\Omega$，$L=25.4\times10^{-3}$ H；电容 $C=637\mu$F，外加电压 $u=311\sin(314t+45°)$V。试求：

（1）电路的电流 I。

（2）各元件上的电压降 U_R、U_L、U_C、U_X，并作相量图。

解： 线圈的感抗为

$$X_L=\omega L=314\times25.4\times10^{-3}\approx8(\Omega)$$

电容的容抗为

$$X_C=\frac{1}{\omega C}=\frac{1}{314\times637\times10^{-6}}\approx5(\Omega)$$

电路的阻抗为

$$|Z|=\sqrt{R^2+(X_L-X_C)^2}=\sqrt{4^2+(8-5)^2}=5(\Omega)$$

电路的电流为

$$I=\frac{U}{|Z|}=\frac{311/\sqrt{2}}{5}=44(\text{A})$$

电阻上的电压降为

$$U_R=IR=44\times4=176(\text{V})$$

电感上的电压降为

$$U_L=IX_L=44\times8=352(\text{V})$$

电容上的电压降为

$$U_C=IX_C=44\times5=220(\text{V})$$

电抗上的电压降为

$$U_X=I(X_L-X_C)=44\times3=132(\text{V})$$

总电压与电流的相位差

$$\varphi=\arctan\frac{U_X}{U_R}=\arctan\frac{132}{176}\approx36.87°$$

以电流为参考相量，作相量图如图 2-39 所示。

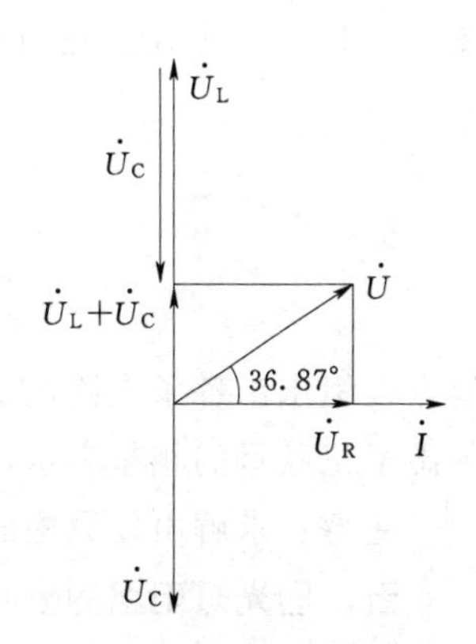

图 2-39　[例 2-17] 图

4. 功率因数

在上述讨论的感性（或容性）串联电路中，有功功率 $P=S\cos\varphi$（φ 是总电压与电路电流的相位差），其物理意义可以理解为：负载消耗的有功功率 P 是电源输出功率 S 的 $\cos\varphi$ 倍。由于 $-90°\leqslant\varphi\leqslant 90°$，$0\leqslant\cos\varphi\leqslant 1$，所以，$\cos\varphi$ 反映了负载中有功功率所占电源输出功率的比例，定义为功率因数，用字母 λ 表示，即

$$\lambda=\cos\varphi=\frac{P}{S} \tag{2-58}$$

功率因数无单位，其值越大，说明负载消耗的有功功率越多，而与电源交换的无功功率越少。如电灯、电炉的功率因数为 1，说明它们只消耗有功功率；异步电动机功率因数为 0.7～0.9，说明它们工作时需要一定数量的无功功率。

（五）支路电流法

和相量形式的欧姆定律及基尔霍夫定律类似，只要把电路中的无源元件表示为复阻抗或复导纳，所有正弦量用相量表示（即画出电路的相量模型），则讨论直流电路时所采用的支路电流法、网孔法、节点法、叠加定理及戴维南定理等方法完全适用于线性正弦交流电路。

下面以支路电流法为例来具体讲解分析过程，读者可以自己练习网孔法、节点法、叠加定理及戴维南定理等方法。

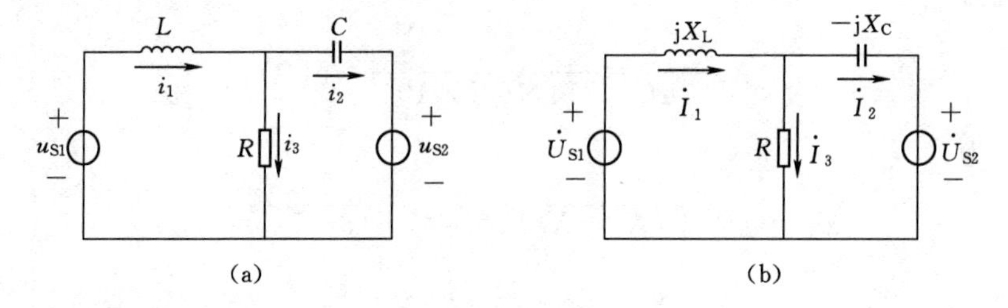

图 2-40　支路电流法

图 2-40（a）所示为一个由两个网孔组成的交流电路，图中 u_{S1}、u_{S2}、C、L 和 R 都是已知的，下面用支路电流法来分析电路中各支路上的电流情况。

选择各支路电流的参考方向如图所示，画出图 2-40（a）所示电路的相量模型，如图 2-40（b）所示。则可以列出该电路的相量形式的支路电流法方程为

$$\begin{cases}\dot{I}_1=\dot{I}_2+\dot{I}_3\\ jX_L\dot{I}_1+R\dot{I}_3-\dot{U}_{S1}=0\\ -jX_C\dot{I}_2+\dot{U}_{S2}-R\dot{I}_3=0\end{cases}$$

解方程组求出各条支路电流的相量 $\dot{I}_1$、$\dot{I}_2$ 和 $\dot{I}_3$，再写出对应的正弦量 i_1、i_2 和 i_3，如果熟悉了正弦量的相量表示，也可不写成正弦量。

注意：求解由复数构成的方程组时，步骤往往比较烦琐，计算时一定要细心。

五、日光灯电路的分析

如果只考虑日光灯电路中各元器件的主要工作性能，忽略了电路中的能量损耗，则日

光灯电路便是一个典型的 RL 串联电路。

(一) 分析日光灯电路的工作情况

1. 日光灯电路模型

日光灯电路在正常工作时，当只考虑电路中各器件的主要工作性能且忽略了能量损耗时，开关相当于短路，镇流器相当于电感元件 L，灯管相当于电阻元件 R，正常工作时启辉器处于断开状态，是断路。这样，便可以画出日光灯电路的工作原理图，如图 2-41 (a) 所示。

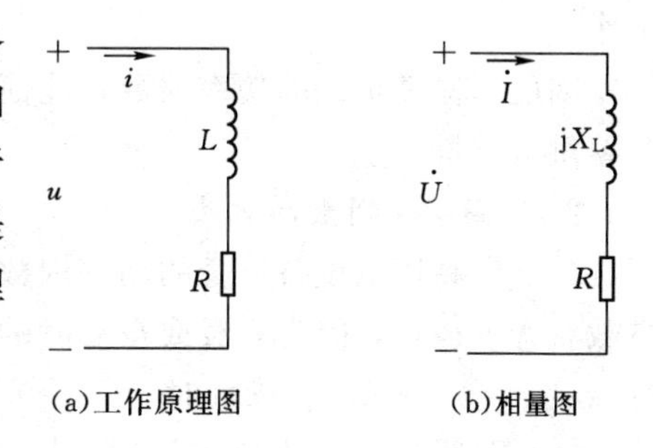

(a)工作原理图 (b)相量图

图 2-41 日光灯电路图

2. 电流与电压的关系

根据前面所学知识，画出电路工作原理图的相量模型，如图 2-41 (b) 所示。电路的总复阻抗为

$$Z=R+\mathrm{j}X_{\mathrm{L}}=\sqrt{R^2+X_{\mathrm{L}}^2}\angle\arctan\frac{X_{\mathrm{L}}}{R}=|Z|\angle\varphi$$

电压与电流的相量关系为

$$\dot{U}=\dot{I}Z$$

即

$$\dot{U}=U\angle\theta_{\mathrm{u}}=I\angle\theta_{\mathrm{i}}\cdot|Z|\angle\varphi=I|Z|\angle(\theta_{\mathrm{i}}+\varphi)$$

所以

$$U=I|Z| \tag{2-59}$$

$$\theta_{\mathrm{u}}=\theta_{\mathrm{i}}+\varphi \tag{2-60}$$

3. 功率

由以上分析可知，电路端口电压与流入端子的电流的有效值分别为 U、I，它们之间的相位差为阻抗角 φ，所以

有功功率为 $$P=UI\cos\varphi$$

无功功率为 $$Q=UI\sin\varphi$$

视在功率为 $$S=UI$$

功率因数为 $$\lambda=\cos\varphi$$

(二) 日光灯电路功率因数的提高

通过分析日光灯电路的工作情况可知日光灯电路是一个感性电路，所以它的功率因数一般比较低，可以通过一定的方法以提高其整个电路的功率因数。

1. 提高功率因数的意义

电力系统中的大多数负载是感性负载（如电动机、变压器等），这些负载的功率因数较低，由此引起的后果是：

(1) 电源设备的容量不能充分利用。电源设备（发电机或变压器）都是根据额定电压 U_{N} 和额定电流 I_{N} 设计制造的，其额定容量为 $S_{\mathrm{N}}=U_{\mathrm{N}}I_{\mathrm{N}}$，但它所能发出的有功功率却还与所接负载功率因数有关，即 $P=U_{\mathrm{N}}I_{\mathrm{N}}\cos\varphi=S_{\mathrm{N}}\cos\varphi$，当负载的功率因数越小，电源设备所发出的有功功率就越小。

(2) 在线路上引起较大的电压降和功率损失。在一定电压下向负载输送一定有功功率

时，负载的 $\cos\varphi$ 越小，线路的电流 $I=\dfrac{P}{U\cos\varphi}$ 就越大，这时线路电阻上的功耗和线路阻抗产生的压降也就越大。这不仅造成电能浪费，还会因负载端电压降低而影响负载正常工作。

因此，提高负载的功率因数，能使发电设备得到合理且充分的利用，提高输电效率和改善供电质量。

2. 提高功率因数的方法

（1）提高用电设备自身的功率因数。一般感性负载的用电设备，应尽量避免在轻载或空载状态下运行，因为轻载或空载时的功率因数比满载时小得多（例如异步电动机，空载时 $\cos\varphi=0.2\sim0.3$；满载时 $\cos\varphi=0.8\sim0.85$）。

（2）并联补偿。针对电力系统中大多为感性负载的特点，人们采取在负载两端并联电容器的方法来提高功率因数，称为并联补偿。

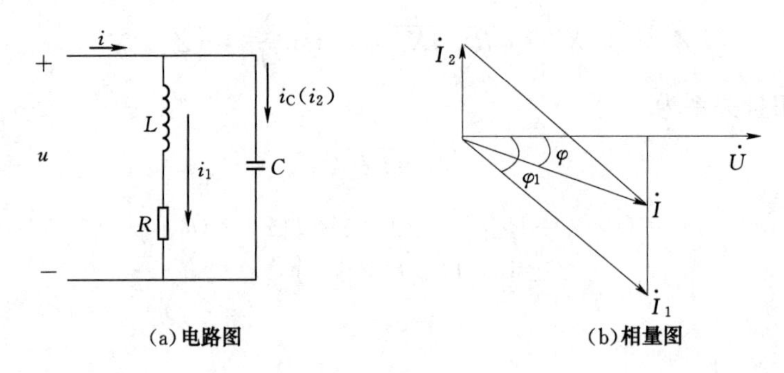

图 2-42　并联补偿电路图和相量图

感性负载并联电容器的电路图和相量图如图 2-42 所示。并联电容器提高功率因数的物理分析过程如下：

在并联电路中，各支路接到同一电压上，所以画相量图时，以电压相量为参考比较方便。RL 串联支路是感性负载支路，其电流 i_1 滞后电压 u 一个 φ_1，如图 2-42 所示。

φ_1 的大小为

$$\varphi_1=\arctan\frac{X_L}{R}$$

i_1 的有效值为

$$I_1=\frac{U}{\sqrt{R^2+X_L^2}}$$

并联电容 C 后，由于电源电压不变，所以 i_1 的有效值 I_1 和相位 φ_1 不变，而电容支路的电流 i_2 的有效值 I_2 为

$$I_2=\frac{U}{X_C}=\omega CU$$

i_2 超前 $u90^\circ$，根据基尔霍夫电流定律有

$$\dot{I}=\dot{I}_1+\dot{I}_2$$

应用平行四边形法则求上式的相量和，即得图 2-42（b）。从图中可以看出，并联电

容C后，虽然负载的功率因数$\cos\varphi_1$没有变化（原因是RL支路的R、L值不变），但对电源来说（即对整个系统来说），功率因数提高了，由$\cos\varphi_1$提高到$\cos\varphi$（由相量图可知$\varphi<\varphi_1$）。

这里，φ角也有三种不同的情况：

（1）$\varphi>0°$，即u超前$i\varphi$，电路呈感性。电感线圈所需要的无功功率被电容器补偿了一部分，不足部分仍由电源供给，这种情况称为欠补偿。

（2）$\varphi<0°$，即u滞后$i\varphi$，电路呈容性。电感线圈所需要的无功功率不仅完全由电容供给，而且电容和电源之间还有能量交换，这种情况称为过补偿，实际工作中比较少见。

（3）$\varphi=0°$，即u与i同相，电路呈阻性。电感线圈所需要的无功功率完全由电容供给，它们和电源间没有能量转换，这种情况称为完全补偿。在电力系统中，由于并联电容器的价格以及运行的安全问题，一般$\cos\varphi=0.95$左右就可以了。但在无线电技术中，这种补偿（又叫并联谐振）却广为应用。

显然，把整个系统的功率因数由$\cos\varphi_1$提高到$\cos\varphi$，完全取决于电容支路电流的大小，即I_2的大小，或说完全取决于电容的数值。数学推导可以证明

$$C=\frac{P}{\omega U^2}(\tan\varphi_1-\tan\varphi) \tag{2-61}$$

式中　P——补偿电路的有功功率，W；

U——补偿电路的两端电压，V；

C——补偿电容的电容量，F。

【例2-18】　已知某感性负载的额定功率$P_N=100\text{kW}$，其功率因数$\cos\varphi_1=0.6$，工频电源额定电压$U=220\text{V}$，如果要把功率因数提高到0.9，需要并联多大的电容？

解： 因为$\cos\varphi_1=0.6$，$\cos\varphi=0.9$，所以$\varphi_1=53.1°$，$\varphi=25.8°$，工频下$\omega=314\text{rad/s}$，将已知数据代入式（2-61）得

$$C=\frac{100\times10^3}{314\times220^2}(\tan53.1°-\tan25.8°)=5.58\times10^{-3}(\text{F})=5580(\mu\text{F})$$

任务实施　日光灯电路的安装

一、安装要求

1. 安装的技术要求

（1）如果是日常使用，灯具安装的高度，室外一般不低于3m，室内一般不低于2.5m。这里要求能够将日光灯电路正确安装在指定的位置。

（2）照明电路应有短路保护，灯具的相线必须经开关控制。要求安装的日光灯电路直接从已安装好的插座取电，所以电路中不用再安装短路保护器件。

（3）开关应接在相线上易于操作的位置，控制方便。

（4）电路接线必须牢固，接触良好。接线时，相线和中性线要严格区别，将中性线直接接在灯脚上，相线须经过开关接镇流器，再接到灯脚。

（5）灯具安装应牢固，要用接线盒及木台等配件将灯具固定。

（6）灯架及灯管内不允许有接头。

（7）导线在引入灯具处应有绝缘保护，以免磨损导线的绝缘，也不应使其承受额外的拉力；导线的分支及连接处应便于检查。

2. 照明电路安装的具体要求

（1）布局。根据设计的照明电路图，确定各元器件安装的位置，布局合理，结构紧凑，控制方便，美观大方。

（2）固定器件。将选择好的器件固定在网板上，各个器件排列时要整齐。固定的时候，先对角固定，再两边固定。要求元器件固定可靠，安装牢固。

（3）布线。先处理好导线，将导线拉直，消除弯、折，布线要横平竖直，排列整齐，转弯要成直角，并做到高低一致或前后一致，少交叉，应尽量避免导线接头。多根导线并拢平行走，按“左中性右相”的原则（即左边接中性线，右边接相线）走线。

（4）接线。由上至下，先串后并；接线正确，各接点不能松动，敷线平直整齐，无漏铜、反圈、压胶，每个接线端子上连接导线根数一般不超过两根，绝缘性能好，外观美观。红色线接电源相线（L），黑色线接中性线（N），黄绿双色线接地线（PE）；相线过开关，中性线一般不进开关。导线与灯座接线柱连接前，先“穿”线，再留导线余量，避免不必要的浪费。

（5）检查线路。用肉眼观察电路，看有没有接出多余线头。参照设计的照明电路安装图检查每条线是否严格按要求连接，每条线有没有接错位，注意熔断器、开关等元器件的接线是否正确。

（6）通电。由电源端开始往负载依次顺序送电，先插上取电插座，然后合上供电总开关，最后再合上控制日光灯的开关，日光灯正常发光。

（7）故障排除。操作各功能开关时，若不符合要求，应立即断电。判断照明电路的故障，可以用万用表电阻挡检查线路，要注意人身安全和万用表挡位。

二、日光灯的安装

以木质灯架、弹簧灯座的20W日光灯为例。

1. 准备工作

（1）理论计算。根据给定的各元件的参数，计算电路中的电流和功率情况，为选择导线及其他元器件做准备。

（2）检查。

1）用万用表检验日光灯的三大部件。判断日光灯灯丝通断；判断日光灯镇流器通断；测量启辉器通断。

2）检查日光灯插座。①弹簧灯座一套两只，分别为固定型和弹簧型；②测量灯管和灯插座的总长，标出两插座支架固定点间的距离；③检查日光灯插座内接线柱螺纹和螺钉，有否烂牙、滑牙以及残缺不齐；④拆下螺钉，做好穿线准备。

（3）备线。在学习试装阶段，建议根据电路的计算量选择合适、三种色彩的软导线：红色作相线标志，连接镇流器；黑色或深色作零线标志；黄色导线作启辉器两端的引线。也可以使用两色软导线，不易使用硬护套线。

根据电路图核对并理解接线的实际走向，测量好各元件连接所需导线的长度，按照各

留10mm左右余量的标准下线（截成导线段），用剥线钳在距离两头各5～10mm处剥掉导线绝缘层。

2. 熔断器的安装

低压熔断器广泛用于低压供配电系统和控制系统中，主要用于电路的短路保护，有时也可用于过负载保护。熔断器在使用时串联在被保护的电路中，当电路发生短路故障时，通过熔断器的电流达到或超过某一规定值，熔断器以其自身产生的热量使熔体熔断，从而自动分断电路，达到保护电路及用电设备的作用。低压熔断器及接线如图2-43（a）所示，其图形符号如图2-43（b）所示。熔断器的安装要点如下：

(a)低压熔断器及接线

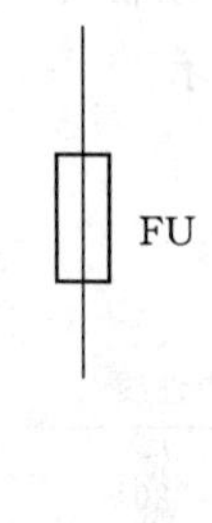

(b)图形符号

图2-43　低压熔断器及接线、图形符号

（1）安装熔断器时必须断电，尤其是更换熔丝时。

（2）安装位置及相互间距应便于更换熔体。

（3）应垂直安装，并应能防止电弧飞溅到邻近带电体。

（4）熔断器应安装在线路的各相线上，必要时单相二线制的中性线上也应安装熔断器，这里只需在相线上安装即可。

3. 照明开关的安装

照明开关是控制灯具的电气元件，起控制照明电灯的亮与灭的作用（即接通或断开照明电路）。开关有明装和暗装之分，家庭一般采用暗装开关。开关的接线如图2-44（a）所示。需要注意的是，电源的相线进开关。

在准备安装开关的地方钻孔，然后按照开关的尺寸安装接线盒，接着按接线要求，将盒内甩出的导线与开关面板连接好，如图2-44（b）所示，将开关推入盒内对正盒眼，用螺钉固定。固定时要使面板端正，并与墙面平齐。

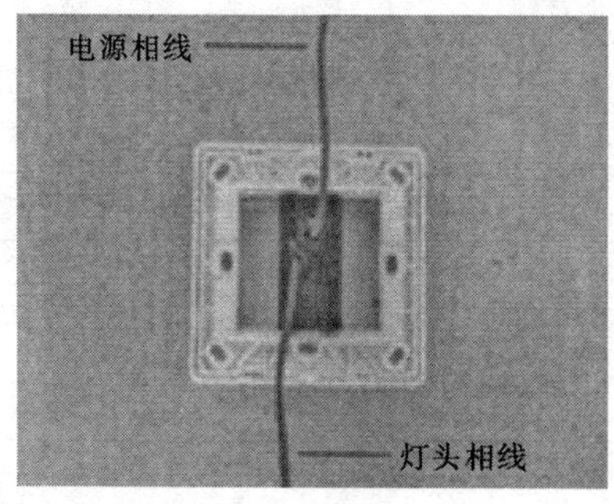

(a)接线

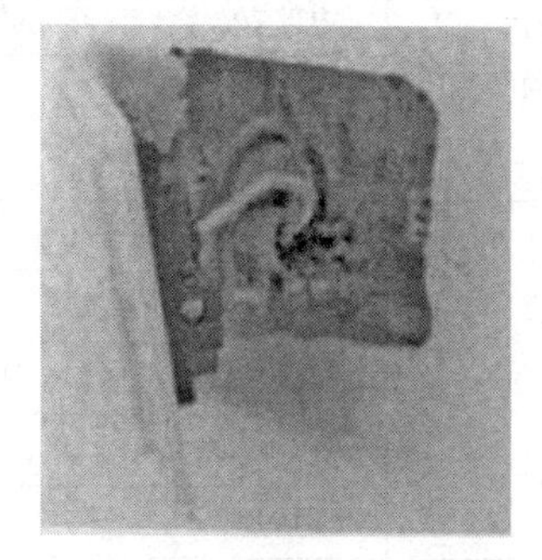

(b)安装

图2-44　开关的接线与安装

4. 镇流器的安装

用螺钉将电感镇流器紧固在木板上，要紧贴木板，也可将镇流器居中安置在灯架内。日光灯用的是外置电感镇流器，其上印有一个详细的接线图，安装时，要严格按照接线图连接，以确保电路正确。

5. 日光灯（荧光灯）的安装

根据日光灯电路接线图将电源线接入日光灯电路中，灯架内导线留有 10cm 余量，如图 2－45 所示。将日光灯的灯座固定在相应位置。将灯管引脚插入有弹簧一端的灯脚内并用力推入，然后将另一端对准灯脚，利用弹簧的作用力使其插入灯脚内，如图 2－46 所示。

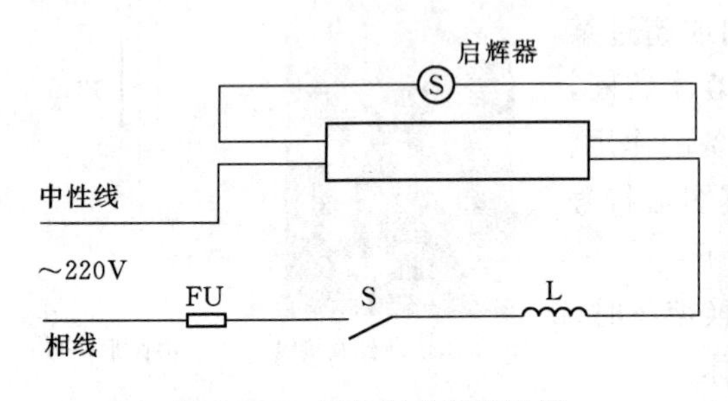

图 2－45　日光灯电路接线图

图 2－46　安装好的日光灯

6. 启辉器的安装

启辉器座是由绝缘的热塑性材料制成的，接线柱直接留在座的底部，可以固定在灯架内或灯架外两侧，便于维修和安装启辉器。

三、日光灯设备的常见故障及排除

1. 开关的常见故障及排除方法

开关的常见故障及排除方法见表 2－1。

表 2－1　　开关的常见故障及排除方法

故障现象	产生原因	排除方法
开关操作后电路不通	接线螺钉松脱，导线与开关导线不能接触	打开开关，紧固接线螺钉
	内部有杂物，使开关触片不能接触	打开开关，清除杂物
	机械卡死，拨不动	给机械部位加润滑油，机械部分损坏严重时，应更换开关
接触不良	压线螺钉松脱	打开开关盖，压紧压线螺钉
	开关触点上有污物	断电后，清除污物
	拉线开关触点损坏、打滑	断电后修理或更换开关
开关烧坏	负载短路	处理短路点，并恢复供电
	长期过载	减轻负载或更换容量大一级的开关
漏电	开关防护盖损坏或开关内部接线头外露	重新配全开关盖，并接好开关的电源连接线
	受潮或受水	断电后进行烘干处理，并加装防水措施

2. 日光灯的常见故障及排除方法

日光灯的常见故障及排除方法见表 2－2。

表 2-2　　日光灯的常见故障及排除方法

故障现象	产 生 原 因	排 除 方 法
日光灯不能发光	停电或熔丝烧断导致无电源	找出断电原因，检修好故障后恢复送电
	灯管漏气或灯丝断	用万用表检查或观察荧光粉是否变色，如确认灯管坏，换新灯管
	电源电压过低	升高电压
	日光灯接线错误	检查线路，重新接线
日光灯灯光抖动或两端发红	接线错误或灯座灯脚松动	检查线路或修理灯座
	灯管老化，放电作用降低	更换灯管
	电源电压过低或线路电压降过大	升高电压或加粗导线
	气温过低	用热毛巾对灯管加热
灯光闪烁或管内有螺旋滚动光带	新灯管暂时现象	使用一段时间后会自动消失
	灯管质量差	更换灯管
灯管两端发黑	灯管老化	更换灯管
	电源电压过高	调整电源电压至额定电压
	灯管内水银凝结	灯管工作后即能蒸发或将灯管旋转 180°
灯管亮度降低或色彩转差	灯管老化	更换灯管
	灯管上积垢太多	清除灯管积垢
	气温过低或灯管处于冷风直吹位置	采取升温或遮风措施
	电源电压过低或线路电压降过大	调整电压或加粗导线
灯管寿命短或发光后立即熄灭或烧毁	开关次数过多	减少不必要的开关次数
	灯管接线错误将灯管烧坏	检修线路，改正接线
	电源电压过高	调整电源电压
	受剧烈振动，使灯丝振断	调整安装位置或更换灯管
断电后灯管仍发微光	荧光粉余晖特性	过一会儿会自动消失
	开关接到了中性线上	将开关改接在相线上

3. 熔断器的常见故障及排除方法

熔断器的常见故障及排除方法见表 2-3。

表 2-3　　熔断器的常见故障及排除方法

故障现象	产 生 原 因	排 除 方 法
通电瞬间熔丝熔断	熔丝安装时受机械损坏	更换熔丝
	负载侧短路或接地	排除负载故障
	熔丝电流等级选择太小	更换熔丝
熔丝未断但电路不通	熔丝两端或两端导线接触不良	重新连接
	熔断器的端帽未拧紧	拧紧端帽

任务评价

考核评价表见表2-4。

表2-4 考核评价表

考核项目	考核内容	考核方式	百分比
态度	（1）能按照现场管理要求（整理、整顿、清扫、清洁、素养、安全、环保、节约）安全文明生产。 （2）认真整理并按照配线工艺完成安装任务。 （3）具有团队合作精神，具有一定的组织协调能力	学生自评＋ 学生互评＋ 教师评价	30%
技能	（1）熟练使用常用的电工工具。 （2）团队协作完成日光灯电路的安装与调试。 （3）熟练掌握仪器仪表进行故障检修。 （4）完成任务报告的撰写	教师评价＋ 学生互评＋ 学生自评	40%
知识	（1）掌握日光灯电路的基本知识。 （2）掌握电工操作安全知识。 （3）掌握日光灯电路检修的基本常识	教师评价	30%

训练题集二

一、填空题

1. 已知$u=10\sqrt{2}\sin(3140t-240°)$V，则$U_m=$______V，$U=$______V，$\omega=$______rad/s，$f=$______Hz，$T=$______s，$\theta=$______。

2. 用电流表测得一正弦交流电路的电流为8A，则其最大值为__________A。

3. 在正弦交流电中完成一次周期性变化所用的时间称为______________。

4. 正弦交流电1s内变化的次数称为正弦交流电的______________。

5. 周期、频率和角频率三者间满足的关系是________________。

6. 描述正弦量的三要素是__________________。

7. 电容器的容抗与自身电容量之间是__________（正比或反比）关系，与信号频率之间是__________（正比或反比）关系。

8. 线圈的感抗与自身电感值之间是__________（正比或反比）关系，与信号频率之间是__________（正比或反比）关系。

9. 电阻元件上功率因数为______________，感性负载电路中，功率因数介于__________与__________之间。

二、判断题

1. 大小和方向都随时间变化的电流称为交流电流。（　　）

2. 直流电流的频率为零，其周期为无限大。（　　）

3. 正弦交流电三要素是周期、频率和初相位。（　　）

4. 对于同一个正弦交流量来说，周期、频率和角频率是三个互不相干、各自独立的物理量。(　　)

5. 交流电的有效值是最大值的1/2。(　　)

6. 电气设备铭牌标示的参数、交流仪表的指示值，一般是指交流电的最大值。(　　)

7. 电阻元件上电压、电流的初相一定都是零，所以它们是同相的。(　　)

8. 电感元件电压相位超前电流$\frac{\pi}{2}$，所以电路中总是先有电压后有电流。(　　)

9. 电感元件在直流电路中不呈现感抗，因为此时电感量为零。(　　)

10. 电容元件在直流电路中相当于开路，因为此时容抗为无穷大。(　　)

11. 如果某电路的功率因数为1，则该电路一定是只含电阻的电路。(　　)

12. 已知$u_1=100\sqrt{2}\sin\omega t V$，$u_2=150\sqrt{2}\sin(\omega t-120°)$V，如图2-47所示，判断下列表达式的正误。

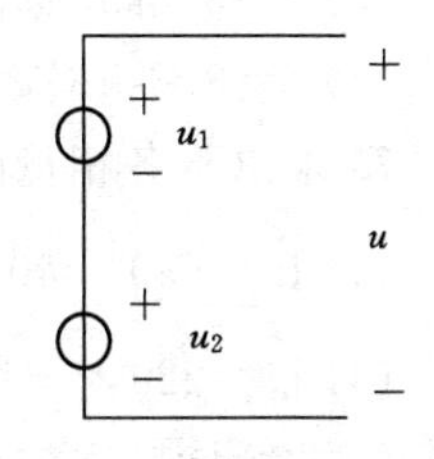

图2-47　判断题12题

(1) $u=u_1+u_2$ (　　)；

(2) $\dot{U}=\dot{U}_1+\dot{U}_2$ (　　)；

(3) $U=U_1+U_2$ (　　)；

(4) $U_m=U_{1m}+U_{2m}$ (　　)。

13. 选定电感元件、电容元件的电压与电流关联参考时：

(1) $u_L=\omega LI_L$ (　　)；　(2) $U_L=\omega LI_L$ (　　)；

(3) $u_L=\omega Li_L$ (　　)；　(4) $i_C=\frac{u_C}{C}$ (　　)；

(5) $I_C=\frac{U_C}{\omega C}$ (　　)；　(6) $i_C=\frac{U_C}{X_C}$ (　　)。

14. *RLC*串联电路中

(1) $U=U_R+U_L+U_C$ (　　)；

(2) $U=\sqrt{U_R^2+(U_L-U_C)^2}$ (　　)；

(3) $\dot{U}=\dot{U}_R+\dot{U}_L+\dot{U}_C$ (　　)；

(4) $Z=R+X_L+X_C$ (　　)。

三、分析计算题

1. 已知某电路电流的瞬时表达式为$i=14.14\sin(314t+30°)$A。

(1) 该电流的最大值、有效值是多少？

(2) 周期、频率各为多少？

(3) 初相角是多少？

(4) 时间$t=0$和$t=0.1$s时的电流是多少？

(5) 画出其波形图。

2. 已知正弦量：$u_1=20\sin(314t+45°)$V，$u_2=40\sin(314t-90°)$V，则它们的相位和初相分别是多少？求出它们的相位差，说出它们的相位关系。

3. 三个工频正弦量 i_1、i_2 和 i_3 的最大值分别为 1A、2A 和 3A，若 i_3 的初相为 60°，i_1 较 i_2 超前 30°，较 i_3 滞后 150°，试分别写出三个电流的解析式。

4. 把下列复数化成极坐标形式。

(1) $3-j4$；(2) $100+j100$；(3) $-7.5+j5.5$；(4) $-68-j45$。

5. 把下列复数形式化为代数形式。

(1) $26\angle 80°$；(2) $50\angle -35°$；(3) $12\angle -126°$；(4) $101\angle 53°$。

6. 求以下各正弦量的相量式。

(1) $i=3.8\sin(\omega t+47°)$A；　(2) $i=3.8\sin\omega t\ A$；

(3) $i=3.8\sin(\omega t-180°)$A；　(4) $i=3.8\cos(\omega t+47°)$A；

(5) $i=3.8\sin(\omega t-47°)$A；　(6) $i=3.8\sin(\omega t+90°)$A。

7. 求以下各相量的正弦量，并画出相量图（工频）。

(1) $\dot{U}=(30-j40)$V；　(2) $\dot{I}=7.3\angle 66°$A；　(3) $\dot{U}=50e^{j\frac{\pi}{6}}$V；

(4) $\dot{U}=220\angle -150°$V；　(5) $\dot{I}=5$A；　(6) $\dot{U}=100\angle 37°$V。

8. 两个同频率的正弦电压 u_1 和 u_2 的有效值分别为 30V 和 40V，试问：

(1)什么情况下，u_1+u_2 的有效值为 70V？

(2)什么情况下，u_1+u_2 的有效值为 50V？

(3)什么情况下，u_1+u_2 的有效值为 10V？

9. 两个电动势的表达式分别为：$e_1=110\sin314t$V，$e_2=110\sin(314t+120°)$V。试用相量法求出和 (e_1+e_2) 与差 (e_1-e_2) 的瞬时值解析式。

10. 两个相同的电阻，在相同的时间里，分别通过 10A 的直流电和最大值为 10A 的交流电，哪个电阻产生的热量大？

11. 一个 220V、60W 的灯泡接在 $u=220\sqrt{2}\sin(314t+30°)$V 的电源上，求流过灯泡的电流，写出电流的解析式并画出电压、电流的相量图。

12. 为什么常把电感线圈称为“低通”元件（即低频电流容易通过），而把电容器称为“高通”元件？

13. 一线圈在工频电压作用下，感抗为 47.1Ω，试求其电感；当通过此线圈的电流频率为 100Hz 与 10^{-6}Hz 时，它的感抗各为多少？

14. 一个可以忽略电阻的线圈，电感 $L=414$mH，接在 $u=278.5\sin(314t+90°)$V 的电源上，试求线圈上的电压、电流及线圈的无功功率。

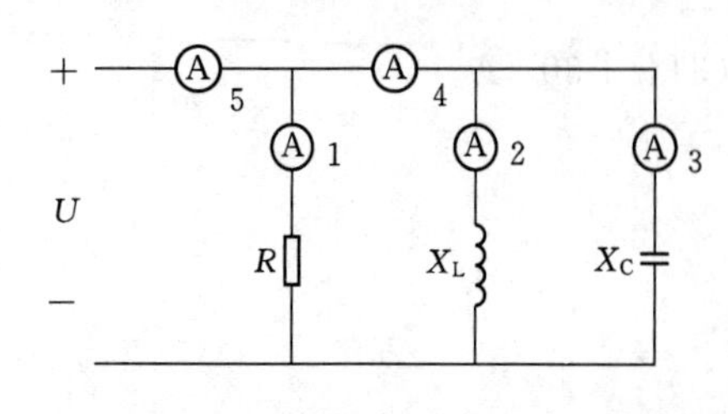

图 2-48　分析计算题 16 图

15. 一只耐压为 400V、容量为 220μF 的电容，接在 $u=220\sqrt{2}\sin(314t+60°)$V 的电源上，通过的电流是多少？并写出电流的瞬时表达式。

16. 在图 2-48 所示的交流电路中，已知 $R=X_L=X_C$，试比较各电流表的读数。

17. 具有电感 $L=160$mH 和电阻 $R=25\Omega$ 的线圈与电容 $C=127\mu$F 串联后，接到电压 $u=180\sin314t$V 的电源上。求：

（1）电路中的电流。

（2）有功功率和无功功率。

（3）画出相量图。

18. 三只同样的白炽灯，分别与电阻、电感及电容器串联后接在交流电源上，如图2－49所示。如果$R=X_L=X_C$，试问灯的亮度是否一样？为什么？假如将它们改接在直流电源上，灯的亮度各有什么变化？

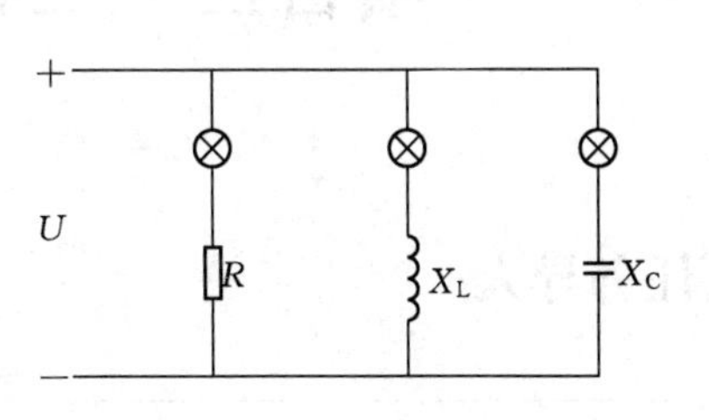

图2－49　分析计算题18图

19. 为了测量一日光灯电路灯管的等效电阻值和镇流器的等效电感值，用频率为f_1和f_2的两个正弦电源做实验，测得数据为：$f_1=50\text{Hz}$时，电路两端电压为60V，电流为10A；$f_2=100\text{Hz}$时，电路两端电压为60V，电流为6A。试根据所得数据求所需确定的值分别为多少。

20. 日光灯电路中日光灯的等效电阻为300Ω，镇流器的等效感抗为446Ω，已知电源电压表达式可写成$u=220\sqrt{2}\sin 100\pi t\text{V}$，为了提高日光灯电路的功率因数，在日光灯电路上并联一个$C=4.75\mu\text{F}$的电容，求并联电容后整个电路的功率因数$\cos\varphi$。

21. 用惠斯通电桥测电容的电路原理图如图2－50所示，若电容C是可调电容，电阻R_1、R_2是已知的，电源提供的是工频已知电压，试分析测量未知电容C_X的原理，并根据给定的R_1、R_2、C的值推导C_X。

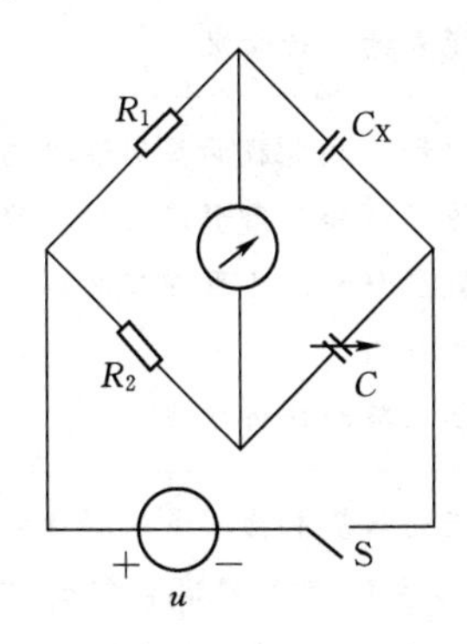

图2－50　分析计算题21图

22. 安装日光灯电路时必须遵循哪些原则？

23. 日光灯电路由哪些元件组成？启辉器和镇流器在整个日光灯点燃的过程中起了哪些作用？

项目三　三相交流电路的安装与调试

任务导入

<table>
<tr><td>学习领域</td><td colspan="3">电工应用技术</td></tr>
<tr><td>项目三</td><td>三相交流电路的
安装与调试</td><td>学时</td><td>10</td></tr>
<tr><td colspan="4">任　务　布　置</td></tr>
<tr><td>任务描述</td><td colspan="3">学习关于低压三相配电板安装的知识，根据给定的实训条件，选择合适的元器件，在综合实训台上设计并完成：
(1) 电源总开关先采用刀开关接入，然后再用空气断路器接一次，试测试线电压和相电压。
(2) 接入三相负载，如三相星形或三角形连接的白炽灯电路、三相电动机，观察负载的运行情况，试测试负载电压与电流。
(3) 观察三相电能表的运行情况</td></tr>
<tr><td>知识目标</td><td colspan="3">(1) 了解三相电源和三相负载的星形连接与三角形连接。
(2) 掌握三相电源星形和三角形连接时，线电压与相电压的关系。
(3) 掌握三相负载星形和三角形连接时，线电流与相电流的关系。
(4) 了解中性线的作用。
(5) 熟悉三相对称电路的分析方法</td></tr>
<tr><td>技能目标</td><td colspan="3">(1) 学会正弦交流电路基本物理量的测量方法。
(2) 掌握三相电功率的相关内容，学会“二表法”和“三表法”测量功率并读数。
(3) 了解三相交流电动势的产生，知道工程上如何区分三相标志。
(4) 初步学会低压三相配电板的安装与调试。
(5) 通过任务实施后，达到元器件合理放置、走线横平竖直，接线牢固，可利用仪表排除常见电路故障的水平</td></tr>
</table>

任务资讯

三相交流电路是一种工程实用电路，世界各国电力系统（从发电、输电、变电、配电和用电）几乎全部采用三相制。本项目就是以电力系统中电力的供应与分配情况为实例，重点分析三相电源、三相负载及三相功率的相关知识。

知识链接一　三相电源

当今，电力是现代工业生产的主要能源和动力，是人类现代文明的物质技术基础。没有电力，就没有工业现代化，就没有整个国民经济的现代化。在工业生产中几乎全部采用三相交流电供电来保证生产机械正常工作，从而实现增加产量，提高产品质量，提高劳动生产率，降低生产成本，减轻工人的劳动强度。因此，了解三相交流电源的产生、三相交流电的相序、掌握三相电源的星形连接和三角形连接的电压关系和中性线作用等是十分必要的。

一、三相交流电动势的产生

三相发电机主要由电枢（定子）和磁极（转子）组成。三相发电机结构示意图如图 3-1 (a)所示。图中 U_1U_2、V_1V_2 和 W_1W_2 分别为三个彼此独立的绕组（即线圈）。它们空间相隔 120°每一个绕组有 N 匝。当转子磁极在原动机拖动下以角速度 ω 按顺时针方向均匀旋转时，三相定子绕组依次切割磁感线，在各绕组中产生相应的正弦交流电动势，这些电动势的幅值相等，频率相同，相位互差 120°，相当于三个独立的交流电源，如图3-1 (b) 所示。它们的瞬时值表达式为

$$\left.\begin{aligned}u_U(t)&=\sqrt{2}U\sin\omega t\\u_V(t)&=\sqrt{2}U\sin(\omega t-120^\circ)\\u_W(t)&=\sqrt{2}U\sin(\omega t+120^\circ)\end{aligned}\right\}\tag{3-1}$$

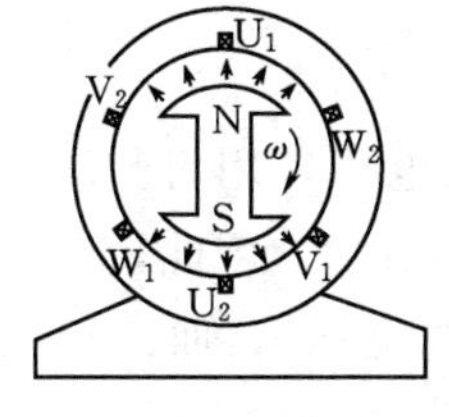

(a)结构示意图

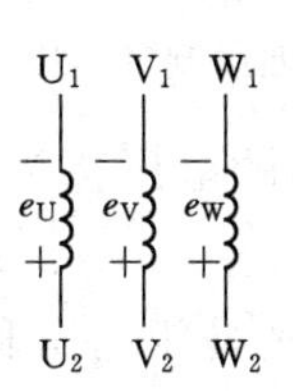

(b)电动势方向

图 3-1　三相发电原理图

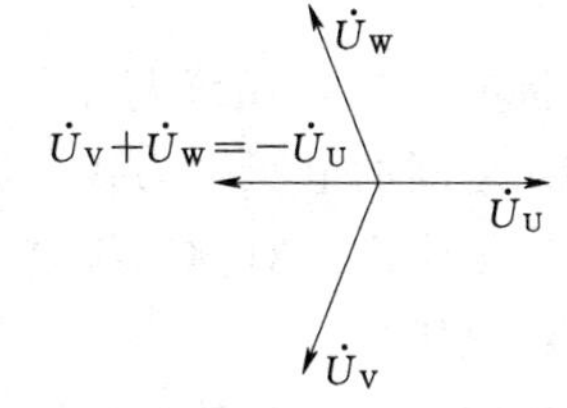

图 3-2　相量图

三个电压的相量（图 3-2）分别表示为

$$\left.\begin{aligned}\dot{U}_U&=U\angle 0^\circ\\\dot{U}_V&=U\angle -120^\circ\\\dot{U}_W&=U\angle 120^\circ\end{aligned}\right\}\tag{3-2}$$

有时人们还十分关注应如何正确区分三相交流电的相序问题。相序就是三相交流电由超前相到滞后相的轮流顺序，即到达最大值的先后顺序。在图 3-3 对称三相正弦量波形中，最先到达最大值的是 u_U，其次是 u_V，最后是 u_W。相序分别是 U—V—W—U，称为正序。若最大值出现的相序为 U—W—V—U，称为逆序。工程上以黄、绿、红三种颜色分别作为 U、V、W 三相的标志。

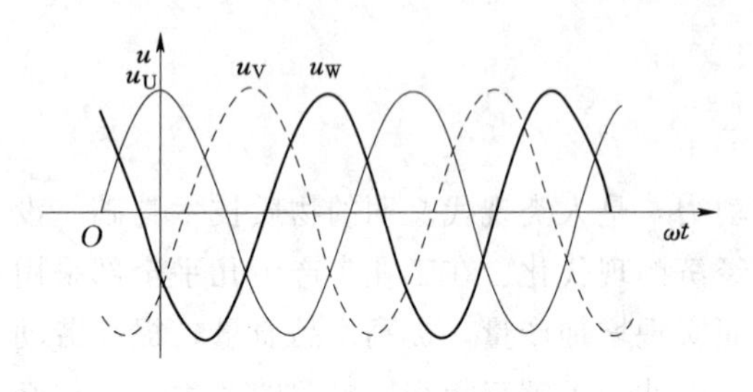

图 3-3　对称三相正弦量的波形

二、三相电源的星形连接

将对称三相电源各绕组的尾端（共负极端）U_2、V_2、W_2 连在一起引出一根导线，而从绕组的三个首端 U_1、V_1、W_1 作为与外电路相连接的端点。这种连接方式称为电源的星形连接，如图 3-4（a）所示，图 3-4（b）所示为其简易画法。连接在一起的节点称为三相电源的中性点，用 N 表示，从中性点引出的导线称为中性线（俗称零线）。当中性点接地时，则又称地线。三个电源始端 U、V、W 引出的导线称为端线或相线（俗称火线）。U、V、W（有些参考书也用 A、B、C）表示，三相分别用黄、绿、红三色标记；中性线用黑色标记；地线用黄绿双色线标记。由三根相线和一根中性线构成的供电系统称为三相四线制供电系统。低压供电网普遍采用三相四线制。

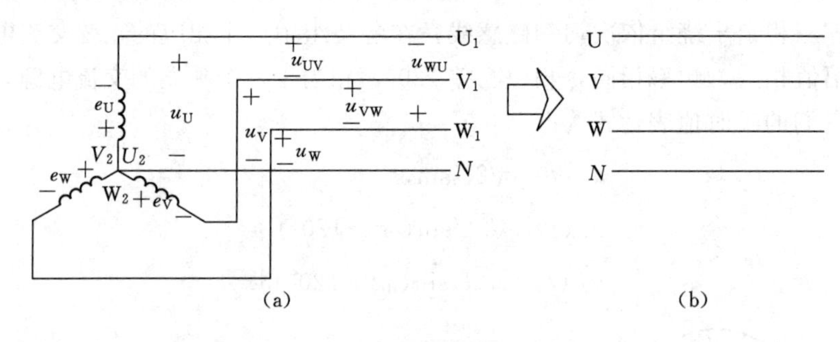

图 3-4　三相四线制星形连接

在星形连接电路中，相线与中性线之间的电压称为相电压，用符号 u_U、u_V、u_W 表示；相线与相线之间的电压称为线电压，用 u_{UV}、u_{VW}、u_{WU}表示。因此，在三相四线制供电系统中，可以提供两组对称三相电压（分别是相电压和线电压）；而三相三线制只能提供一种对称的线电压。

由于发电机三相绕组内的电压降一般较小，所以各相电压可以看作与该相绕组的电动势相等。如图 3-4（a）所示，即 $U_U=E_U$，$U_V=E_V$，$U_W=E_W$。如果规定电压的正方向由相线指向中线（与电动势方向关联），则电压相量图如图 3-5（a）所示。

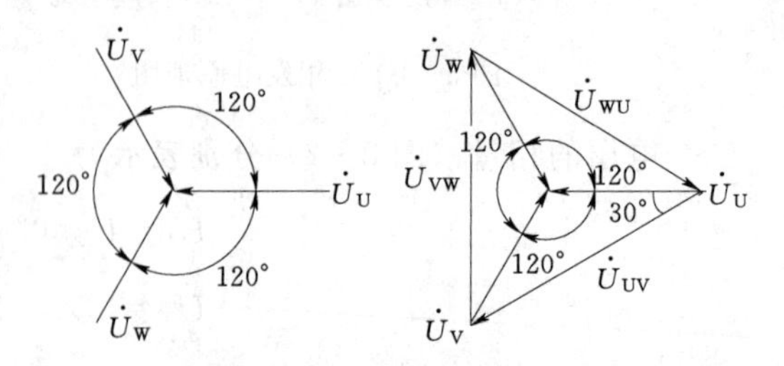

图 3-5　三相电源星形连接时相电压和线电压的相量图

根据平行四边形法则作图，得如图 3-5（b）所示的线电压与相电压相量关系图。从相量图可以知道：在两个相电压与相应的线电压构成的等腰三角形中，已知三角形的顶角是 120°，则两底角分别是 30°，也就是说，线电压在相位上比相电压超前 30°，因为相电压是对称的，所以线电压也是对称的。

根据 KVL 也不难求得线电压与相电压的关系，即

$$\left.\begin{aligned}\dot{U}_{UV}&=\dot{U}_{U}-\dot{U}_{V}=\dot{U}_{U}-\dot{U}_{U}\angle-120^\circ\\&=\dot{U}_{U}\left[1-\left(1-\frac{1}{2}-\mathrm{j}\frac{\sqrt{3}}{2}\right)\right]=\dot{U}_{U}\left(\frac{3}{2}+\mathrm{j}\frac{\sqrt{3}}{2}\right)\\&=\sqrt{3}\dot{U}_{U}\angle30^\circ\\\text{同理可得}\quad\dot{U}_{VW}&=\sqrt{3}\dot{U}_{V}\angle30^\circ\\\dot{U}_{WU}&=\sqrt{3}\dot{U}_{W}\angle30^\circ\end{aligned}\right\}\tag{3-3}$$

线电压的有效值用 U_L 表示，相电压的有效值用 U_P 表示。由相量图可知它们的关系为

$$U_L=\sqrt{3}U_P\tag{3-4}$$

即线电压的大小是相电压大小的$\sqrt{3}$倍，而线电压的相位超前相对应相电压相位 30°。

目前，在我国的低压配电系统中，大多采用三相四线制的星形连接，线电压有效值大多为 380V，相电压有效值为 220V。平常我们所说的三相电的大小均指线电压的有效值。

在对称三相电路中，三个线电压之间的关系是

$$\dot{U}_{UV}+\dot{U}_{VW}+\dot{U}_{WU}=\dot{U}_{U}-\dot{U}_{V}+\dot{U}_{V}-\dot{U}_{W}+\dot{U}_{W}-\dot{U}_{U}=0$$

$$u_{UV}+u_{VW}+u_{WU}=u_{U}-u_{V}+u_{V}-u_{W}+u_{W}-u_{U}=0$$

即三个线电压的相量和总等于零，或三个线电压瞬时值的代数和恒等于零。

三、三相电源的三角形连接

如果将三相发电机的三个绕组依次首（始端）尾（末端）相连，接成一个闭合回路，则可构成三角形连接（图 3-6）。由三个连接点引出的三根导线即为三根相线。

由图 3-6 可知

$$\dot{U}_{UV}=\dot{U}_{U},\ \dot{U}_{VW}=\dot{U}_{V},\ \dot{U}_{WU}=\dot{U}_{W}\tag{3-5}$$

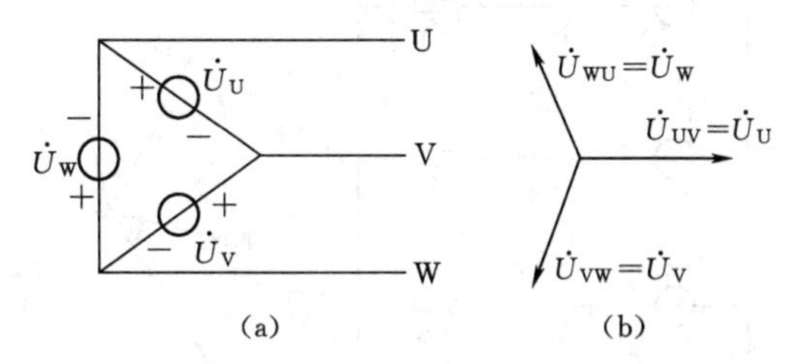

图 3-6　三相电源三角形连接

当三相电源作三角形连接时，只能是三相三线制，而且线电压就等于相电压，即由对称的概念可知，在任何时刻，三相电压之和等于零。即便是三个绕组接成闭合回路，只要连接正确，在电源内部并没有回路电流。但是，如果某一相的始端与末端接反，则会在回路中引起电流。

【例 3-1】 三相发电机接成三角形供电。如果误将 U 相接反，会产生什么后果？如何使连接正确？

解： U 相接反时的电路如图 3-7（a）所示。此时回路中的电流为

$$\dot{I}_S=\frac{-\dot{U}_U+\dot{U}_V+\dot{U}_W}{3Z_{SP}}=\frac{-2\dot{U}_U}{3Z_{SP}}$$

为了连接正确，可以按图 3-7（b）、（c）将一电压表串接在三个绕组的闭合电路中，若通电时电压为零，说明连接正确。这时即可撤去电压表，再将回路闭合。

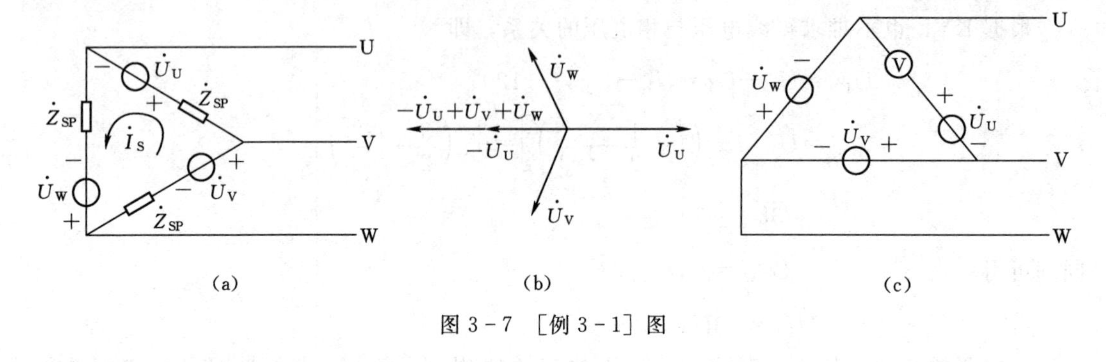

图 3－7　［例 3－1］图

知识链接二　三相负载

三相负载由相互连接的三个负载组成，其中每个负载称为一相负载。在三相电路中，其连接方式主要有两种情况：一种负载是单相的（例如电灯、日光灯、电视机等），通过适当的连接，可以组成三相负载；另一种负载（如电动机）是三相的，但电动机里三相绕组中的每一相绕组也是单相负载，如何将这三个单相绕组连接起来接入电网则是我们需要思考的问题。

一、三相负载的星形连接

三相负载的星形连接就是把三个负载的任一端连接到同一个公共端点，而三个负载的另一端分别与电源的三个相线相连。负载的公共端点称为负载的中性点，用 N 表示。若电路中有中性线连接，可以构成三相四线制；若没有中性线连接，则只能构成三相三线制。

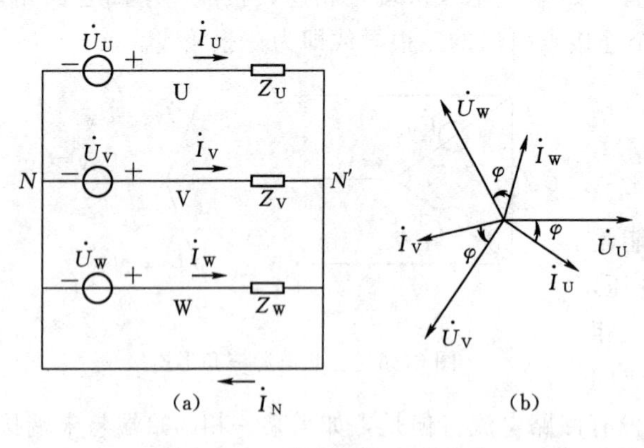

图 3－8　三相负载的星形连接

在图 3－8 所示的三相四线制电路中，若中性线的阻抗远小于负载的阻抗，则中性线连接的两中点的电压为零。不计线路阻抗，根据 KVL 可得，各相负载的电压等于该相电源的电压。

在三相电路中，$\dot{I}_U$、$\dot{I}_V$、$\dot{I}_W$ 表示三条相线中通过的电流，称为线电流（其方向为电源端指向负载端）。三相负载通过的电流，称为相电流，表示中性线上通过的电流，称为中性线电流。星形连接的负载，其线电流等于相应的相电流。

若用 I_L 表示线电流的有效值，I_P 表示相电流的有效值，则有

$$I_L = I_P \tag{3-6}$$

中性线电流用 $\dot{I}_N$ 表示，并规定其方向是从负载中点 N' 指向电源中点 N。因此，中线电流矢量等于各相电流的矢量和：

$$\dot{I}_N = \dot{I}_U + \dot{I}_V + \dot{I}_W \tag{3-7}$$

在三相四线制中，计算每一相负载相电流的方向与单相电路一样。如果忽略输电导线上的电压降，则负载上的线电压和相电压也就是电源的线电压和相电压。在图 3-8 所示的电路中，各相电流的有效值大小分别为

$$I_U=\frac{U_U}{|Z_U|},\ I_V=\frac{U}{|Z_V|},\ I_W=\frac{U_W}{|Z_W|} \tag{3-8}$$

式中　$|Z_U|$、$|Z_V|$、$|Z_W|$——各相负载的阻抗值。

各相电流与电压间的相位差等于各相负载的阻抗角，即

$$\varphi_U=\arctan\frac{X_U}{R_U},\ \varphi_V=\arctan\frac{X_V}{R_V},\varphi_W=\arctan\frac{X_W}{R_W} \tag{3-9}$$

式中　R_U、R_V、R_W——各相负载的电阻；

X_U、X_V、X_W——各相负载的电抗。

下面就三相负载对称和不对称两种情况分别进行讨论。

1. 三相对称负载

如果三相负载的阻抗值和阻抗角都相等，即 $|Z_U|=|Z_V|=|Z_W|=|Z|$ 且 $\varphi_U=\varphi_V=\varphi_W=\varphi$ 则称为三相对称负载。在对称负载的情况下，三个相电流的有效值都相等（$I_U=I_V=I_W=\frac{U_P}{|Z|}$），并且各相电流与该相电压的相位差都是 φ，如图 3-9 所示（图中是假设为感性负载画出的）。由于三相电压对称，所以当负载对称时，三相电流也是对称的；可求得三个对称相电流的相量和等于零，因而此时中性线电流为零，即

$$\dot{I}_N=\dot{I}_U+\dot{I}_V+\dot{I}_W=0 \tag{3-10}$$

对称负载星形连接时，既然中性线电流为零，中性线已不起作用，有无中性线对电压、电流均无影响，故可取消中性线，这样就构成三相三线制电路，如图 3-10 所示。例如，三相电动机是三相对称负载，若它的额定线电压与电源线电压一致，就可采用三相三线制星形接法，简称星形连接。

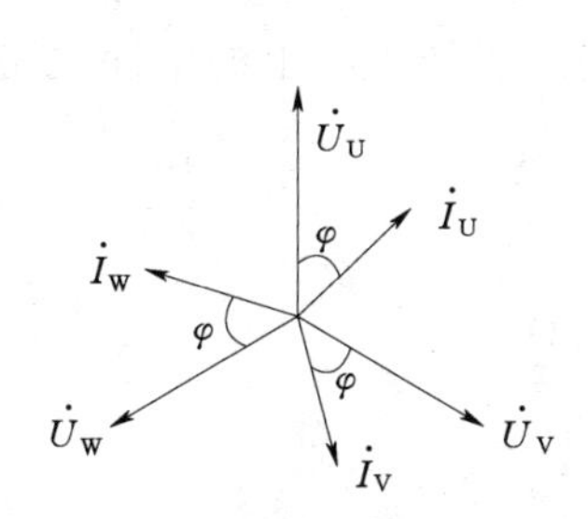

图 3-9　对称负载作星形连接时的电压电流相量图

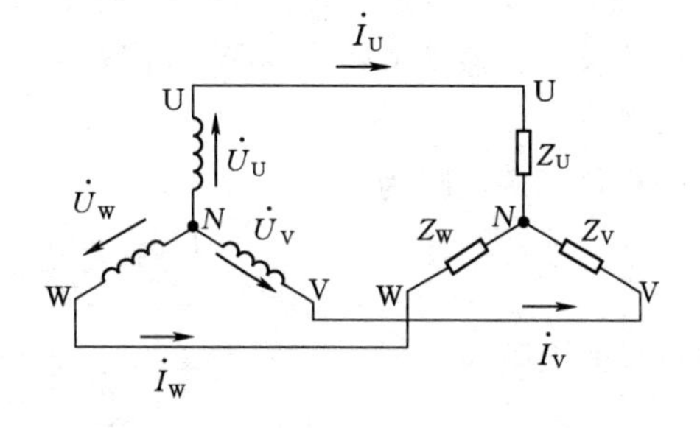

图 3-10　对称负载作星形连接的三相三线制电路

也许有人会问：在图 3-10 的电路中，三个相电流都指向负载中点，取消了中性线，电流怎样流回去呢？实际上，图 3-10 中只是标出了电流的参考方向，当然不是每一瞬间相电流的实际流向。当电流瞬时值为正时，它的实际流向与参考方向一致；当电流瞬时值为负时，其实际流向与参考方向相反。三相对称电流的正弦曲线如图 3-11 所示，任一瞬时，相电流瞬时值总是有的为正、有的为负，也就是说，有的电流流向中点 N'，有的电

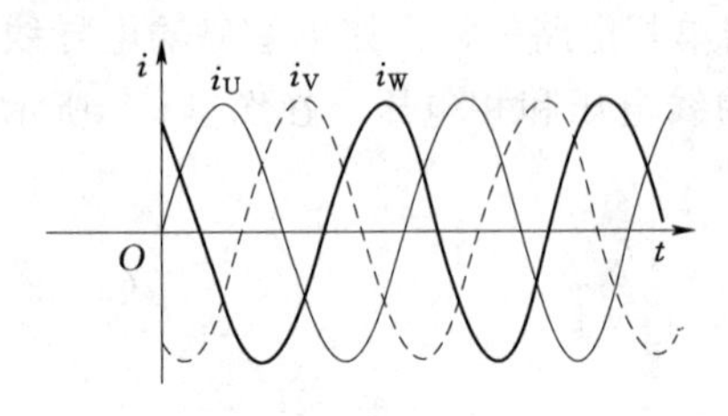

图 3-11　三相对称电流的正弦曲线

流流出中点 N'；而不可能在同一瞬时三个电流一起流入或一起流出中点 N'。

2. 三相不对称负载

只要三相负载的阻抗值不都相等，或者，虽然阻抗值都相等，但阻抗角不都相等，这样的三相负载就称为不对称负载。在负载不对称的情况下，由于中性线的存在，负载的相电压仍等于电源的相电压，即仍然是对称的，各相负载均可正常工作。这时，与对称负载不同之处就是三相电流不再是对称的了。例如，设三相负载的阻抗值 $|Z_U|$、$|Z_V|$、$|Z_W|$ 不全相等，虽然三个相电压有效值全相等，三个相电流的有效值 I_U、I_V、I_W 却不可能全相等；又如，即使 $|Z_U|=|Z_V|=|Z_W|=|Z|$，但只要 $\varphi_U \neq \varphi_V \neq \varphi_W \neq \varphi$ 不全相等，三相电流与三相电压的相位差就不可能全都相等，由于三相电压是对称的，因此三相电流是不对称的。三相不对称电流的相量和一般不为零，所以中性线有电流流过，中性线不能取消。

负载不对称的情况下，如果中性线断开，这时虽然线电压保持不变、仍然是对称的，但由于没有中性线，各相电压就要重新分配，不再保持对称了。其结果就会使有的负载承受的电压低于额定电压，不能正常工作；有的负载承受的电压超过额定电压，造成严重事故。因此，不对称负载作星形连接时，必须有中性线，它的作用是使负载相电压等于电源相电压，从而保持三相负载电压对称，使各相负载正常工作。三相不对称负载（如照明）一般可采用三相四线制星形连接，如图 3-12 所示。为了防止中性线断开，电工规程中规定，干线上的中性线不允许安装保险丝或开关。

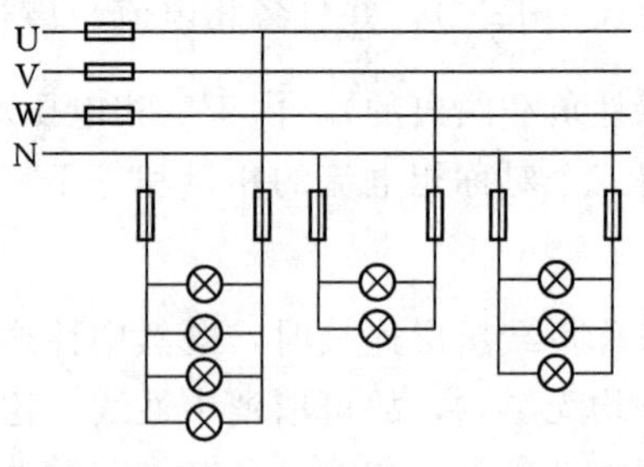

图 3-12　三相四线制星形连接电路

【例 3-2】　在 380/220V 的三相四线制照明线路中，设 U 相负载是一盏 220V、100W 灯泡；V 相负载是三盏 220V、100W 灯泡；W 相开路。假如干线上的中性线突然断开，会发生什么现象？

解： U 相负载的电阻为

$$R_U=\frac{U_N^2}{P_N}=\frac{220^2}{100}=484(\Omega)$$

V 相负载的电阻为

$$R_V=\frac{R_U}{3}=161(\Omega)$$

有中性线时，U、V 两相负载均承受 220V 的相电压，均能正常工作。U 相电流为

$$I_U=\frac{U_U}{R_U}=\frac{220}{484}=0.45(\text{A})$$

V 相电流是 U 相电流的三倍：$I_V=3I_U=1.35\text{A}$；$\dot{I}_U$ 与 $\dot{U}_U$ 同相，$\dot{I}_V$ 与 $\dot{U}_V$ 同相。W 相电流 $I_W=0$。

中性线断开后，因为 W 相负载是开路的，所以就成为 U、V 两相负载串联共承受线

电压 U_{UV}，如图 3-13 所示。根据电阻串联分压的道理，可求出 U、V 两相的电压分别为

$$U_U=\frac{R_U}{R_U+R_V}U_{UV}=\frac{3}{4}\times380=285(\mathrm{V})$$

$$U_V=-\frac{R_V}{R_U+R_V}U_{UV}=-\frac{1}{4}\times380=-95(\mathrm{V})$$

按图中标出的 $\dot{U}_V$ 的参考方向，其值应为负值。

因此，U 相承受的电压太高，很快就会把灯泡烧坏。

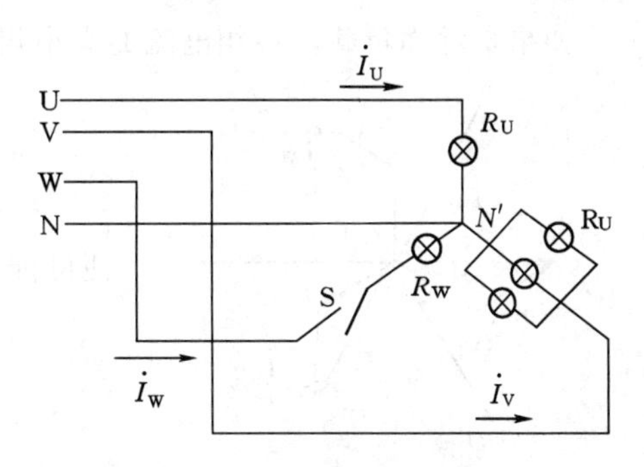

图 3-13　照明线路断开中线的例子

二、三相负载的三角形连接

负载的三角形连接如图 3-14 所示。因为各相负载接在两根相线之间，所以各相负载的相电压就是电源的线电压，即

$$\dot{U}_U=\dot{U}_{UV},\dot{U}_V=\dot{U}_{VW},\dot{U}_W=\dot{U}_{WU}$$

或一般只写出它们的有效值关系：

$$U_P=U_L \tag{3-11}$$

三相对称电源提供的线电压与中线无关，它总是对称的，也不因负载是否对称而改变。所以负载作三角形连接时，不论负载对称与否，其相电压总是对称的。然而负载的相电流却不同于线电流。各相电流的参考方向规定为与线电压参考方向一致，即 UV 相电流 I_{UV} 规定从 U 到 V；VW 相电流 I_{VW} 规定从 V 到 W；WU 相电流 I_{WU} 规定从 W 到 U。线电流 I_U、I_V、I_W 的参考方向仍规定从电源指向负载。U、V、W 三节点处应用 KCL 可写出矢量式为

$$\left.\begin{aligned}\dot{I}_U&=\dot{I}_{UV}-\dot{I}_{WU}\\\dot{I}_V&=\dot{I}_{VW}-\dot{I}_{UV}\\\dot{I}_W&=\dot{I}_{WU}-\dot{I}_{VW}\end{aligned}\right\} \tag{3-12}$$

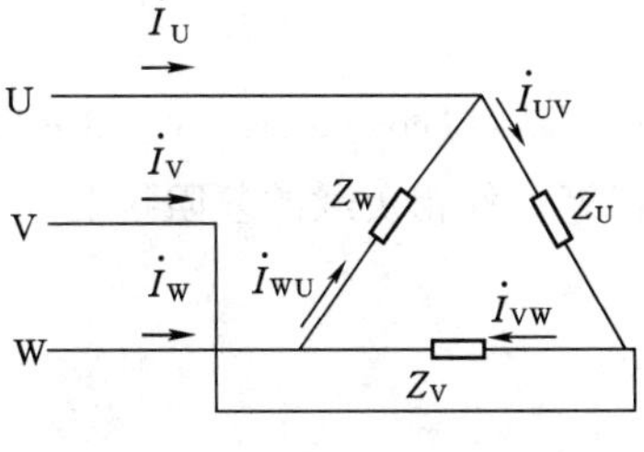

图 3-14　负载的三角形连接

各相电流的计算方法与单相电路完全相同。在图 3-14所示电路中，各相电流的有效值分别为

$$I_{UV}=\frac{U_{UV}}{|Z_U|},I_{VW}=\frac{U_{VW}}{|Z_V|},I_{WU}=\frac{U_{WU}}{|Z_W|} \tag{3-13}$$

式中　$|Z_U|$、$|Z_V|$、$|Z_W|$——U、V、W 各相负载的阻抗值。

各相电流与电压间的相位差分别为

$$\varphi_U=\arctan\frac{X_U}{R_U},\varphi_V=\arctan\frac{X_V}{R_V},\varphi_W=\arctan\frac{X_W}{R_W} \tag{3-14}$$

式中　R_U、R_V、R_W——各相负载的电阻；

X_U、X_V、X_W——各相负载的电抗。

如果是对称负载，各相电流的大小相等，即

$$I_{UV}=I_{VW}=I_{WU}=I_P \tag{3-15}$$

而且各相电流与对应的相电压之间的相位差都是φ，故三相电流是对称的。这时作相量图（图3-15），便可推导出各线电流与各相电流的关系为

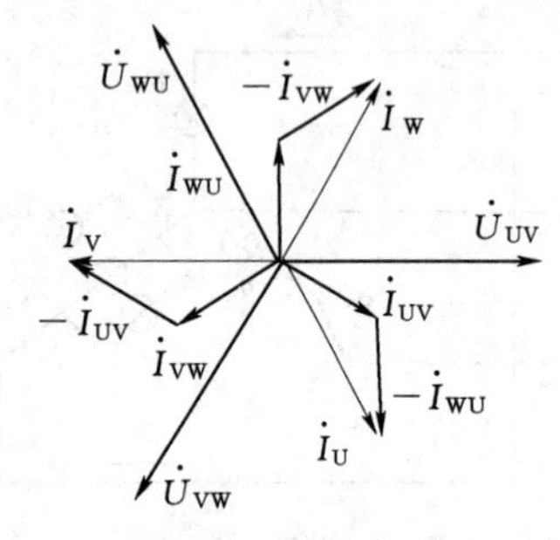

图3-15 对称负载作三角形连接时的线电流与相电流相量图

$$I_U=2I_{UV}\cos\frac{\pi}{6}=\sqrt{3}I_{UV}$$

$$I_V=2I_{VW}\cos\frac{\pi}{6}=\sqrt{3}I_{VW}$$

$$I_W=2I_{WU}\cos\frac{\pi}{6}=\sqrt{3}I_{WU}$$

或

$$I_L=\sqrt{3}I_P \tag{3-16}$$

可见，负载作三角形连接时，在对称条件下，线电流是相电流的$\sqrt{3}$倍，线电流的相位滞后于相对应的相电流相位30°。

综上所述，采用哪种连接，应根据负载的额定电压和电源的线电压来决定。如果负载的额定电压等于电源的线电压，应接成三角形连接；如果负载的额定电压等于电源的相电压，应接成星形连接。例如，对于常用的线电压为380V的三相电源，若三相电动机每相绕组是按额定电压380V设计的，应接成三角形连接；若电动机每相绕组是按220V设计的，就应接成星形连接。

知识链接三 三相电路的功率

无论负载是星形连接还是三角形连接，三相负载总的功率就是各相功率的总和。在单相功率计算的基础上，考虑到三相电路的特点，可得出三相电路的功率计算公式，包括有功功率、无功功率、视在功率和瞬时功率。其中，三相负载有功功率等于各相负载有功功率之和；三相负载无功功率等于各相负载无功功率之和。

一、三相负载的有功功率

三相负载的总有功功率为

$$P=P_U+P_V+P_W=U_UI_U\cos\varphi_U+U_VI_V\cos\varphi_V+U_WI_W\cos\varphi_W \tag{3-17}$$

若三相负载对称、三相电压、电流分别对称且有效值相等；各相负载的复阻抗、功率因数也相等，三相总有功功率则为

$$P=P_U+P_V+P_W=3U_PI_P\cos\varphi_P \tag{3-18}$$

当负载为星形连接时，有

$$U_P=\frac{U_L}{\sqrt{3}},\ I_P=I_L$$

$$P=\sqrt{3}U_LI_L\cos\varphi_P \tag{3-19}$$

当负载为三角形连接时，有

$$P=P_U+P_V+P_W=3I_P^2R_P \tag{3-20}$$

二、三相负载的无功功率

类似地，若三相负载对称、三相电压、电流分别对称且有效值相等；各相负载的复阻抗、功率因数也相等，无论三相负载接成星形还是三角形，三相总无功功率为

$$Q=Q_U+Q_V+Q_W=\sqrt{3}U_L I_L \sin\varphi_P \tag{3-21}$$

或者

$$Q=Q_U+Q_V+Q_W=3I_P^2X_P \tag{3-22}$$

三、三相负载的视在功率

在分析和计算对称三相电路的视在功率时，无论它是星形连接还是三角形连接的负载都可使用，而三相电路容易测出来的也是线电流和线电压。

三相负载的视在功率定为

$$S=\sqrt{P^2+Q^2} \tag{3-23}$$

负载对称时，有

$$S=\sqrt{(\sqrt{3}U_L I_L\cos\varphi_P)^2+(\sqrt{3}U_L I_L\sin\varphi_P)^2}=\sqrt{3}U_L I_L \tag{3-24}$$

四、三相负载的功率因数

三相负载的功率因数为

$$\lambda=\frac{P}{S} \tag{3-25}$$

若负载对称，则

$$\lambda=\frac{\sqrt{3}U_L I_L\cos\varphi_P}{\sqrt{3}U_L I_L}=\cos\varphi_P \tag{3-26}$$

即负载对称时三相负载的功率因数与每一相负载的功率因数相等。

五、对称三相电路的瞬时功率

由于电路是对称三相电路，三相电压是一组对称量；电流也是一组对称量，经过三角运算即可得到总瞬时功率为

$$P=\sqrt{3}U_L I_L\cos\varphi_P \tag{3-27}$$

即在对称三相正弦交流电路中，各瞬时功率的总和是不随时间变化而变化的恒定值而且正好等于总有功功率。这是对称三相电路的又一个优点，当三相电动机通入对称的三相电流后，电动机的运行是稳定的。

【例3-3】 有一三相电动机，每相的等效电阻 $R=29\Omega$，等效感抗 $X_L=21.8\Omega$，试求在下列两种情况下电动机的相电流、线电流以及从电源输入的功率，并比较所得结果：

(1) 绕组连成星形接于 $U_1=380$V 的三相电源上。

(2) 绕组连成三角形接于 $U_1=220$V 的三相电源上。

解： 每相绕组的阻抗为

$$|Z|=\sqrt{R^2+X_L^2}$$

(1) 星形连接时

$$I_P=\frac{U_P}{|Z|}=\frac{220}{\sqrt{29^2+21.8^2}}=6.1(A)$$

$$I_L=I_P=6.1A$$

$$P=\sqrt{3}U_L I_L\cos\varphi=\sqrt{3}\times380\times6.1\times\frac{29}{\sqrt{29^2+21.8^2}}=3.2(kW)$$

（2）三角形连接时

$$I_P=\frac{U_P}{|Z|}=\frac{220}{\sqrt{29^2+21.8^2}}=6.1\ (A)$$

$$I_L=\sqrt{3}I_P=\sqrt{3}\times6.1=10.5\ (A)$$

$$P=\sqrt{3}U_L I_L\cos\varphi=\sqrt{3}\times220\times10.5\times\frac{29}{\sqrt{29^2+21.8^2}}=3.2(kW)$$

只要电动机每相绕组承受的电压不变，则电动机的输入功率不变。因此，当电源线电压为380V时，电动机绕组应连成星形；而当电源线电压为220V时，电动机绕组应连成三角形。在这两种连接法中，仅线电流在三角形连接时比星形连接时大，而相电流、相电压及功率都未改变。

任务实施　低压三相配电板的安装

配电装置通常由进户总熔丝盒、电能表、电流互感器等部分组成。还有些配电装置由控制开关、过载及短路保护电器组成，容量较大的还有隔离开关。

一、电路装配准备

1. 预习要求

（1）阅读三相交流电路任务资讯内容。

（2）认真阅读本任务实施的安装方法相关内容。

（3）了解电路中各元件参数的选择及估算所设计电路的技术指标。

2. 任务实施目的

（1）学会“二表法”和“三表法”测三相总功率。

（2）学习低压三相配电板的设计与安装。

（3）掌握电能表的主要性能参数指标及测试方法。

3. 设备与器件

（1）三相电能表一块。

（2）模拟电子综合实训挂箱一块。

（3）功率表三块。

（4）空气断路器一个。

（5）万用表一块。

二、电路安装内容与原理分析

三相功率的测量，视三相负载的对称情况，可采用不同的测量方法，比如使用“三表法”或“二表法”测三相总功率。

(一) 三表法测三相总功率

一般情况下三相四线制电路中由于负载不对称，各相负载功率各不相同。在测量三相四线制电路的总功率时，应采用“三表法”测量，三只单相功率表的读数之和即为三相总功率，如图 3-16 所示。

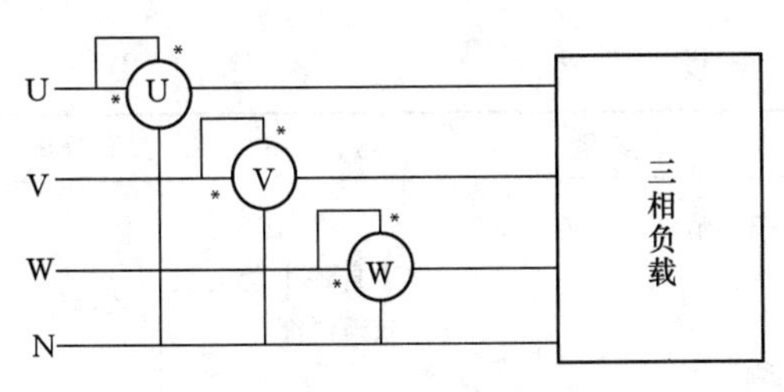

图 3-16　三表法测三相总功率

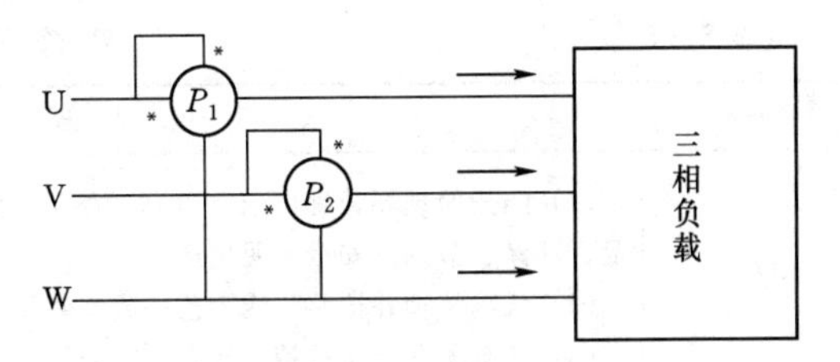

图 3-17　二表法测三相总功率

(二) 二表法测三相总功率

当三相负载采用三相三线制时，则不论其对称与否，均采用如图 3-17 所示的“二表法”测量三相总功率。

在“二表法”中，两只功率表的电流线圈应串接在不同的两相线上，并将标有“*”的接线柱接至电源端，使通过电流线圈的电流为三相电路的线电流；两只功率表的电压线圈标有“*”的接线柱应接至各自电流线圈所在的相上。而另一端均接到没有电流线圈的第三相上，以使得电压线圈上的电压为电源的线电压。

在“二表法”中，每只功率表上的读数本身是没有具体物理意义的，所测三相电路的总功率大小为：若两只功率表的读数（P_1、P_2）为正，则三相总功率 $P=P_1+P_2$；若两只功率表中有一只读数为零，则三相总功率 $P=P_1$ 或 $P=P_2$；若两只功率表有一只读数为负，则先将该反转功率表的电流线圈反接以读取数值（设为 P_2）。此时，三相总功率$P=P_1-P_2$。

(三) 三相配电板的安装

在自制木台上按图 3-18 安装一个三相小型配电板。

1. 任务要求

元器件安置合理，走线横平竖直，接线牢固，线路连接正确。

2. 安装过程

(1) 图 3-18 中电源总开关先采用刀开关接入，然后再用空气断路器接一次，体会两者接线的差异。

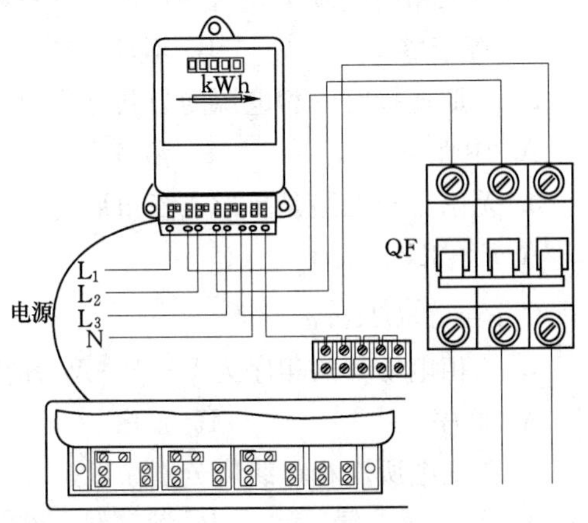

图 3-18　三相小型配电板接线图

(2) 接入三相负载，如三相星形或三角形连接的白炽灯电路，或三相电动机，观察负载的运行情况。

(3) 观察三相电能表的运行情况。

3. 注意事项

任务实施时，一定要做到断电接线，断电拆线。

任务评价

考核评价表见表3-1。

表3-1 考核评价表

考核项目	考核内容	考核方式	百分比
态度	(1) 能按照现场管理要求（整理、整顿、清扫、清洁、素养、安全、环保、节约）安全文明生产。 (2) 认真整理并按照配线工艺完成安装任务。 (3) 具有团队合作精神，具有一定的组织协调能力	学生自评＋学生互评＋教师评价	30%
技能	(1) 熟练使用常用的电工工具。 (2) 与团队协作完成三相配电板的安装。 (3) 会查找相关资料。 (4) 会撰写任务报告	教师评价＋学生互评＋学生自评	40%
知识	(1) 掌握“二表法”和“三表法”的基本知识。 (2) 掌握电工操作安全知识。 (3) 掌握配电板安装的基本知识	教师评价	30%

训练题集三

一、选择题

1. 在三相四线制中，当三相负载不平衡时，三相电压相等，中性线电流(　　)。

A. 等于零　　B. 不等于零　　C. 增大　　D. 减小

2. 星形连接时三相电源的公共点称为三相电源的(　　)。

A. 中性点　　B. 参考点　　C. 零电位点　　D. 接地点

3. 无论三相电路是星形或三角形连接，当三相电路负载对称时，其总功率为(　　)。

A. $P=3UI\cos\varphi$　　B. $P=P_U+P_V+P_W$

C. $P=\sqrt{3UI\cos\varphi}$　　D. $P=\sqrt{2UI\cos\varphi}$

4. 三相电动势的相序为U—V—W称为(　　)。

A. 负序　　B. 正序　　C. 零序　　D. 反序

5. 在变电所三相母线应分别涂以(　　)色，以示正相序。

A. 红、黄、绿　　B. 黄、绿、红　　C. 绿、黄、红

二、判断题

1. 对称三相Y接法电路，线电压最大值是相电压有效值的3倍。(　　)

2. 视在功率就是有功功率加上无功功率。(　　)

3. 相线间的电压就是线电压。(　　)

4. 相线与零线间的电压就称为相电压。(　　)

5. 三相负载作星形连接时，线电流等于相电流。(　　)

6. 三相负载作三角形连接时，线电压等于相电压。(　　)

7. 三相对称电源接成三相四线制，目的是向负载提供两种电压，在低压配电系统中，标准电压规定线电压为380V，相电压为220V。(　　)

8. 在三相四线制低压供电网中，三相负载越接近对称，其中性线电流就越小。(　　)

9. 三相电流不对称时，无法由一相电流推知其他两相电流。(　　)

10. 三相电动势达到最大值的先后次序叫相序。(　　)

11. 从中性点引出的导线称为中性线，当中性线直接接地时称为零线，又称为地线。(　　)

12. 从各相首端引出的导线称为相线，俗称火线。(　　)

13. 有中性线的三相供电方式称为三相四线制，它常用于低压配电系统。(　　)

14. 不引出中性线的三相供电方式称为三相三线制，一般用于高压输电系统。(　　)

15. 三相不对称负载是指三相负载的复阻抗不相等。(　　)

16. 三相不对称负载电路有中线时，负载上的相电压也为不对称三相电压。(　　)

三、分析计算题

1. 试判断图3-19中的三种三相电路是星形连接还是三角形连接？是几相几线制？

2. 三相对称电源接成三相四线制时，能够输出几种电压，它们有何关系？

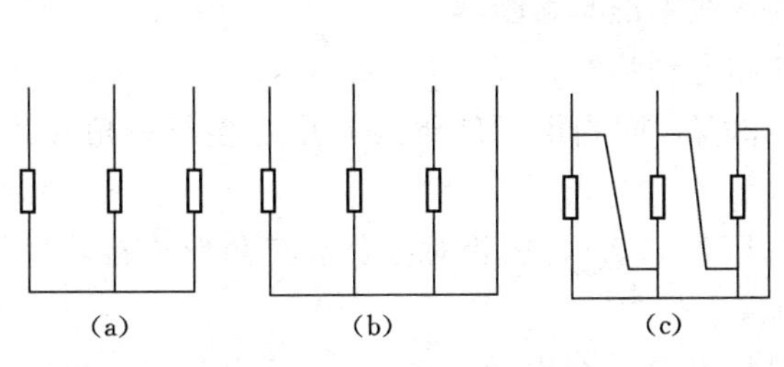

图3-19　分析计算题1图

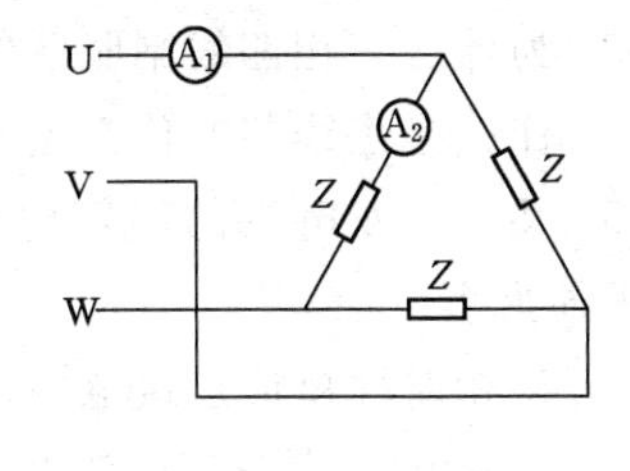

图3-20　分析计算题3图

3. 图3-20中，设三相负载是对称的，已知接在电路中电流表 A_1 的读数是15A。问：电流表 A_2 的读数是多少？

4. 图3-21中，设三相负载是对称的，已知接在电路中的电压表 V_2 的读数是660V。问：电压表 V_1 的读数是多少？

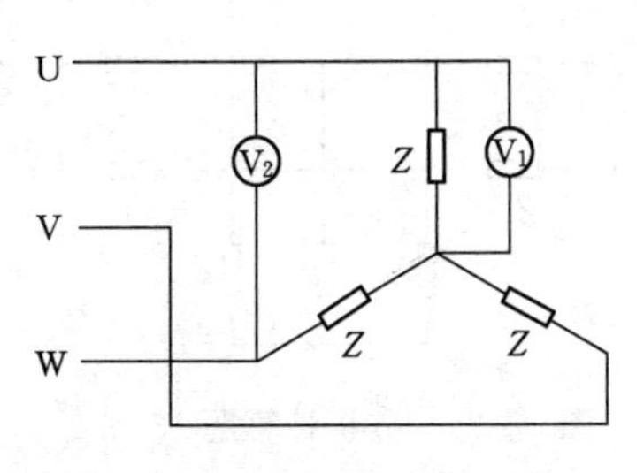

图3-21　分析计算题4图

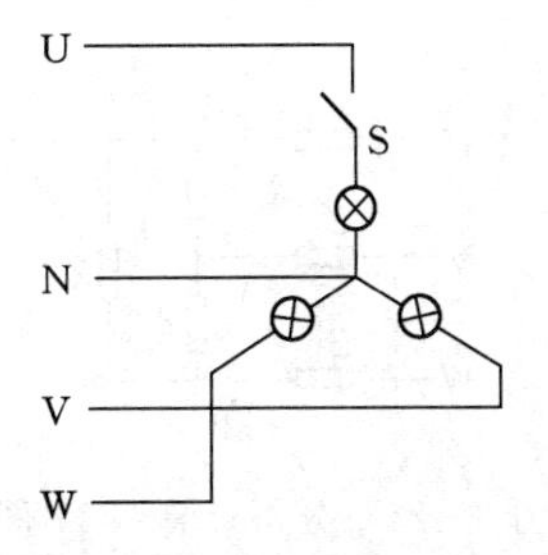

图3-22　分析计算题5图

5. 三只白炽灯，额定功率相同，额定电压均为220V，如图3－22所示，接在线电压为380V的三相四线制电源上。将接在U相的开关S闭合与断开时，对V、W两相的白炽灯亮度有无影响？如果不接中性线，影响又将如何？为什么？

6. 用“二表法”测量三相功率时，在接线和读数时应注意哪些问题？

7. 试述负载星形连接三相四线制电路和三相三线制电路的异同。

8. 将图3－23的各相负载分别接成星形或三角形，电源的线电压为380V，相电压为220V。每台电动机的额定电压为380V。

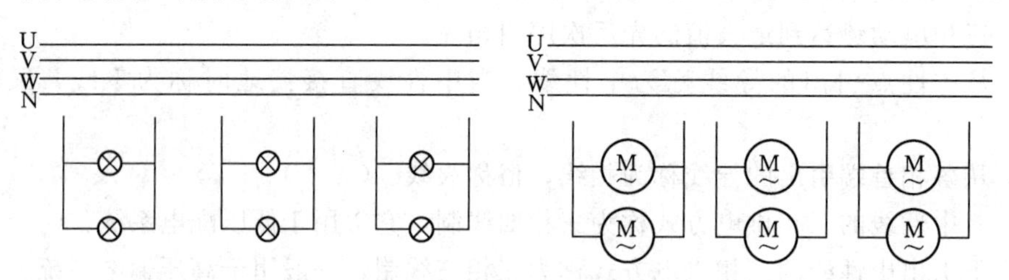

图3－23　分析计算题8图

9. 什么情况下可将三相电路的计算转变为一相电路的计算？

10. 三相负载三角形连接时，测出各相电流相等，能否说明三相负载是对称的。

11. 对称三相电路中，为什么可将两点中性点 N、N' 短接起来？

12. 画出除“二表法”测量电路形式，并说明功率表的读数。

13. 为什么三相四线制照明线路的零线不准装熔断器？

14. 什么是三线制？什么是对称三相电动势？

15. 某三相发电机的额定电压为220V，问当电源绕组为星形连接与三角形连接时，线电压各为多少？

16. 三相对称星形连接电源的线电压为380V，三相对称负载三角形连接，每相复阻抗 $Z=60+j80\Omega$，求三相电流及线电流。

17. 图3－24所示电路中，三相对称电源的线电压为380V，三相对称三角形连接负载复阻抗 $Z=90+j90\Omega$，输电线复阻抗每相 $Z_L=3+j4\Omega$。求：

（1）三相线电流。

（2）各相负载的相电流。

（3）各相负载的相电压。

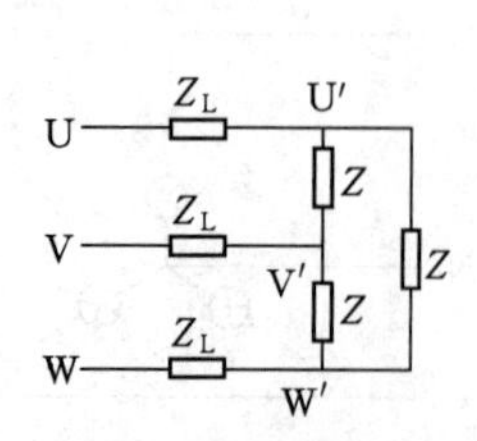

图3－24　分析计算题17图

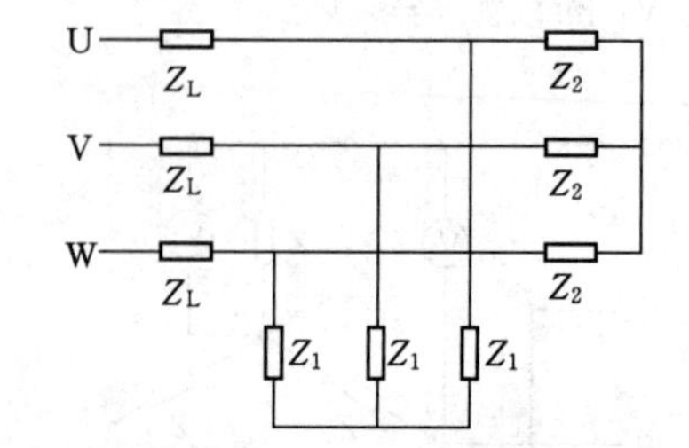

图3－25　分析计算题18图

18. 已知：$Z_1=3+j4\Omega$，$Z_2=10+j10\Omega$，$Z_L=2+j2\Omega$，三相对称电路如图3－25所

示，对称电源星形连接，相电压为127V。求：

(1) 输电线上的三相电流和两组负载的相电流。

(2) Z_2 负载的相电压和 Z_1 负载的线电压。

(3) 三相电路的 P、Q、S。

项目四　电路过渡过程的分析与观测

任务导入

<table>
<tr><td>学习领域</td><td colspan="3">电工应用技术</td></tr>
<tr><td>项目四</td><td>电路过渡过程的分析与观测</td><td>学时</td><td>8</td></tr>
<tr><td colspan="4">任　务　布　置</td></tr>
<tr><td>任务描述</td><td colspan="3">电路过渡过程在电路的实际分析中十分重要，如电源开关电路、振荡信号的产生、信号波形的改善和变换、电子继电器的延时动作等。本单元就是通过电路过渡过程的分析与检测，重点学习电路过渡过程相关知识。
(1) 电路过渡过程的基础知识。
(2) 电路过渡过程的分析。
(3) 一阶电路的三要素法。
(4) 电路过渡过程的观测</td></tr>
<tr><td>知识目标</td><td colspan="3">(1) 学会电路过渡过程的基础知识和过渡过程的分析。
(2) 要求深刻理解与熟练掌握的重点内容有：零输入响应、零状态响应、全响应电路的分析和一阶电路的三要素法。
(3) 要求一般理解与掌握的内容有：一阶微分方程的求解、线性动态电路的叠加定理</td></tr>
<tr><td>技能目标</td><td colspan="3">(1) 学会使用常用的电工工具仪器仪表。
(2) 学会与团队协作的能力。
(3) 学会查找相关资料和自己学习的能力。
(4) 学会撰写任务报告</td></tr>
</table>

任务资讯

电路过渡过程在电路的实际分析中十分重要，如电源开关电路、振荡信号的产生、信号波形的改善和变换、电子继电器的延时动作等。本项目就是通过电路过渡过程的分析与检测，重点学习电路过渡过程相关知识。

知识链接一　电路过渡过程的基础知识

前面各项目讲述的是电路的稳定状态，有关电路的分析称为稳态分析。本项目讲述电路的过渡过程分析与观测。

一、过渡过程的基本概念

自然界中的物质运动从一种稳定状态（处于一定的能态）转变到另一种稳定状态（处于另一能态）需要一定的时间。例如，电动机从静止状态（转速为零的状态）启动，到某一恒定转速要经历一定的时间，这就是加速过程；同样，当电动机制动时，它的转速从某一恒定转速下降到零，也需要减速过程。这就是说，物质从一种状态过渡到另一种状态不能瞬间完成，需要一个过程，即能量不能发生跃变。过渡过程就是从一种稳定状态转变到另一种稳定状态的中间过程。

为了了解电路产生过渡过程的内因和外因，我们观察一个实验现象。如图 4－1 所示的电路中，三个并联支路分别为电阻、电感、电容与灯泡串联，S 为电源开关。

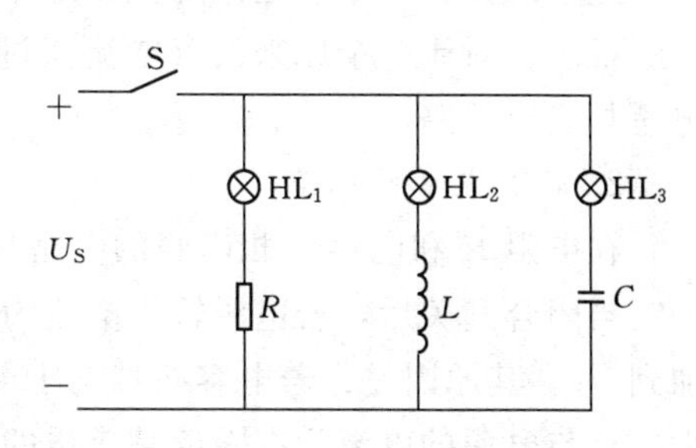

图 4－1　过渡过程演示电路图

当闭合开关 S 时，能发现电阻支路的灯泡 HL_1 立即发光，且亮度不再变化，说明这一支路没有经历过渡过程，立即进入了新的稳态；电感支路的灯泡 HL_2 由暗渐渐变亮，最后达到稳定，说明电感支路经历了过渡过程；电容支路的灯泡 HL_3 由亮变暗直到熄灭，说明电容支路也经历了过渡过程。当然，若开关 S 状态保持不变（断开或闭合），就观察不到这些现象。

由此可知，产生过渡过程的外因是接通了开关，但接通开关并非都会引起过渡过程，如电阻支路。产生过渡过程的两条支路都存在有储能元件（电感或电容），这是产生过渡过程的内因。在电路理论中，通常把电路状态的改变（如通电、断电、短路、电信号突变、电路参数的变化等）统称为换路，并认为换路是立即完成的。

综上所述，产生过渡过程的原因有两个方面，即外因和内因。换路是外因，电路中有储能元件（也叫动态元件）是内因。

二、分析过渡过程的重要性

研究电路中的过渡过程是有实际意义的。例如，电子电路中常利用电容器的充放电过程来完成积分、微分、多谐振荡等，以产生或变换电信号。而在电力系统中，由于过渡过程的出现将会引起过电压或过电流，若不采取一定的保护措施，就可能损坏电气设备，因此，我们需要认识过渡过程的规律，从而利用它的特点，防止它的危害。

知识链接二　电路过渡过程的分析

一、换路定律

1. 具有电感的电路

在电阻 R 和电感 L 相串联的电路与直流电源 U_S 接通之前，电路中的电流 $i=0$。当闭合开关后，若 U_S 为有限值，则电感中电流不能跃变，必定从 0 逐渐增加到 U_S/R。其原因是：若电流可以跃变，即 $dt=0$，则电感上的电压 $u_L=\lim L(\Delta i/\Delta t)\to\infty$，这显然与电源电压为有限值是矛盾的。若从能量的观点考虑，电感的电流突变，意味着磁场能量突变，则电路的瞬时功率 $p=dw/dt\to\infty$，说明电路接通电源瞬间需要电源供给无限大的功

率，这对任一实际电源来说都是不可能的。所以 RL 串联电路接通电源瞬间，电流不能跃变。

为分析方便，我们约定换路时刻为计时起点，即 $t=0$，并把换路前的最后时刻计为 $t=0_-$，换路后的初始时刻计为 $t=0_+$，则在换路瞬间将有如下结论：在换路后的一瞬间，电感中的电流应保持换路前一瞬间的原有值而不能跃变，即

$$i_L(0_+)=i_L(0_-)=0 \tag{4-1}$$

这一规律称为电感电路的换路定律。

推理：对于一个原来没有电流流过的电感，在换路的一瞬间，$i_L(0_+)=i_L(0_-)=0$，电感相当于开路。

2. 具有电容的电路

在电阻 R 和电容 C 相串联的电路与直流电源 U_S 接通前，电容上的电压 $u_C=0$。

当闭合开关后，若电源输出电流为有限值，电容两端电压不能跃变，必定从 0 逐渐增加到 U_S。其原因是：若电容两端电压可以跃变，即 $dt=0$，则电路中的电流 i 趋近于无穷大，这与电源的电流为有限值是矛盾的。

若从能量的角度考虑，电容上电压突变意味着电场能量突变，则电路的瞬时功率 $p=dw/dt\rightarrow\infty$，说明电路接通瞬间需要电源提供无穷大的功率，这同样是不可能的。所以 RC 串联电路接通电源瞬间，电容上电压不能跃变。因此，在换路后的一瞬间，电容上的电压应保持换路前一瞬间的原有值而不能跃变，即

$$u_C(0_+)=u_C(0_-) \tag{4-2}$$

这一规律称为电容电路的换路定律。

二、初始值的计算

换路后的最初一瞬间（即 $t=0_+$ 时刻）的电流、电压值统称为初始值。研究线性电路的过渡过程时，电容电压的初始值 $u_C(0_+)$ 及电感电流的初始值 $i_L(0_+)$ 可按换路定律来确定。

【例 4-1】 如图 4-2（a）所示电路中，已知 $U_S=12V$，$R_1=4k\Omega$，$R_2=8k\Omega$，$C=1\mu F$，开关 S 原来处于断开状态，电容上电压 $u_C(0_-)=0V$。求开关 S 闭合后 $t=0_+$ 时各电流及电容电压的数值。

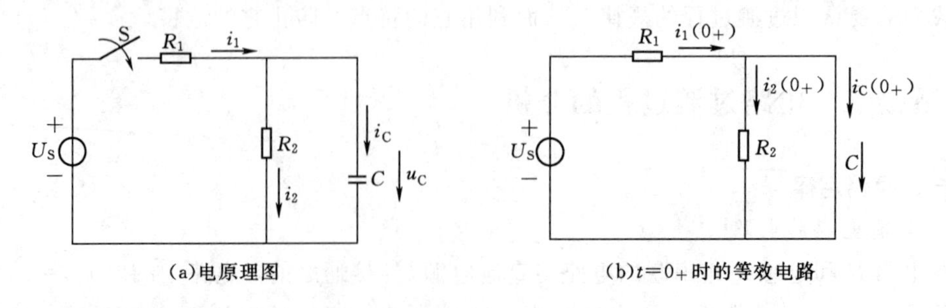

(a)电原理图　　(b)$t=0_+$ 时的等效电路

图 4-2　[例 4-1] 电路图

解： 选定有关参考方向如图 4-2 所示。

(1) 由已知条件可知：$u_C(0_-)=0$。

（2）由换路定律可知：$u_C(0_+)=u_C(0_-)=0$。

（3）求其他各电流、电压的初始值。

画出 $t=0_+$ 时刻的等效电路，如图 4-2（b）所示。由于 $u_C(0_+)=0$，因此在等效电路中电容相当于短路。故有

$$i_2(0_+)=\frac{u_C(0_+)}{R_2}=\frac{0}{R_2}=0$$

$$i_1(0_+)=\frac{U_S}{R_1}=\frac{12}{4\times10^3}=3(\text{mA})$$

由 KCL 有

$$i_C(0_+)=i_1(0_+)-i_2(0_+)=3-0=3(\text{mA})$$

【例 4-2】 图 4-3（a）所示电路中，已知 $U_S=10\text{V}$，$R_1=6\Omega$，$R_2=4\Omega$，$L=20\text{mH}$，开关 S 原处于断开状态。求开关 S 闭合后 $t=0_+$ 时各电流及电感电压 u_L 的数值。

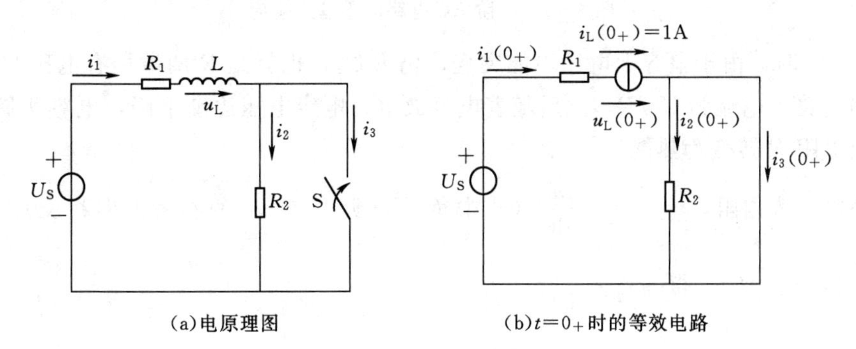

图 4-3　[例 4-2] 电路图

解： 选定有关参考方向如图 4-3 所示。

（1）求 $t=0_-$ 时的电感电流 $i_L(0_-)$。由原电路已知条件得

$$i_L(0_-)=i_1(0_-)=i_2(0_-)=\frac{U_S}{R_1+R_2}=\frac{10}{6+4}=1(\text{A})$$

$$i_3(0_-)=0$$

（2）求 $t=0_+$ 时 $i_L(0_+)$ 的值。由电感电路的换路定律知

$$i_L(0_+)=i_L(0_-)=1(\text{A})$$

（3）求其他各电压、电流的初始值。画出 $t=0_+$ 时的等效电路，如图 4-3（b）所示。由于 S 闭合，R_2 被短路，则 R_2 两端电压为零，故 $i_2(0_+)=0$。

由 KCL 有

$$i_3(0_+)=i_1(0_+)-i_2(0_+)=i_1(0_+)=1(\text{A})$$

由 KVL 有

$$U_S=i_1(0_+)R_1+u_L(0_+)$$

故 $$u_L(0_+)=U_S-i_1(0_+)R_1=10-1\times6=4(\text{V})$$

三、一阶电路的零输入响应

1. RC 串联电路的零输入响应

图 4-4（a）所示为电阻与电容串联的电路，当开关 S 接于位置 1 时电容器充电，电压表的读数为 U_0。下面讨论当 S 由位置 1 拨到位置 2 时电路中的响应。

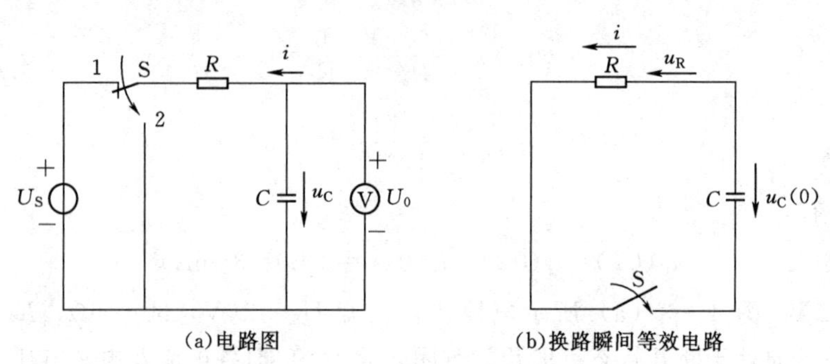

图 4-4 一阶 RC 电路的零输入响应

当 $t=0_+$ 时，由于电容上电压不能突变，仍为 U_0，也就是 R 两端加有电压 U_0，因此换路瞬间电路中电流为 U_0/R，此后随着电容放电，电容电压逐渐下降，电容所储存的电场能量经电阻 R 转变为热能。

忽略电压表内阻，$i_C=-C\dfrac{du_C}{dt}$（式中负号表明 i_C 与 u_C 的参考方向相反）。将 $i_C=-C\dfrac{du_C}{dt}$代入 $u_C=Ri$，得

$$RC\frac{du_C}{dt}+u_C=0 \tag{4-3}$$

式（4-3）是一个线性常系数一阶齐次微分方程。由数学知识可知，此方程的通解为

$$u_C=Ae^{pt} \tag{4-4}$$

为了求出 p 的值，将式（4-4）代入式（4-3）得

$$RCpAe^{pt}+Ae^{pt}=0$$

或

$$(RCp+1)\ Ae^{pt}=0$$

即

$$RCp+1=0, P=-1/RC \tag{4-5}$$

$$u_C=Ae^{pt} \tag{4-6}$$

利用初始条件求得

$$A=U_0$$

$$u_C=U_0e^{-\frac{t}{RC}} \tag{4-7}$$

【例 4-3】 供电局向某一企业供电电压为 10kV，在切断电源瞬间，电网上遗留有 10kV 的电压。已知送电线路长 $L=30$km，电网对地绝缘电阻为 500MΩ，电网的分布电容为 $C_0=0.008\mu$F/km。试求：

（1）拉闸后 1min，电网对地的残余电压为多少？

（2）拉闸后 10min，电网对地的残余电压为多少？

解： 电网拉闸后，储存在电网电容上的电能逐渐通过对地绝缘电阻放电，这是一个

RC 串联电路的零输入响应问题。

由题意知，长 30km 的电网总电容量为

$$C=C_0L=0.008\times 30=0.24(\mu F)=2.4\times 10^{-7}(F)$$

放电电阻为

$$R=500M\Omega=5\times 10^8(\Omega)$$

时间常数为

$$\tau=RC=5\times 108\times 2.4\times 10^{-7}=120(s)$$

电容上初始电压为 $U_0=10kV$，则在电容放电过程中，电容电压（即电网电压）的变化规律为

$$u_C(t)=U_0e^{-\frac{t}{RC}}$$

故

$$u_C(60s)=10\sqrt{2}\times 10^3e^{-\frac{60}{120}}\approx 8576(V)\approx 8.6(kV)$$

$$u_C(600s)=10\sqrt{2}\times 10^3e^{-\frac{600}{120}}\approx 95.3(V)$$

由此可见，电网断电，电压并不是立即消失，此电网断电经历 1min，仍有 8.6kV 的高压，当 $t=5\tau=5\times 120=600s$ 时，即在断电 10min 时电网上仍有 95.3V 的电压。

2. *RL* 串联电路的零输入响应

如图 4-5 所示电路，当开关 S 闭合前，由电流表观察到，电感电路中电流为稳定值 I_0，电感中存储有一定的磁场能。在 $t=0$ 时将开关 S 闭合，由电流表观察到：电感电路中电流没有立即消失，而是经历一定的时间后逐渐变为零。

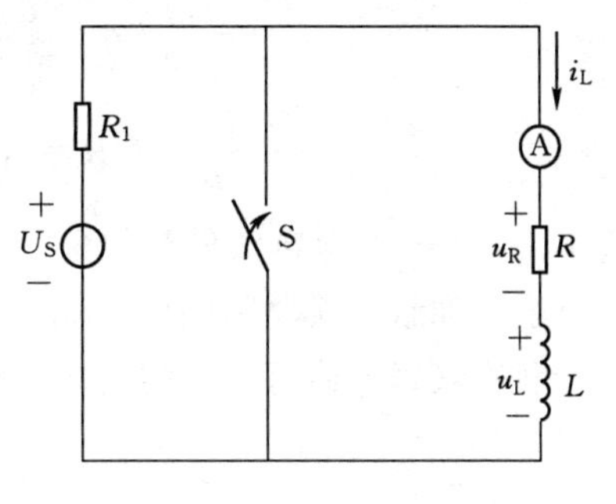

图 4-5　一阶 *RL* 电路的零输入响应

由于 S 闭合后，电感电路没有外电源作用，因此此时的电路电流属零输入响应。

换路后列 *RL* 所在网孔的方程，在所选各量参考方向下，忽略电流表内阻，由 KVL 得

$$u_R+u_L=0$$

而

$$u_R=i_LR$$

$$u_L=L\frac{di_L}{dt}$$

$$i_LR+L\frac{di_L}{dt}=0,\frac{L}{R}\frac{di_L}{dt}+i_L=0$$

这也是一个线性常系数一阶齐次微分方程，与 *RC* 电路的零输入响应微分方程相类似，其解为

$$i_L=I_0e^{-\frac{t}{\tau}} \tag{4-8}$$

式中　τ ——*RL* 电路的时间常数，$\tau=L/R$。

若电阻 R 的单位为 Ω，电感 L 的单位为 H，则时间常数 τ 的单位为 s。

电阻上的电压为

$$u_R=i_LR=I_0Re^{-\frac{t}{\tau}} \tag{4-9}$$

$$u_L=L\frac{di_L}{dt}=-I_0Re^{-\frac{t}{\tau}} \tag{4-10}$$

四、一阶电路的零状态响应

1. *RC* 串联电路的零状态响应

图 4-6 所示的电路中，开关闭合前，电容 C 上没有充电。$t=0$ 时刻开关 S 闭合。在图示参考方向下，由 KVL 有

$$u_R + u_C = U_S \tag{4-11}$$

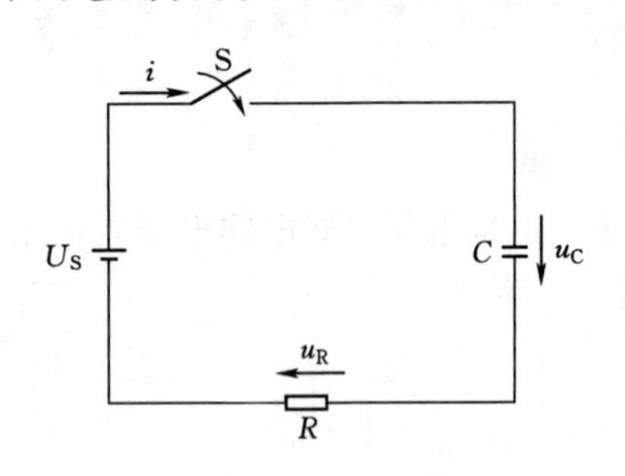

图 4-6 *RC* 电路的零状态响应

其中 $u_R = iR, i = -C\dfrac{du_C}{dt}$

将上二式代入式（4-11），分析整理得（因牵扯到线性方程的求解故此分析过程忽略）

$$u_C = U_S - U_S e^{-\frac{t}{\tau}}$$

即 $$u_C = U_S(1 - e^{-\frac{t}{\tau}}) \tag{4-12}$$

该式即为 *RC* 串联电路中电容电压的零状态响应。

利用电容元件的伏安关系，可求得 *RC* 串联电路的零状态电流的响应表达式为

$$i_C = C\frac{du_C}{dt} = C\frac{d}{dt}(U_S - U_S e^{-\frac{t}{RC}}) = C\left[-\frac{1}{RC}(-U_S e^{-\frac{t}{RC}})\right]$$
$$= \frac{U_S}{R} e^{-\frac{t}{RC}} R = I_0 e^{-\frac{t}{\tau}} \tag{4-13}$$

式中 I_0——充电电流的初始值 $i(0_+)$，$I_0 = U_S/R$。

容易理解，换路瞬间由于 $u_C=0$，电源电压 U_S 全部加在电阻 R 上，则 $i(0_+)=U_S/R$。

利用欧姆定律可以求得电阻上电压的响应为

$$u_R = iR = \frac{U_S}{R} e^{-\frac{t}{\tau}} R = U_S e^{-\frac{t}{\tau}} \tag{4-14}$$

【例 4-4】 如图 4-7（a）所示电路中，已知 $U_S=220\text{V}$，$R=200\Omega$，$C=1\mu\text{F}$，电容事先未充电，在 $t=0$ 时合上开关 S。试求：

（1）求时间常数。

（2）求最大充电电流。

（3）求 u_C、u_R 和 i 的表达式。

（4）作 u_C、u_R 和 i 随时间的变化曲线。

（5）求开关合上后 1ms 时的 u_C、u_R 和 i 的值。

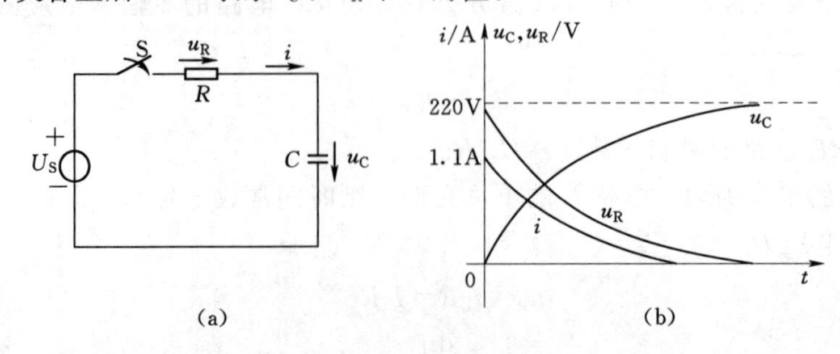

图 4-7 ［例 4-4］电路图

解：(1) 时间常数为

$$\tau=RC=200\times1\times10^{-6}=2\times10^{-4}(\text{s})=200(\mu\text{s})$$

(2) 最大充电电流为

$$i_{\max}=\frac{U_{\text{S}}}{R}=\frac{220}{200}=1.1(\text{A})$$

(3) u_{C}、u_{R}、i 的表达式为

$$u_{\text{C}}=U_{\text{S}}(1-\text{e}^{-\frac{t}{\tau}})=220\times(1-\text{e}^{-\frac{t}{2\times10^{-4}}})=220(1-\text{e}^{-5\times10^{3}t})(\text{V})$$

$$u_{\text{R}}=U_{\text{S}}\text{e}^{-\frac{t}{\tau}}=220\text{e}^{-5\times10^{3}t}(\text{V})$$

$$i=\frac{U_{\text{R}}}{R}\text{e}^{-\frac{t}{\tau}}=\frac{220}{200}\text{e}^{-\frac{t}{\tau}}=1.1\text{e}^{-5\times10^{3}t}(\text{A})$$

(4) 画出 u_{C}、u_{R} 和 i 的曲线，如图 4-7 (b) 所示。

(5) 当 $t=1\text{ms}=10^{-3}\text{s}$ 时，有

$$u_{\text{C}}=220(1-\text{e}^{-5\times1000\times0.001})=220(1-\text{e}^{-5})=220\times(1-0.007)=218.5(\text{V})$$

$$u_{\text{R}}=220\text{e}^{-5\times1000\times0.001}=220\times0.007\approx1.5(\text{V})$$

$$i=1.1\text{e}^{-5\times1000\times0.001}=1.1\times0.007=0.0077(\text{A})$$

2. *RL* 串联电路的零状态响应

如图 4-8 所示电路中，开关 S 未接通时电流表读数为 0，即 $i_{\text{L}}(0_{-})=0$。当 $t=0$ 时，S 接通，电流表读数由零增加到一稳定值。这是电感线圈储存磁场能量的物理过程。

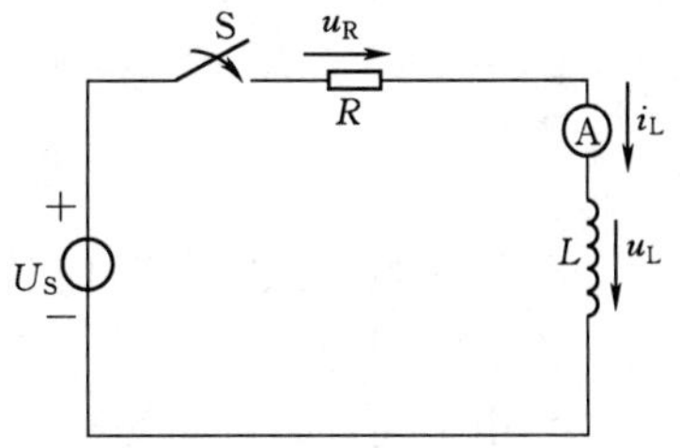

图 4-8　一阶 *RL* 电路零状态响应电路

S 闭合后，在电路给定的参考方向下，不计电流表内阻，由 KVL 有

$$u_{\text{R}}+u_{\text{L}}=U_{\text{S}}$$

根据元件的伏安关系得

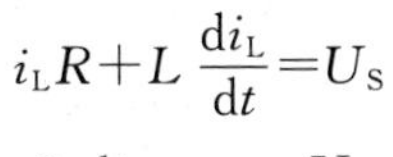

$$i_{\text{L}}R+L\frac{\text{d}i_{\text{L}}}{\text{d}t}=U_{\text{S}}$$

即

$$\frac{L}{R}\frac{\text{d}i_{\text{L}}}{\text{d}t}+i_{\text{L}}=\frac{U_{\text{S}}}{R}$$

这也是一个线性常系数一阶齐次微分方程，求解得

$$i_{\text{L}}=\frac{U_{\text{S}}}{R}+A\text{e}^{-\frac{t}{\tau}}\tag{4-15}$$

式中　τ ——电路的时间常数，$\tau=L/R$。

A 可由电感换路定律：$i_{\text{L}}(0_{+})=i_{\text{L}}(0_{-})=0$ 带入式 (4-15) 来求解，得

$$i_{\text{L}}(0_{+})=\frac{U_{\text{S}}}{R}+A\text{e}^{-\frac{t}{\tau}}=\frac{U_{\text{S}}}{R}+A=0\tag{4-16}$$

即

$$A=-\frac{U_{\text{S}}}{R}$$

将 $A=-U_{\text{S}}/R$ 代入式 (4-16) 得

$$i_{\text{L}}=\frac{U_{\text{S}}}{R}-\frac{U_{\text{S}}}{R}\text{e}^{-\frac{t}{\tau}}=I(1-\text{e}^{-\frac{t}{\tau}})\tag{4-17}$$

其中
$$I=U_S/R$$

$$u_L=L\frac{di_L}{dt}=L\frac{d}{dt}[I(1-e^{-\frac{t}{\tau}})]=L\left(\frac{1}{\tau}Ie^{-\frac{t}{\tau}}\right)=L\left(\frac{R}{L}\frac{U_S}{R}e^{-\frac{t}{\tau}}\right)=U_Se^{-\frac{t}{\tau}} \tag{4-18}$$

电阻上的电压为

$$u_R=i_LR=RI(1-e^{-\frac{t}{\tau}})=U_S(1-e^{-\frac{t}{\tau}}) \tag{4-19}$$

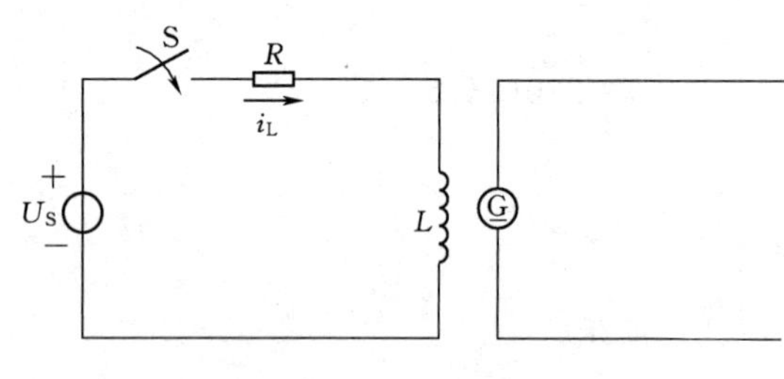

图 4-9 ［例 4-5］电路图

【例 4-5】 图 4-9 所示电路为一直流发电机电路简图，已知励磁电阻 $R=20\Omega$，励磁电感 $L=20H$，外加电压为 $U_S=200V$。

（1）试求当 S 闭合后，励磁电流的变化规律和达到稳态值所需的时间。

（2）如果将电源电压提高到 250V，求励磁电流达到额定值的时间。

解：（1）这是一个 RL 零状态响应的问题，由 RL 串联电路的分析可知

$$i_L=\frac{U_S}{R}(1-e^{-\frac{t}{\tau}})$$

式中，$U_S=200V$，$R=20\Omega$，$\tau=L/R=20/20=1s$，所以

$$i_L=\frac{200}{20}(1-e^{-\frac{t}{\tau}})=10(1-e^{-t})$$

一般认为当 $t=(3\sim5)\tau$ 时过渡过程基本结束，取 $t=5\tau$，则合上开关 S 后，电流达到稳态所需的时间为 5s。

（2）由上述计算可知使励磁电流达到稳态需要 5s。为缩短励磁时间常采用强迫励磁法，就是在励磁开始时提高电源电压，当电流达到额定值后，再将电压调回到额定值。

这种强迫励磁所需的时间 t 计算如下

$$i(t)=\frac{250}{20}(1-e^{-\frac{t}{\tau}})=12.5(1-e^{-t})$$

即
$$10=12.5(1-e^{-t})$$

解得
$$t=1.6s$$

这比电压为 200V 时所需的时间短。两种情况下电流变化曲线如图 4-10 所示。

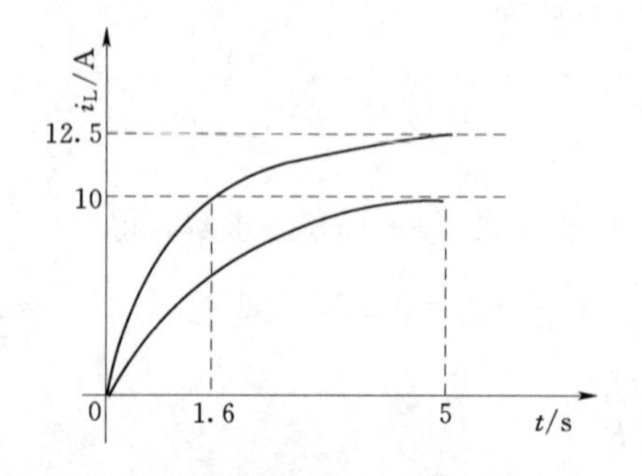

图 4-10　强迫励磁法的励磁电流波形

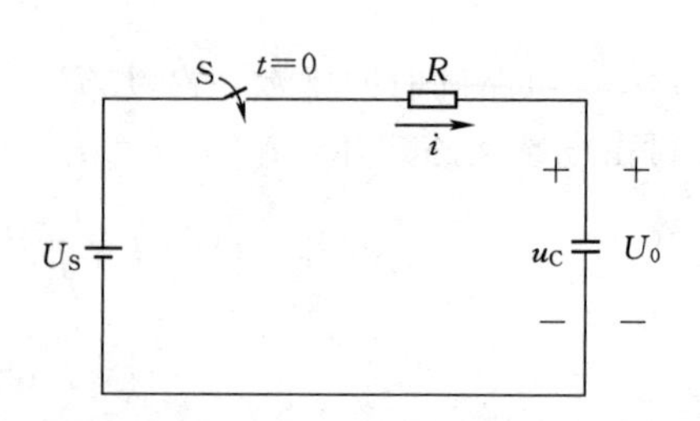

图 4-11　一阶 RC 电路的全响应

五、一阶电路的全响应

当一个非零初始状态的一阶电路受到激励时，电路中所产生的响应称为一阶电路的全响应。

如图 4-11 所示电路中，如果开关 S 闭合前，电容器上已充有 U_0 的电压，即电容处于非零初始状态，$t=0$ 时开关 S 闭合（电压和电流的参考方向如图所示）。由 KVL 有

$$u_R+u_C=U_S$$

即

$$RC\frac{du_C}{dt}+u_C=U_S$$

解这个常系数线性一阶非齐次微分方程：

$$u_C(t)=u_C'(t)+u_C''(t)=Ae^{-\frac{t}{RC}}+U_S$$

$u_C'(t)=Ae^{pt}=Ae^{-\frac{t}{\tau}}=Ae^{-\frac{t}{RC}}$ 为方程的通解。

于是有

$$u_C=u_C'+u_C''=U_S+Ae^{-\frac{t}{RC}} \tag{4-20}$$

将初始条件 $u_C(0_+)=u_C(0_-)=U_0$ 代入式（4-20）有

$$U_0=U_S+A$$

即 $A=U_0-U_S$ 所以，电容上电压的表达式为

$$u_C=U_S+(U_0-U_S)e^{-\frac{t}{\tau}} \tag{4-21}$$

由式（4-21）可见，U_S 为电路的稳态分量，(U_0-U_S) 为电路的暂态分量，即

$$全响应=稳态分量+暂态分量$$

波形如图 4-12 所示，有三种情况：(a) $U_0<U_S$；(b) $U_0=U_S$；(c) $U_0>U_S$。

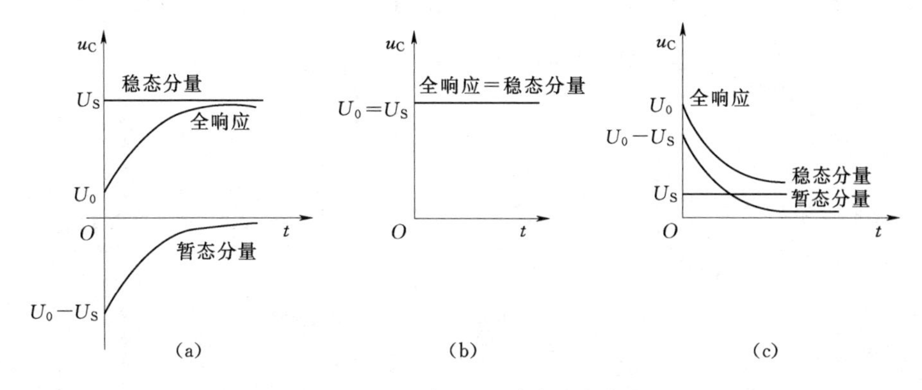

图 4-12　一阶 RC 电路全响应曲线

电路中电流为

$$i=C\frac{du_C}{dt}=\frac{U_S-U_0}{R}e^{-\frac{t}{\tau}} \tag{4-22}$$

改写为

$$i=\frac{U_S}{R}e^{-\frac{t}{\tau}}+\frac{-U_0}{R}e^{-\frac{t}{\tau}} \tag{4-23}$$

式中　$\frac{U_S}{R}e^{-\frac{t}{\tau}}$——电路电流的零状态响应；

$\dfrac{-U_0}{R}e^{-\frac{t}{\tau}}$——电路中电流的零输入响应，负号表示电流方向与图中参考方向相反。

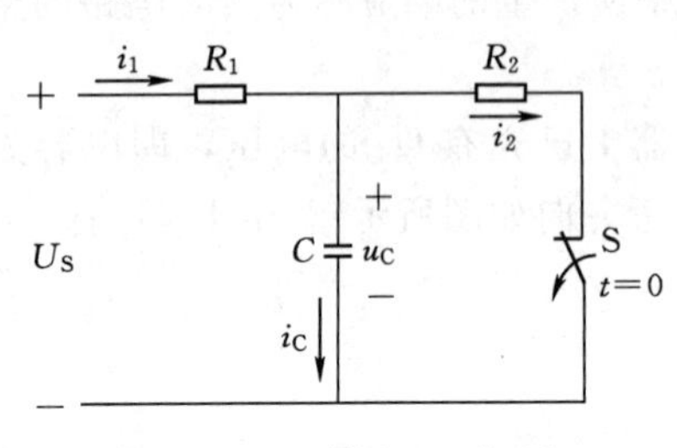

图 4-13　[例 4-6] 图

【例 4-6】 图 4-13 所示电路中，开关 S 断开前电路处于稳态。已知 $U_S=20V$，$R_1=R_2=1k\Omega$，$C=1\mu F$。求开关打开后，u_C 和 i_C 的解析式，并画出其曲线。

解： 选定各电流电压的参考方向如图 4-13 所示。

因为换路前电容上电流 $i_C(0_-)=0$，故有

$$i_1(0\_)=i_2(0\_)=\frac{U_S}{R_1+R_2}=\frac{20}{10^3+10^3}=10\times10^{-3}(A)=10(mA)$$

换路前电容上电压为

$$u_C(0_-)=i_2(0_-)R_2=10\times10^{-3}\times1\times10^3=10(V)$$

即 $U_0=10V$。

由于 $U_0<U_S$，因此换路后电容将继续充电，其充电时间常数为

$$\tau=R_1C=1\times10^3\times1\times10^{-6}=10^{-3}(s)=1(ms)$$

将上述数据代入式（4-21）得

$$u_C=U_S+(U_0-U_S)e^{-\frac{t}{\tau}}=20+(10-20)e^{-\frac{t}{10^{-3}}}=20-10e^{-1000t}(V)$$

$$=0.01e^{-1000t}(A)=10e^{-1000t}(mA)$$

u_C 和 i_C 随时间的变化曲线如图 4-14 所示。

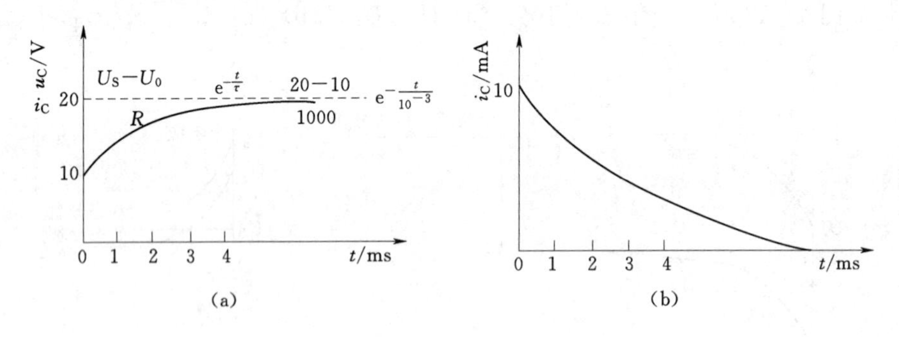

图 4-14　u_C 和 i_C 随时间的变化曲线

知识链接三　一阶电路的三要素法

设 $f(0_+)$ 表示电压或电流的初始值，$f(\infty)$ 表示电压或电流的新稳态值，τ 表示电路的时间常数，$f(t)$ 表示要求解的电压或电流。这样，电路的全响应表达式为

$$f(t)=f(\infty)+[f(0_+)-f(\infty)]e^{-\frac{t}{\tau}} \tag{4-24}$$

将前面学习的 RC、RL 电路各类响应用式（4-24）验证。

三要素法简单易算，特别是求解复杂的一阶电路尤为方便。下面归纳出用三要素法解题的一般步骤：

(1) 画出换路前（$t=0_-$）的等效电路，求出电容电压 $u_C(0_-)$ 或电感电流 $i_L(0_-)$。

(2) 根据换路定律 $u_C(0_+)=u_C(0_-)$，$i_L(0_+)=i_L(0_-)=0$，画出换路瞬间（$t=0_+$）的等效电路，求出响应电流或电压的初始值 $i(0_+)$ 或 $u(0_+)$，即 $f(0_+)$。

(3) 画出 $t=\infty$ 时的稳态等效电路（稳态时电容相当于开路，电感相当于短路），求出稳态下响应电流或电压的稳态值 $i(\infty)$ 或 $u(\infty)$，即 $f(\infty)$。

(4) 求出电路的时间常数 τ。$\tau=RC$ 或 L/R，其中 R 值是换路后断开储能元件 C 或 L，由储能元件两端看进去，用戴维南或诺顿等效电路求得等效内阻。

(5) 根据所求得的三要素，代入式（4-24）即可得响应电流或电压的动态过程表达式。

【例 4-7】 电路如图 4-15（a）所示，已知 $R_1=100\Omega$，$R_2=400\Omega$，$C=125\mu F$，$U_S=200V$，在换路前电容上有电压 $u_C(0_-)=50V$。求 S 闭合后电容电压和电流的变化规律。

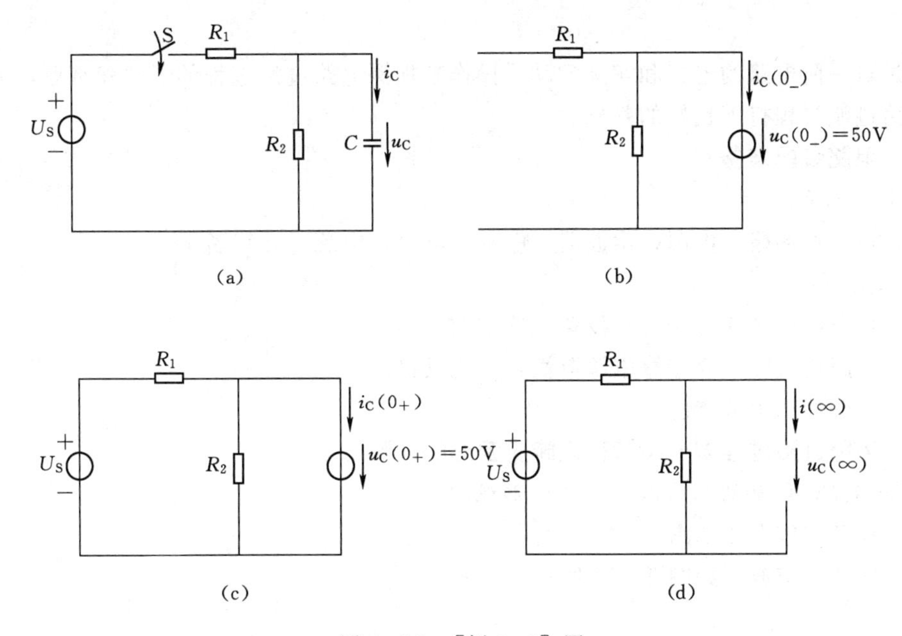

图 4-15 ［例 4-7］图

解： 用三要素法，画 $t=0_-$ 时的等效电路，如图 4-15（b）所示，由题意已知 $u_C(0_-)=50V$；画 $t=0_+$ 时的等效电路，如图 4-15（c）所示。由换路定律可得 $u_C(0_+)=u_C(0_-)=50V$。

(1) 画 $t=\infty$ 时的等效电路，如图 4-15（d）所示。

$$u_C(\infty)=\frac{U_S}{R_1+R_2}R_2=\frac{200}{100+400}\times400=160(V)$$

(2) 求电路时间常数 τ。从图 4-15（d）电路可知，从电容两端看过去的等效电阻除源，电压源视为短路，所以等效电阻为

$$R_0=\frac{R_1R_2}{R_1+R_2}=\frac{100\times400}{100+400}=80(\Omega)$$

于是

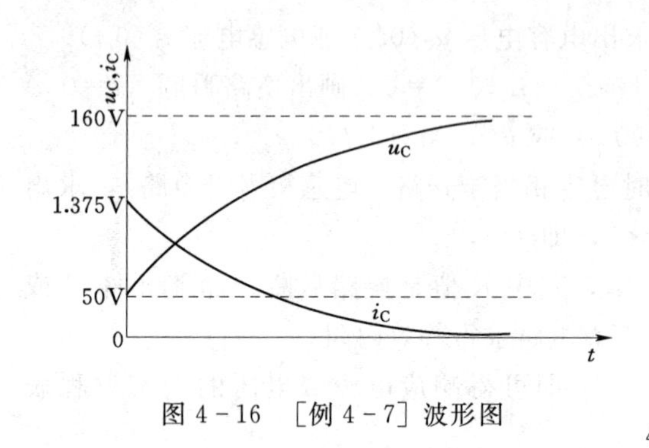

图 4－16　[例 4－7] 波形图

$$\tau=R_0C=80\times125\times10^{-6}=0.01(\text{s})$$

(3) 由公式得

$$u_C(t)=u_C(\infty)+[u_C(0_+)-u_C(\infty)]$$
$$=160+(50-160)\text{e}^{-\frac{1}{0.01}}$$
$$=160-110\text{e}^{-100t}(\text{V})$$
$$i_C(t)=C\frac{\text{d}u(c)}{\text{d}t}=1.375\text{e}^{-100}(\text{A})$$

画出 $u_C(t)$ 和 $i_C(t)$ 的变化规律，如图 4－16所示。

任务实施　电路过渡过程的观测

通过对一阶电路的连接和实际的动手操作来加深电路过渡过程的了解和掌握，为全面掌握电路过渡过程打下良好的基础。

一、电路装配准备

1. 仪器设备

面包板、可调稳压电源、示波器、电阻、电容、电感、导线若干。

2. 注意事项

(1) 任务实施之前应先检查设备、器材的好坏。

(2) 电路连接时，要注意电源极性，避免反接。

(3) 正确使用示波器。

二、电路过渡过程中一阶零输入响应波形的观测

1. 一阶 RC 电路的零输入响应的波形观测

(1) 任务实施电路如图 4－4 所示。

(2) 任务实施波形如图 4－17 所示。

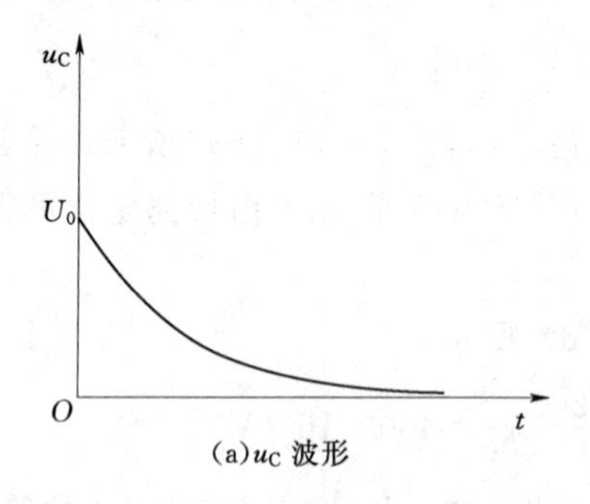

(a)u_C 波形

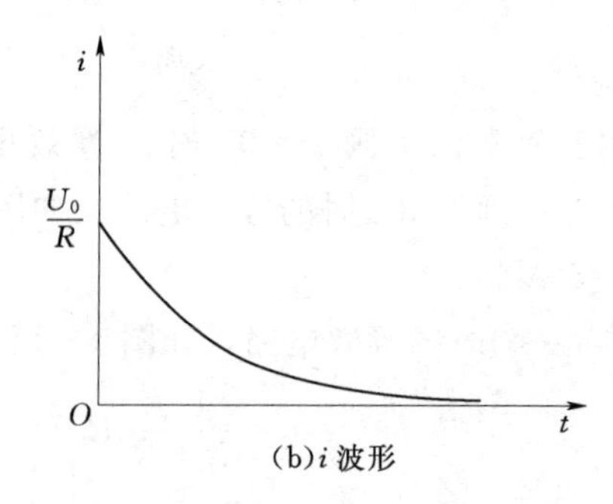

(b)i 波形

图 4－17　一阶 RC 电路的零输入响应波形

从图 4－17 可见，电容上电压 $u_C(t)$、电路中电流 $i(t)$ 都是按同样的指数规律衰减的。

理论上要 $t=\infty$才停止。令 $\tau=RC$，当 R 的单位为 Ω，C 的单位为 F 时，则 τ 的单位

是 s。τ 的数值大小反映了电路过渡过程的快慢，故把 τ 称为 RC 电路的时间常数。

$t=0_-$ 时，$u_C=U_0$，$i\leqslant 0$；$t=0_+$ 时，$u_C=U_0$，$i=U_0/R$。

换路时，u_C 没有跃变，i 发生了跃变。

为了研究过渡过程与时间常数 τ 之间的关系，将不同时刻电容电压 u_C 和电流 i 的数值列表，见表 4-1。

表 4-1　　电容电压及电流随时间变化的规律

时　间	参　　数		
t	$e^{-\frac{t}{\tau}}$	u_C	i
0	$e^0=1$	U_0	$\frac{U_0}{R}$
τ	$e^{-1}=0.368$	$0.368U_0$	$0.368\frac{U_0}{R}$
2τ	$e^{-2}=0.135$	$0.135U_0$	$0.135\frac{U_0}{R}$
3τ	$e^{-3}=0.050$	$0.050U_0$	$0.050\frac{U_0}{R}$
4τ	$e^{-4}=0.018$	$0.018U_0$	$0.018\frac{U_0}{R}$
5τ	$e^{-5}=0.007$	$0.007U_0$	$0.007\frac{U_0}{R}$
⋮	⋮	⋮	⋮
∞	$e^{-\infty}$	0	0

由表 4-1 可知，时间常数 τ 是电容器上的电压（或电感中的电流）衰减到原来值的 36.8%所需的时间。当 $t=3\tau$ 时，电压（或电流）只有原来值的 5%。一般当 $t=(3\sim5)\tau$ 时，就可以认为过渡过程基本结束了。

时间常数 $\tau=RC$ 仅由电路的参数决定。在一定的 U_0 下，当 R 越大时，电路放电电流就越小，放电时间就越长；当 C 越大时，储存的电荷就越多，放电时间就越长。实际中常合理选择 RC 的值来控制放电时间的长短。

2. 一阶 RL 电路的零输入响应的波形观测

（1）任务实施电路如图 4-5 所示。

（2）任务实施波形如图 4-18 所示。

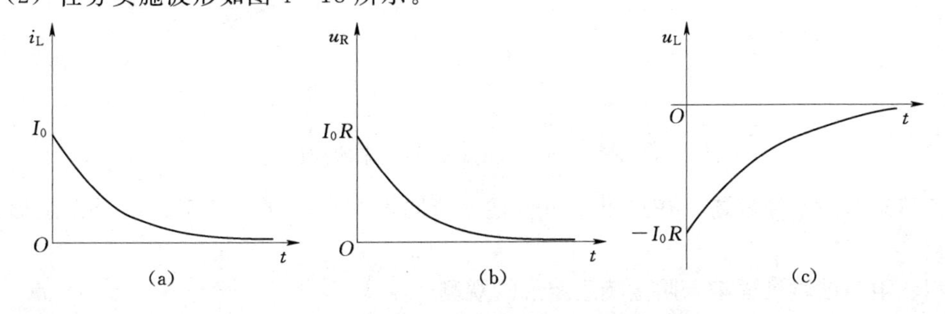

图 4-18　一阶 RL 电路的零输入响应波形

图 4-18 中的电压、电流变化规律与图所示的 RC 电路一样，也是按指数规律变化的。同样，$\tau=L/R$ 反映了过渡过程进行的快慢。τ 越大，电感电流变化越慢，反之越快。$t=0_-$ 时，$i_L=I_0$，$u_R=I_0R$，$u_L=0$；$t=0_+$ 时，$i_L=I_0$，$u_R=I_0R$，$u_L=-I_0R$，即换路时，i_L、u_R 没有发生跃变，u_L 发生了跃变。由以上分析可知：

（1）一阶电路的零输入响应都是按指数规律随时间变化而衰减到零的，这反映了在没有电源作用的情况下，动态元件的初始储能逐渐被电阻值耗掉的物理过程。电容电压或电感电流从一定值减小到零的全过程就是电路的过渡过程。

（2）零输入响应取决于电路的初始状态和电路的时间常数。

三、电路过渡过程中一阶零状态响应波形的观测

1. 一阶 RC 电路的零状态响应的波形观测

（1）任务实施电路如图 4-6 所示。

（2）任务实施波形如图 4-19 所示。

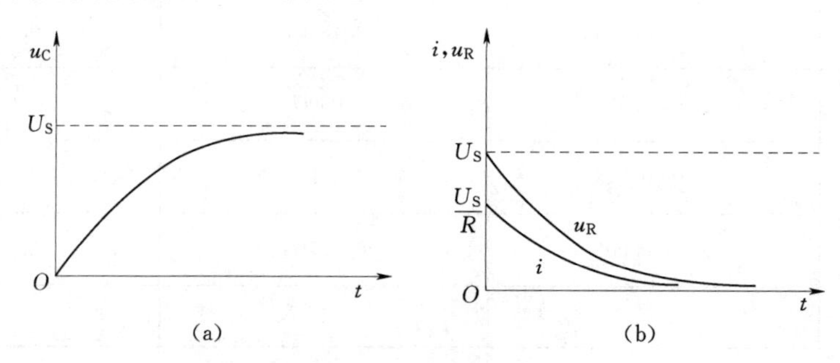

图 4-19　一阶 RC 电路的零状态响应曲线

其结论前面已经叙述，在这里不再赘述，请同学们自己在任务实施中分析波形得出结论。

2. 一阶 RL 电路的零状态响应的波形观测

（1）任务实施电路如图 4-8 所示。

（2）任务实施波形如图 4-20 所示。

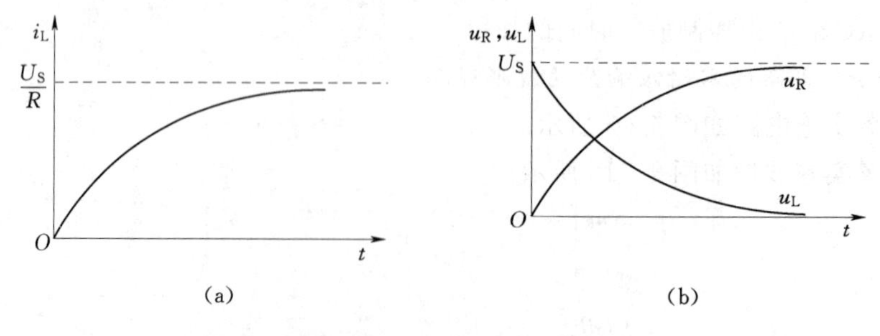

图 4-20　一阶 RL 电路的零状态响应曲线

其结论前面已经叙述，在这里不再赘述，请同学们自己在任务实施中分析波形得出结论。

四、电路过渡过程中一阶全响应波形的观测

一阶全响应波形的观测。

(1) 任务实施电路如图 4-11 所示。

(2) 任务实施波形如图 4-21 所示。

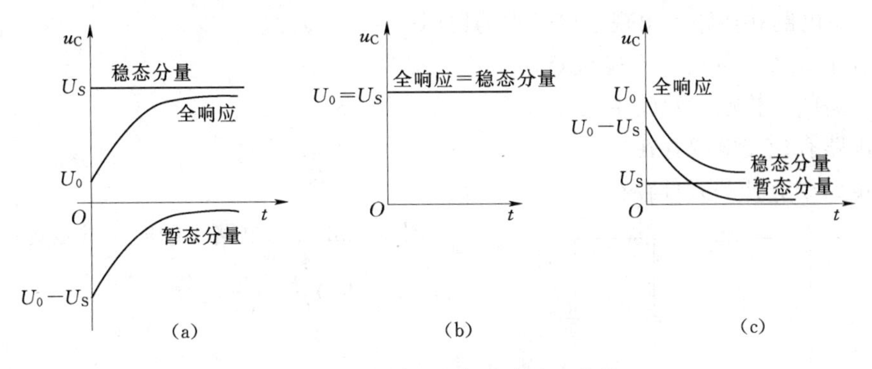

图 4-21　一阶 *RC* 电路全响应曲线

其结论前面已经叙述，在这里不再赘述，请同学们自己在任务实施中分析波形得出结论。

任务评价

考核评价表见表 4-2。

表 4-2　　**考 核 评 价 表**

考核项目	考　核　内　容	考核方式	百分比
态度	(1) 能按照现场管理要求（整理、整顿、清扫、清洁、素养、安全、环保、节约）安全文明生产。 (2) 认真整理并按照配线工艺完成安装任务。 (3) 具有团队合作精神，具有一定的组织协调能力	学生自评+学生互评+教师评价	30%
技能	(1) 熟练使用常用的电工工具仪器仪表。 (2) 与团队协作完成过渡过程电路的组装。 (3) 会查找相关资料。 (4) 会撰写任务报告	教师评价+学生互评+学生自评	40%
知识	(1) 掌握示波器的基本知识。 (2) 掌握电工操作安全知识。 (3) 掌握配线路安装的基本知识	教师评价	30%

训 练 题 集 四

一、选择题

1. 由于线性电路具有叠加性，所以（　　）。

A. 电路的全响应与激励成正比

B. 响应的暂态分量与激励成正比

C. 电路的零状态响应与激励成正比

D. 初始值与激励成正比

2. 动态电路在换路后出现过渡过程的原因是（　　）。

A. 储能元件中的能量不能跃变

B. 电路的结构或参数发生变化

C. 电路有独立电源存在

D. 电路中有开关元件存在

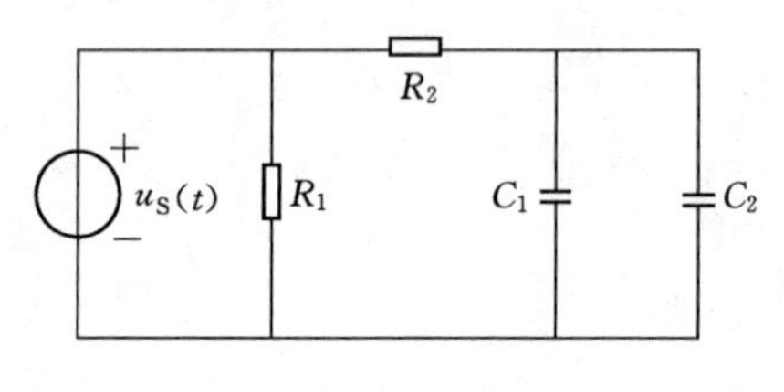

图 4－22　选择题 3 图

3. 图 4－22 所示电路中的时间常数为（　　）。

A. $(R_1+R_2)\dfrac{C_1C_2}{C_1+C_2}$

B. $R_2\dfrac{C_1C_2}{C_1+C_2}$

C. $R_2(C_1+C_2)$

D. $(R_1+R_2)(C_1+C_2)$

4. 图 4－23 所示电路中，换路后时间常数最大的电路是（　　）。

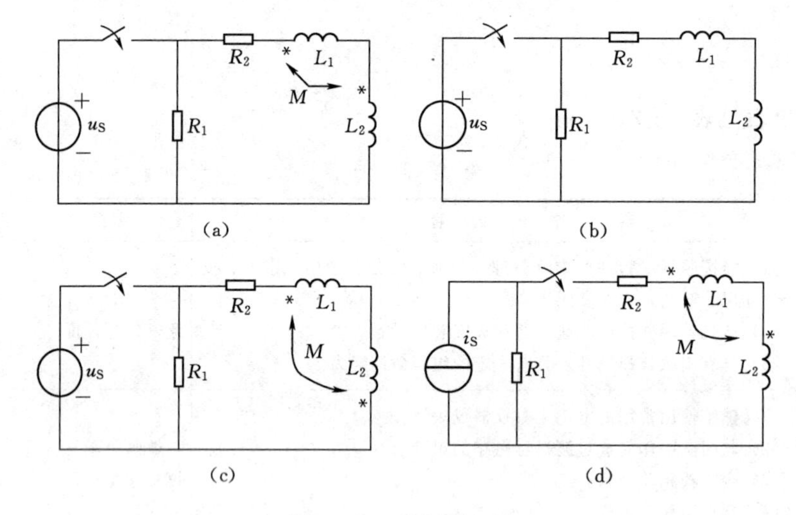

图 4－23　选择题 4 图

5. RC 一阶电路的全响应 $u_C=(10-6e^{-10t})$V，若初始状态不变而输入增加一倍，则全响应 u_C 变为（　　）。

A. $20-12e^{-10t}$　　B. $20-6e^{-10t}$

C. $10-12e^{-10t}$　　D. $20-16e^{-10t}$

二、判断题

1. 电容器的电压不能突变。（　　）

2. 零输入响应是指动态电路在输入信号为零时的响应。（　　）

3. 电感元件的电压、电流的初始值可由换路定律确定。（　　）

4. 电路在换路后，若无独立源作用时，则电路中所有的响应均为零。（　　）

5. 电路的时间常数大小，反映了动态电路过渡过程进行的快慢。（　　）

6. RC 串联电路接到直流电压源时电容充电，此响应为零状态响应。（　　）

7. 动态电路的全响应的三要素是指初始值、稳态值、时间常数。（　　）

三、分析计算题

1. 图 4-24 所示电路，电容开始未充电，$U_S=100V$，$R=500\Omega$，$C=10\mu F$。$t=0$ 时开关 S 闭合，求：

（1）$t=0_+$ 时的 u_C 和 i；

（2）u_C 达到 80V 所需时间。

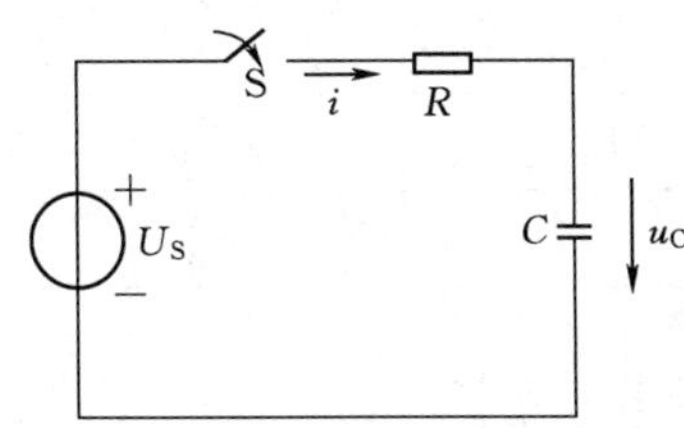

图 4-24　分析计算题 1 图

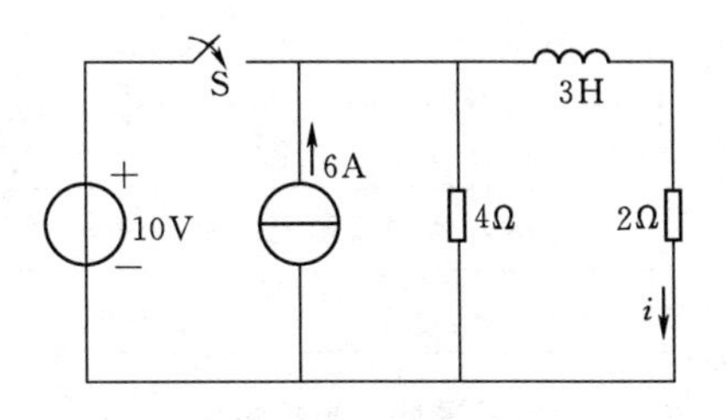

图 4-25　分析计算题 2 图

2. 图 4-25 所示电路，开关 S 在 $t=0$ 时刻闭合，开关动作前电路已处于稳态，求 $t=0_+$ 时的 $i(t)$。

3. 图 4-26 所示电路，开关 S 在 $t=0$ 时刻从 a 掷向 b，开关动作前电路已处于稳态。求 $i_L(t)$ 和 $i_1(t)$ 的初始值。

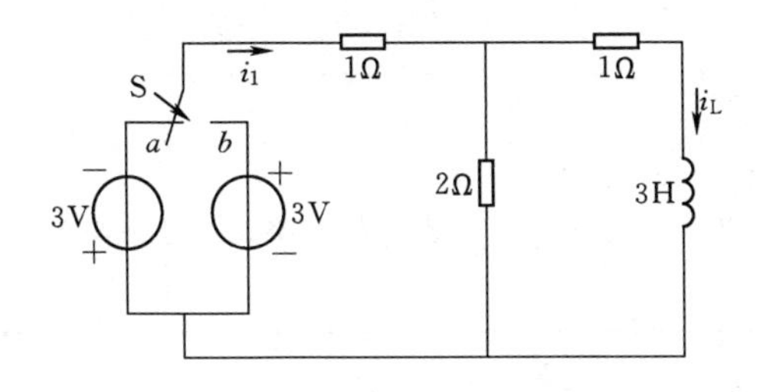

图 4-26　分析计算题 3 图

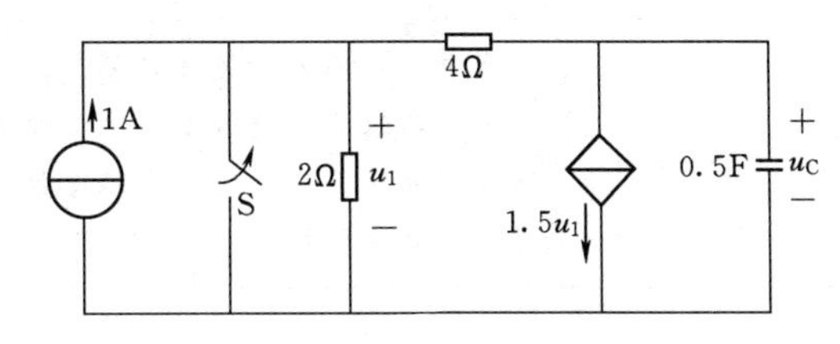

图 4-27　分析计算题 4 图

4. 图 4-27 所示电路，开关 S 在 $t=0$ 时刻打开，开关动作前电路已处于稳态。求 $t=0_+$ 时的 $u_C(t)$。

5. 图 4-28 所示电路，$t=0$ 时开关 S_1 闭合、S_2 打开，$t<0$ 时电路已达稳态，求 $t\geqslant 0_+$ 时的电流 $i(t)$。

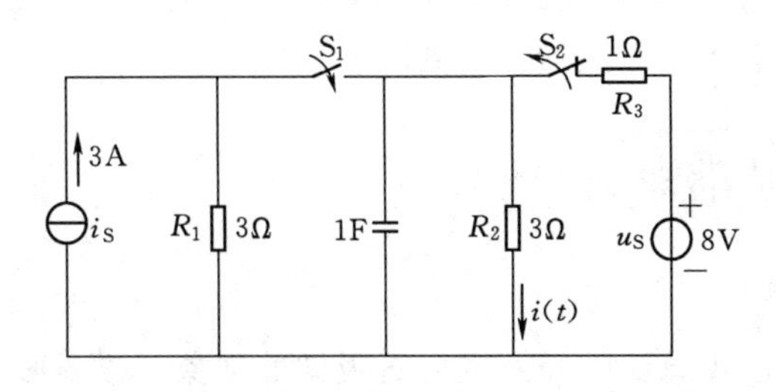

图 4-28　分析计算题 5 图

项目五　磁路与铁心线圈电路的应用与测试

任务导入

<table>
<tr><td>学习领域</td><td colspan="3">电工应用技术</td></tr>
<tr><td>项目五</td><td>磁路与铁心线圈电路的应用与测试</td><td>学时</td><td>8</td></tr>
<tr><td colspan="4">任　务　布　置</td></tr>
<tr><td>任务描述</td><td colspan="3">(1) 掌握磁场的基础知识。
(2) 掌握铁磁材料的特点。
(3) 掌握电磁铁、仪用互感器和变压器的结构、原理、测试</td></tr>
<tr><td>知识目标</td><td colspan="3">(1) 了解磁场基本物理量。
(2) 掌握铁磁材料的磁滞回线、磁性能。
(3) 掌握变压器的变电压、变电流、变阻抗原理</td></tr>
<tr><td>技能目标</td><td colspan="3">(1) 完成电流互感器的接线与调试。
(2) 利用仪器仪表可进行电路主要参数指标的测试。
(3) 通过任务实施后，达到元器件合理放置。走线横平竖直，接线牢固，可利用仪表排除常见电路故障的水平</td></tr>
</table>

任务资讯

随着现代科学技术水平的不断提高，电磁感应现象的应用越来越多，生活中有很多东西都是利用电磁感应原理制成的，如电磁炉等。现代高速运行的交通工具磁悬浮列车，在其悬浮系统上、推进系统和导向系统都要应用电磁感应原理。因此，电磁现象的基础知识有如电专业学生学习各个知识领域的“钥匙”。

知识链接一　磁的基础知识

一、电流的磁场

早在公元前 3 世纪，我国就已经发现磁石吸铁的现象。磁石吸铁的性质称为磁性。具有磁性的材料被称为磁性材料，通常所说的磁铁就是一种具有磁性的材料。

一切磁现象都源于电流，永久磁铁的磁性起源是分子环流。组成一切物质的分子是一

个个的小环形电流，物质被磁化后，分子环流规则排列，从而对外产生磁场。磁场方向规定为：磁场中任一点小磁针静止时的 N 极在所指的方向。在研究磁场时引入磁力线来形象描绘磁场分布，磁力线任一点的切线方向为该点的磁场方向。

1. 磁场的特性

(1) 磁场对处在场内的另一载流导体或铁磁物质有力的作用，并能在对磁场做相对运动导体中产生感应电动势。

(2) 磁场具有能量。

2. 通电直导线和通电线圈的磁场

对载流导线所激发的磁场，电流及其磁场之间的方向关系，可用右手螺旋法则来判断，载流直导体磁场判别，如图 5-1 (a) 所示，即将右手大拇指指向电流方向，而弯曲的四指指向就是磁场方向。

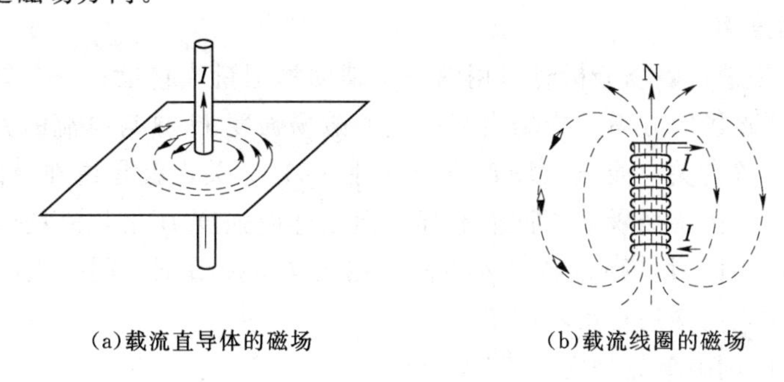

(a)载流直导体的磁场　　(b)载流线圈的磁场

图 5-1　电流与磁场方向关系

载流线圈的磁场判别如图 5-1 (b) 所示，右手握住线圈使弯曲的四指指向与线圈中电流的方向一致，则拇指指向是线圈内的磁场方向。规定磁力线从线圈出来一端是 N 极，磁力线进入线圈一端为 S 极。

二、磁场的基本物理量

(一) 磁感应强度和磁通

1. 磁感应强度 B

磁感应强度是表示空间内某点磁场强弱与方向的物理量。它是一个矢量，其方向与该点磁感线切线方向一致，与产生该磁场的电流之间的方向关系符合右手螺旋法则。

如果磁场内各点的磁感应强度大小相等、方向相同，则这样的磁场称为均匀磁场。

在国际单位制中，磁感应强度的单位是特斯拉 (T)，也就是韦伯/米^2 (Wb/m^2)，在工程计算中，常采用高斯 (Gs) 作为磁感应强度的单位。

$$1Gs=10^{-4}T \tag{5-1}$$

2. 磁通 Φ

在均匀磁场中，磁感应强度与垂直于磁场方向的面积 A 的乘积称为通过该面积的磁通 Φ，即

$$\Phi=BA \tag{5-2}$$

磁通的国际单位是韦伯 (Wb)，在工程上常用麦克斯韦 (Mx) 作为磁通的单位，

并有

$$1\mathrm{Mx}=10^{-8}\mathrm{Wb} \tag{5-3}$$

(二) 磁导率

磁导率 μ 表示物质的导磁性能，其单位是亨/米（H/m）。在真空中，磁导率 $\mu_0=4\pi\times10^{-7}\mathrm{H/m}$。任何一种物质的磁导率 μ 与真空的磁导率 μ_0 比值，称为该物质相对磁导率 μ_r，即

$$\mu_r=\mu/\mu_0 \tag{5-4}$$

根据导磁性能的好坏，自然界的物质可分为两大类：一类称为磁性材料，如钢、铁、钴等，这类材料的导磁性能好，μ_r 值很大（$\mu_r\geqslant1$）；另一类为非磁性材料，如铜、铝、空气、纸等此类材料的导磁性能差，μ_r 值很小（$\mu_r\approx1$），如空气 $\mu_r=1.000003$。

(三) 磁场强度 ***H***

磁场强度 H 是进行磁场分析时引用的一个辅助物理量，它也是一个矢量，其方向与 B 的方向相同，即磁场的方向。磁场内某一点的磁场强度 H 只与电流的大小、线圈匝数以及该点的几何位置有关，而与磁场媒质的磁性（μ）无关，就是说在一定的电流值下，同一点的磁场强度不因磁场媒质不同而有异。但磁感应强度 B 是与磁场媒质的磁性有关的。当线圈内媒质不同时，则磁导率 μ 不同，在同样电流值下，同一点的磁感应强度 B 的大小不同，线圈内的磁通也就不同了。

磁场强度 H 的国际单位是安/米（A/m）。

$$H=\frac{B}{\mu} \tag{5-5}$$

三、铁磁材料

1. 铁磁材料的磁性能

铁磁材料的磁性来源比较复杂，在铁磁质内原子间的相互作用是非常强烈的，由于这种作用，使铁磁质内部形成一些微小的区域，称为磁畴。各个磁畴有很强的磁性，在不受外磁场的作用时排列的方向是无规则的，整体上不显磁性。当铁磁材料加上外加的磁场后，各个磁畴在外磁场的作用下趋向于沿外磁场方向有规则地排列，就会产生很大的磁场，这个过程叫铁磁材料的磁化。铁磁材料在磁化过程中表现出如下特性：

(1) 高导磁性。铁磁材料的磁导率 μ 在一般情况下很大，具有很强的被磁化特性，它们在外磁场的作用下，能产生远大于外磁场的附加磁场。因此，可以用较小的电流产生较强的磁场，使线圈的体积、重量都大为减小。电机、电气设备都要采用铁心，铁磁材料在电气设备中获得广泛应用。

(2) 剩磁性。铁磁材料经磁化后，若励磁电流降低为零，铁磁材料中仍能保留一定的剩磁。

(3) 磁饱和性。当励磁电流变化时，铁磁材料内的磁感应强度 B 也随着变化，当励磁电流增加到某一值时，磁感应强度 B 值的增加极为缓慢，铁磁材料内的磁感应强度达到饱和值 B_m。

(4) 磁滞性。铁磁材料在大小和方向不断变化的电流作用下进行反复磁化时，B 的变

化滞后电流变化（如当电流减小到零时 $B\neq0$），而且造成能量损失即磁滞损耗。

2. 磁滞回线

铁磁质的相对磁导率 $\mu_r>1$，而且当外磁场改变时，μ_r 还随外磁场强度 H 的改变而变化，所以铁磁质的 B 和 H 的关系是非线性关系，图 5-2 所示为顺磁质 B 与 H 的关系曲线，它们的关系是线性关系；图 5-3 所示为从实验得出的某一铁磁质 B 开始磁化时的 B 与 H 的关系曲线。它们的关系是非线性关系。从磁化曲线还可以看出，当外磁场强度达到一定值时，磁介质的磁感强度逐渐逼近极大值 B_m，即磁化达到饱和的程度，通常 B_m 称为饱和磁感应强度。

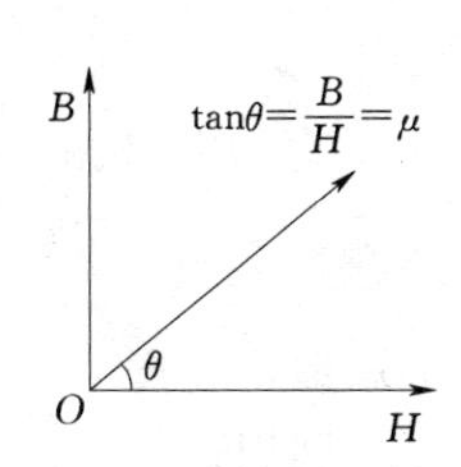

图 5-2　顺磁质 B 与 H 的关系曲线

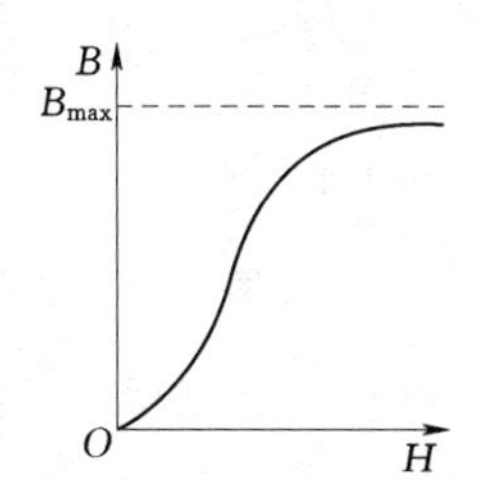

图 5-3　铁磁质 B 与 H 的关系曲线

如图 5-4 所示，当磁场强度从零增加到 H_m 时，磁感应强度沿 Oa 增加到 B_m；当磁场强度逐渐减小时，磁感应强度 B 并不沿起始曲线返回，而是沿着 ab 曲线缓慢地减小，而且也不下降到零，而是保留一定的大小磁性。这说明磁性材料内部已经排齐的磁畴不会完全恢复到磁化前杂乱无章的状态，这部分剩留的磁性称为剩磁，用 B_r 表示（图 5-4）。为了消除剩磁，必须加反磁场。随着反向磁场的增加，B 逐渐减小，当 $H=-H_c$ 时，B 等于零，它表示铁磁质的剩磁消失了，铁磁质不再显现磁性。H_c 的大小称为矫顽磁力，它表示磁性材料反抗退磁的能力。

H_c 的大小反映铁磁材料保存剩磁状态的能力。如继续增强反方向的磁场，铁磁质又可被反向磁化达到反方向的饱和状态，即到 d 点。以后再逐渐减小反方向磁场，B 和 H 的关系将沿 de 曲线变化。在磁性材料反复磁化的过程中，磁感应强度的变化总是落后于磁场强度的变化，这种现象称为磁滞现象，图 5-4 所示的封闭曲线称为磁滞回线。

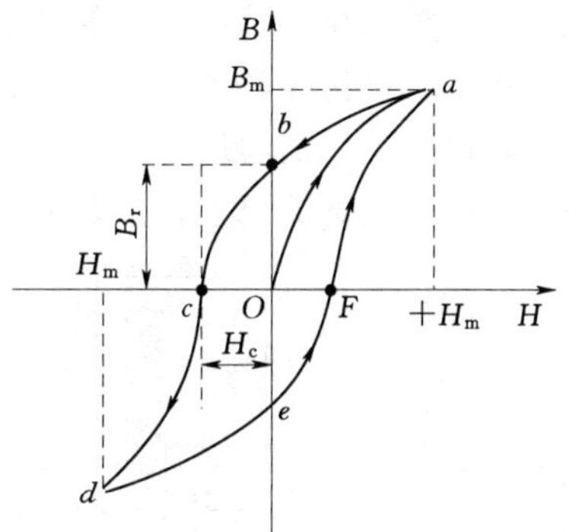

图 5-4　磁滞回线

3. 铁磁材料的分类

根据铁磁质磁滞特性的差异，在工程中把它们分为软磁材料（软铁）和硬磁材料（硬铁）等。图 5-5 所示为三种不同铁磁材料的磁滞回线，其中软磁材料的面积最小，由于它的矫顽力很小，所以很容易去磁；硬磁性材料矫顽力较大，剩磁也较大；而铁氧体材料的磁滞回线则近似于矩形，亦称矩磁材料。

（1）软磁材料。剩磁、磁滞损耗均较小，其磁滞回线如图 5-5（a）所示。常用的软磁材料有硅钢片（电工钢）、铸钢和铸铁，是变压器、电机和交流电磁铁的重要导磁材料。

（2）硬磁材料。剩磁、磁滞损耗均较大，其磁滞回线如图 5－5（b）所示。硬磁材料被磁化后，能得到很强的剩磁，而不易退磁。这类材料适用于制造永久磁铁。常用的硬磁材料有钨钢、铝镍合金等。

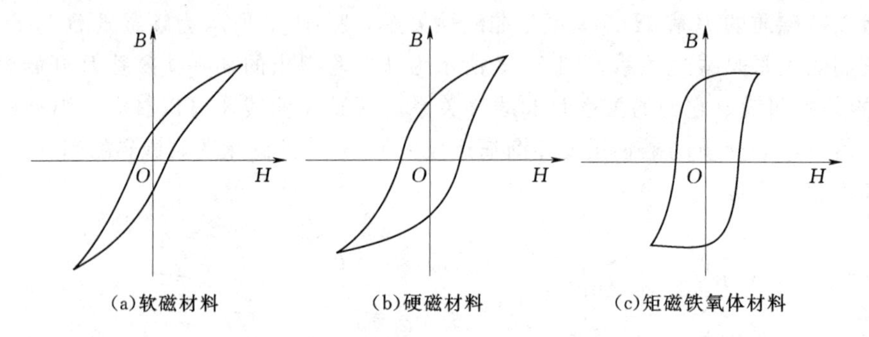

图 5－5　三种不同铁磁材料的磁滞回线

（3）矩磁铁氧体材料。矩磁材料的磁滞回线近似于矩形，如图 5－5（c）所示。它不仅具有高磁导率、高电阻率，并且其磁质特性特别显著。利用这一特性，铁氧体还可制成计算机中的记忆元件。

利用铁磁质的非线性特性，可制成各种非线性磁性元件和设备。如铁磁稳压器、铁磁功率放大器、无触点继电器等。

知识链接二　电磁铁

一、电磁铁的作用和分类

电磁铁是利用通电线圈在铁心里产生磁场来吸引衔铁（动铁心）动作的机构。电磁铁主要由线圈、铁心及衔铁三部分组成。它通常有如图 5－6 所示的几种结构型式。衔铁的动作可使其他机械装置发生联动。当电源断开时，电磁铁的磁性随着消失，衔铁或其他零件被释放。工业上利用电磁铁完成起重、制动、吸持及开闭等机械动作。在自动控制系统中经常利用电磁铁附上触头及相应部件做成各种继电器、接触器、调整器及驱动器。

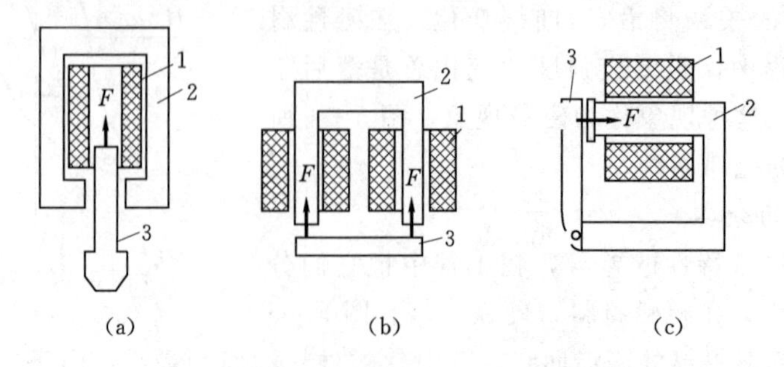

图 5－6　电磁铁的几种型式

1—线圈；2—铁心；3—衔铁

电磁铁可分为直流电磁铁和交流电磁铁。在直流电磁铁中，铁心是用整块软钢制成的，而交流电磁铁中，为了减小铁损（磁滞损失和涡流损失），它的铁心是由硅钢片叠

成的。

（1）在直流电磁铁中，铁心是用整块软钢制成的，直流电磁铁一般使用24V直流电压，因此需要专用直流电源。其优点是不会因铁心卡住而烧坏（其圆筒形外壳上没有散热筋），体积小，工作可靠，允许切换频率为120次/min，换向冲击小，使用寿命较长。但启动力比交流电磁铁小。而交流电磁铁中，为了减小铁损（磁滞损失和涡流损失），它的铁心是由硅钢片叠成的，阀用交流电磁铁的使用电压一般为交流220V，电气线路配置简单。

（2）交流电磁铁启动力矩较大，换向时间短，但换向冲击大，工作时温升高（外壳设有散热筋）；当阀心卡住时，电磁铁因电流过大易烧坏，可靠性较差，所以切换频率不允许超过30次/min，寿命较短。

二、电磁铁的工作原理

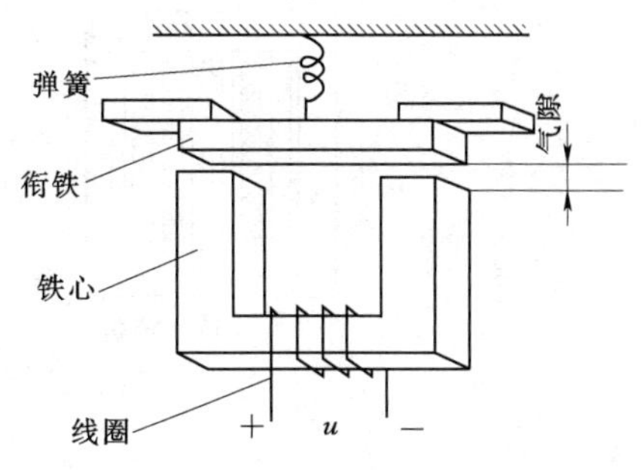

图5－7　电磁铁工作原理图

如图5－7所示，当线圈通电后，铁心和衔铁被磁化，成为极性相反的两块磁铁，它们之间产生电磁吸力。当吸力大于弹簧的反作用力时，衔铁开始向着铁心方向运动。当线圈中的电流小于某一定值或中断供电时，电磁吸力小于弹簧的反作用力，衔铁将在反作用力的作用下返回原来的释放位置。电磁铁是利用载流铁心线圈产生的电磁吸力来操纵机械装置，以完成预期动作的一种电器。它是将电能转换为机械能的一种电磁元件。电磁铁铁心和衔铁一般用软磁材料制成。铁心一般是静止的，线圈总是装在铁心上。开关电器的电磁铁的衔铁上还装有弹簧。

知识链接三　仪用互感器和变压器

仪用互感器是电工测量中经常使用的一种专用双绕组变压器，它比一般变压器能更准确地按一定比例变换电压和电流，可用来扩大测量仪表和使测量仪表与高压电路隔离，以保证工作人员安全。仪用互感器按用途不同分为电压互感器和电流互感器两种。以下先分析变压器相关知识，重点讲解电流互感器内容。

一、变压器的基本构造

变压器的主要部件是铁心和绕组。铁心由若干层涂有绝缘漆的硅钢片叠成，绕在铁心上的线圈称作绕组。根据铁心与绕组的安装位置可将变压器分为心式和壳式两种。心式变压器的绕组套在两侧的铁柱上，如图5－8所示。壳式变压器的绕组则只绕在中间的铁心柱上，如图5－9所示。电力变压器多采用心式，小型变压器多采用壳式。

变压器绕组可分为同心式和交叠式两类。同心式绕组的高、低压绕组同心地套在铁心柱上，为便于绝缘，一般低压绕组靠近铁心，如图5－8所示。同心式绕组结构简单，制造简单，国产变压器均采用这种结构。交叠式绕组都制成饼型，高、低压绕组上下交叠放置。主要用于电焊、电炉等变压器中。

变压器运行时会发热，为了防止变压器温度过高而烧坏，必须采取冷却散热措施。按

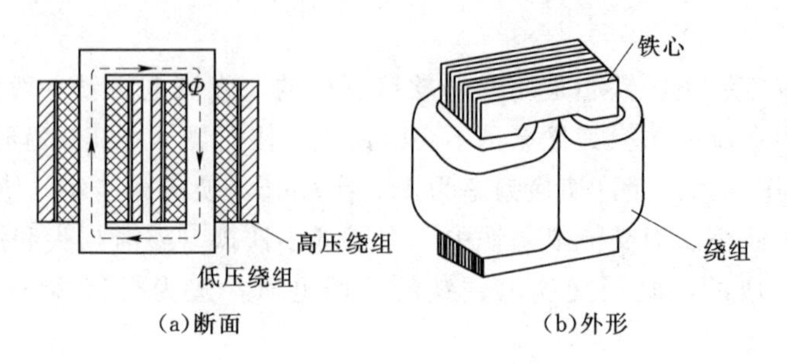

图 5-8　心式变压器

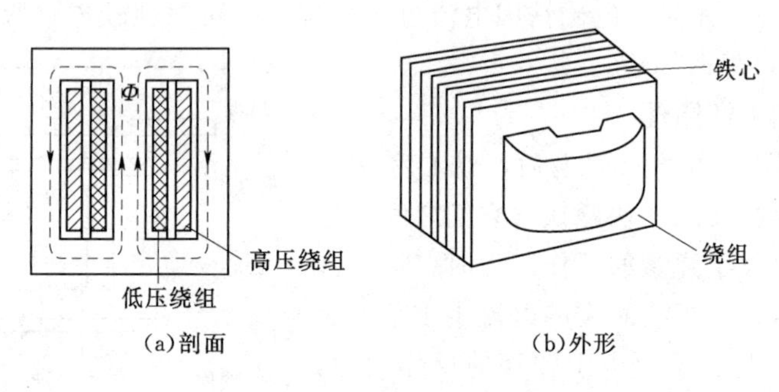

图 5-9　壳式变压器

冷却方式，变压器可分为自冷式和油冷式两种。小型变压器采用自冷式，即在空气中自燃冷却。容量较大的变压器多采用油冷式，如图 5-10（a）、（b）所示，即把变压器的铁心和绕组全部浸在油箱中。为了容易散热，大型电力变压器常在箱壁上焊有散热管，不但增加散热面，而且使油经过管子循环流动。加强油的对流作用以促进变压器的冷却。

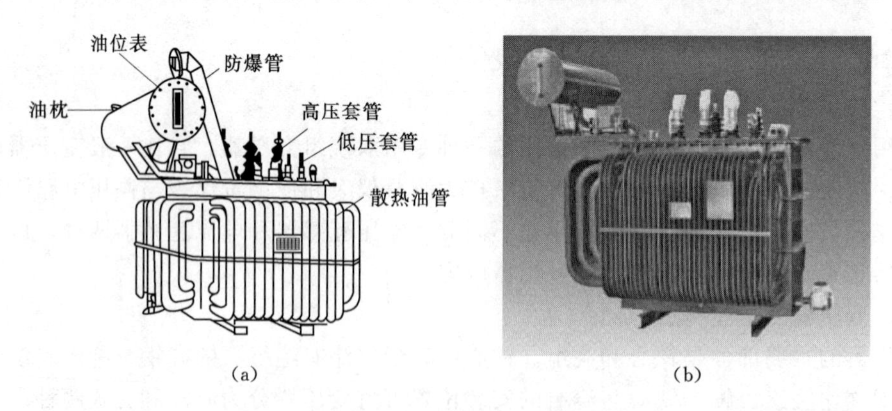

图 5-10　三相油冷式变压器的外形

二、变压器的工作原理

变压器从电源输入电能的绕组称为一次绕组或初级绕组。向负载输出电能的绕组称为二次绕组或次级绕组。电路图中变压器的符号如图 5-11 所示。

1. 变压器变换电压的作用

如图 5-12 所示为单相变压器运行时的原理图。为了便于分析，将匝数为 N_1 的初级绕组和匝数为 N_2 的次级绕组分别画在闭合铁心的两个柱子上。

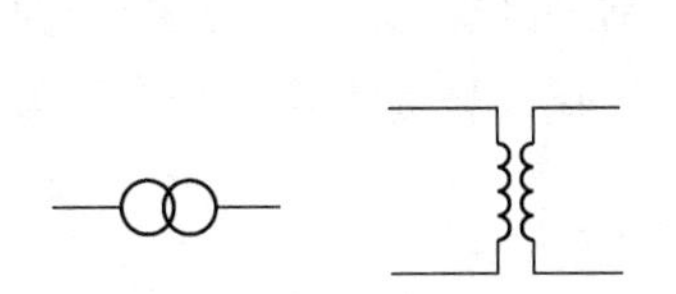

图 5-11　变压器的符号图

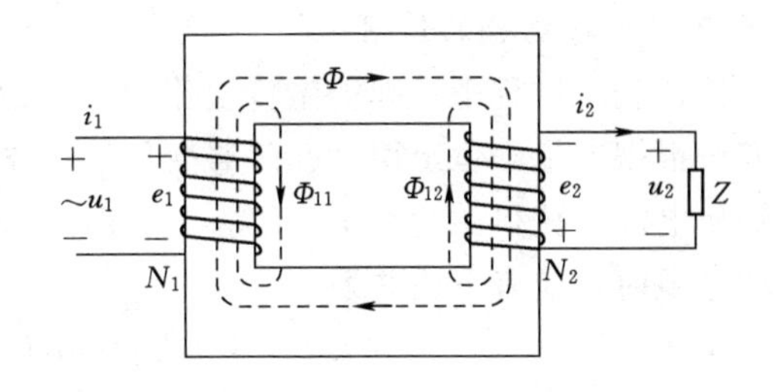

图 5-12　变压器的运行原理

初级绕组的两端加上交流电压 u_1 时，便有交流电流 i_1 通过初级绕组，在它的作用下产生交变磁通。因为铁心的磁导率比空气的大得多，绝大部分磁通沿铁心而闭合，它既与初级绕组交链，又与次级绕组交链，称为主磁通 Φ（或称为工作磁通）。此外还有很少一部分磁通，在穿过原绕组后就沿附近的空间而闭合，如图 5-12 所示中的 Φ_{11}，这部分磁通称为漏磁通。漏磁通一般很少，为了使问题简化可以略去不计。

主磁通 Φ 在原、副绕组中分别感应出电动势 e_1 与 e_2，则有

$$e_1=-N\frac{\Delta\phi}{\Delta t},e_2=-N_2\frac{\Delta\phi}{\Delta t} \tag{5-6}$$

由此可得：

$$\frac{e_1}{e_2}=\frac{N_1}{N_2} \tag{5-7}$$

当只考虑其有效值时有

$$\frac{E_1}{E_2}=\frac{N_1}{N_2} \tag{5-8}$$

即初、次级绕组的电动势之比等于初、次级绕组匝数之比。

由于初级绕组的电阻很小，它的电阻压降可忽略不计，则 e_1 近似与外加电压 u_1 相平衡。若只考虑其有效值，则有 $U_1=E_1$。而次级绕组相当于一个电源，在 e_2 作用下两端的电压 u_2 近似与 e_2 相等。即 $U_2=E_2$，于是有

$$\frac{U_1}{U_2}=\frac{E_1}{E_1}=\frac{N_1}{N_2}=K \tag{5-9}$$

式（5-9）说明变压器原、副绕组端电压之比等于电动势之比，也就等于初、次级绕组匝数之比。

式（5-9）可以写成，$U_1=KU_2$，当 $K>1$ 时，$U_2<U_1$，是降压变压器；当 $K<1$ 时，$U_2>U_1$，是升压变压器。

【例 5-1】　某型号汽车点火线圈，初级绕组的匝数为 330 匝，次级绕组的匝数为 26070 匝。试求其匝数比。若初级绕组所加电压为 12V，则次级绕组将产生多大的电压？这是升压变压器还是降压变压器？

解：

$$K=\frac{N_1}{N_2}=\frac{330}{26070}=\frac{1}{79}$$

$$U_2=U_1\frac{1}{K}=12\times79=948(\text{V})$$

所以该点火线圈为升压变压器。

2. 变压器变换电流的作用

变压器在变压过程中只起能量传递作用，无论变换后的电压是升高还是降低，电能都不会改变。根据能量守恒定律，在忽略变压器内部能量损耗时，变压器的输出功率 P_2 应与变压器从电源中获得的功率 P_1 相等，即 $P_2 = P_1$。于是当变压器只有一个次级绕组且负载为纯电阻时，应有下述关系

$$I_1U_1 = I_2U_2 \tag{5-10}$$

或

$$\frac{I_1}{I_2}=\frac{U_2}{U_1}=\frac{N_2}{N_1}=\frac{1}{L} \tag{5-11}$$

式（5－11）说明，变压器工作时，初、次级绕组的电流之比近似与绕组匝数成反比。这说明变压器有变流的作用。

由以上分析可知，变压器负载加大（即 I_2 增加）时，初级电流 I_1 必然相应增加。电能经变压器从初级电路传递到次级电路。

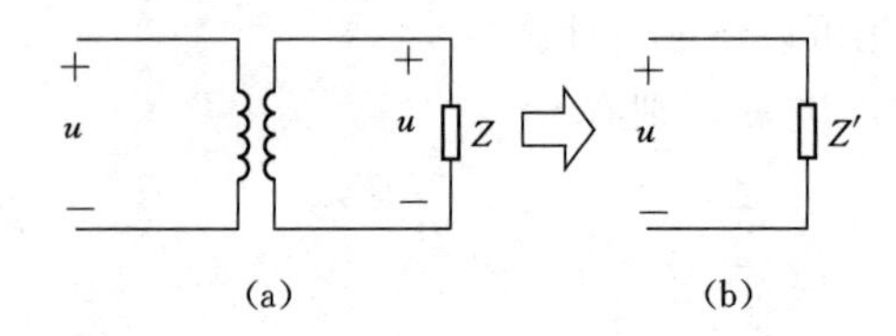

图 5－13　变压器阻抗变换等效电路

3. 变压器变换阻抗的作用

变压器除有变压和变流的作用外，还可以实现阻抗的变换。设在变压器的次级接入阻抗 Z，那么在初级看来，这个阻抗相当于多少呢？图 5－13（a）所示变压器及阻抗 Z 对电源 u_1 的作用，可用图 5－13（b）的 Z' 等效表示。则有

$$Z'=\frac{U_1}{I_1}=\frac{KU_2}{K^{-1}I_2}=K^2 \tag{5-12}$$

式（5－12）说明，变压器次级的负载阻抗 Z 反映到初级的阻抗值 Z' 近似为 Z 的 K_2 倍。这就是变压器变换阻抗的作用。

例如，把一个 8Ω 的负载电阻接到 $K=3$ 的变压器次级，折算到初级的 $R' = 3^2 \times 8 = 72\Omega$。可见，选用不同的变比，就可把负载阻抗变换成为等效二端网络所需要的阻抗值，使负载获得最大功率。这种做法称为阻抗匹配，在广播设备中常用到。

三、电流互感器

电流互感器的工作原理与变压器一样，也是基于电磁感应原理。只是其原边与被测线路串联流过较大的电流，其副边与交流电流表的电流线圈、功率表的电流线圈等串联（图 5－14）。由于这些仪表的电流线圈的电阻都很小，一般可忽略不计，故电流互感器可看成是一只工作在短路状态下的特殊的双绕组变压器。

电流互感器原、副边的电流与原、副边的绕组的匝数成反比，即

$$\frac{I_1}{I_2}=\frac{N_2}{N_1}=K$$

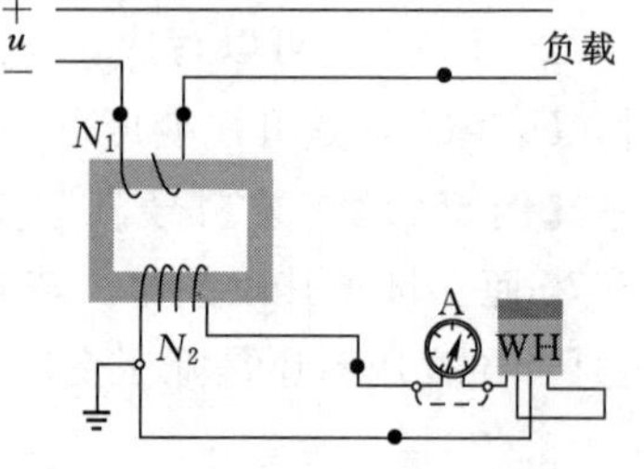

图 5－14　电流互感器接线图

式中　K——变流比或电流比，也称变比。

通过选择适当变流比的电流互感器，就可将原边的大电流变为副边的小电流，然后用小量程的电流表测出副边的电流，即可得知原边的大电流值。

从结构上看，电流互感器的原边匝数很少。工程上往往采用穿心式电流互感器，即原边的导线穿过铁芯即可。这时原边的绕阻可看成是只有一匝，而副边绕组的匝数却很多。工程上，电流互感器原边额定电流范围可为5～25000A，而副边额定电流额定为5A。按照不同的变比和误差，电流互感器分为0.2、0.5、1.0、3.0和10等互级。

在使用电流互感器时要特别注意以下几点：

（1）电流互感器的副边绝对不允许开路，否则在副边绕组两端会产生几千伏甚至几万伏的高压，将危及设备及人身安全。工程上，常在副电绕组两端并接有开关K，以便在必要时（如拆修副边仪表等）将副边短接。

（2）副边的一端及铁芯要可靠接地，以免高压漏电危及人身安全。

（3）互感器是与仪表配套使用的，对它有一定的精度要求。因此，电流互感器的副边所串接的电流性仪表不能过多，以免影响其测量精度。

任务实施　电流互感器的测试

一、电路装配准备

1. 预习要求

（1）阅读电磁电路的应用与测试任务资讯内容。

（2）认真阅读本任务实施的相关内容。

（3）了解电路中各元件参数的选择及估算所设计电路的技术指标。

2. 任务实施目的

（1）了解电流互感器的基本知识，学会调试电流互感器。

（2）掌握电路的主要性能参数指标及测试方法。

3. 设备与器件

任务实施设备与器件见表5-1。

表5-1　　设备与器件

序　号	名　称	型号与规格	数　量	备　注
1	白炽灯泡	220V、60W	5只	
2	灯泡座及开关		2个	KMDG—04
3	交流电流表		2个	
4	电流互感器	5A，K=2、3、4、5	1个	

二、任务实施内容和注意事项

1. 实施内容

（1）断开实训台电源，将调压器手柄逆时针旋到底（即输出为0V位置）。

（2）利用灯组负载，按图5-15接线，并连接3—4。其中W、N为实训台上调压器输出中一相电压的接线端子。经指导老师检查无误后方可接通实训台电源。

（3）接通实训台电源，缓慢旋动调压器，使输出电压为220V。

（4）依次点亮1只、3只和5只灯泡，并依次记下两个电流表A_1、A_2的值到表5-2中，将调压器的输出电压调到0V，断开实训台电源。

表 5-2 任务实施内容

标示变流比	亮1灯			亮3灯			亮5灯		
	A_1/A	A_2/A	实测变流比	A_1/A	A_2/A	实测变流比	A_1/A	A_2/A	实测变流比
2									
3									
4									
5									

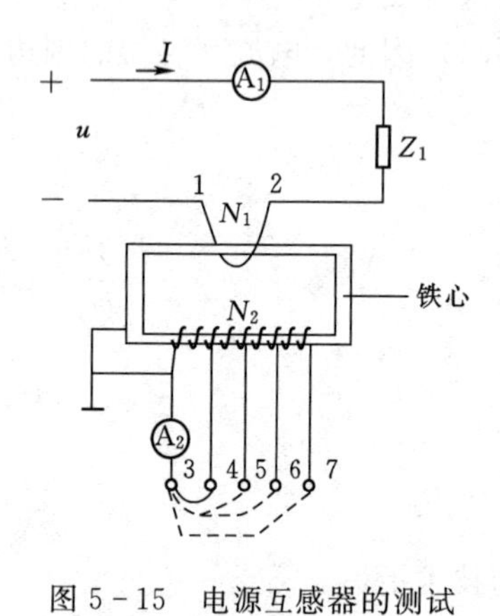

图 5-15 电源互感器的测试

(5) 依次将电流互感器的端子接线改为 3—5 连接、3—6 连接和 3—7 连接，重复 (3)、(4) 两步。

2. 注意事项

(1) 实施中用到 220V 电源，应注意安全操作，每次改变接线都应将调压器的输出电压调至最低，并断开实验台电源。

(2) 在增加亮灯或改变变流比之前，注意选好 A_1、A_2 两表的量程。

3. 分析与思考

(1) 电流互感器接入被测线路后，其次级绕组为什么不允许开路？

(2) 电流互感器变流比的含义是什么？

(3) 任务实施中，3—4 二端相连，5、6、7 三端开路，允许吗？为什么？

任务评价

考核评价表见表 5-3。

表 5-3 考核评价表

考核项目	考核内容	考核方式	百分比
态度	(1) 能按照现场管理要求（整理、整顿、清扫、清洁、素养、安全、环保、节约）安全文明生产。 (2) 认真整理并按照配线工艺完成安装任务。 (3) 具有团队合作精神，具有一定的组织协调能力	学生自评＋学生互评＋教师评价	30%
技能	(1) 熟练使用常用的电工工具。 (2) 与团队协作完成电流互感器线路电流的测试。 (3) 会查找相关资料。 (4) 会撰写任务报告	教师评价＋学生互评＋学生自评	40%
知识	(1) 掌握变压和变流的基本知识。 (2) 掌握电工操作安全知识。 (3) 掌握电流互感器的基本知识	教师评价	30%

训 练 题 集 五

一、填空题

1. 线圈电感的单位是________。

2. 若一通电直导体在匀强磁场中受到的磁场力最大，这时通电直导体与磁感应线的夹角为________。

3. 如果在磁场中每一点的磁感应强度大小、方向，这种磁场称为匀强磁场。在匀强磁场中磁感应线是一组________。

4. 变压器的铁心是由________叠成的，根据铁心与绕组的安装位置可将变压器分为心式变压器和________两种。

5. 变压器有升压变压器也有降压变压器。当其变比 $K>1$ 时是________变压器，而当 $K<1$ 时是________变压器。汽车中的开磁路点火线圈属于变压器。

6. 变压器除了可以变压外还可以________和________。

二、判断题

1. 磁体上的两个极一个称为 N 极，一个称为 S 极，若把磁体截成两段，则一段为 N 极，另一段为 S 极。(　　)

2. 如果通过某一截面的磁通为零，则该截面处的磁感应强度一定为零。(　　)

3. 感应电流的方向总是跟原磁场的方向相反。(　　)

4. 线圈中感应电动势的大小跟穿过线圈的磁通的变化成正比，这个定律称为做法拉第电磁感应定律。(　　)

5. 磁感应强度是矢量。(　　)

三、分析计算题

1. 一台 220/110V 的变压器，能否用来把 440V 的电压降低至 220V，或把 220V 的电压升高到 440 V？为什么？

2. 一变压器油箱上的出线端，其中一排的导线截面较小，另一排的导线截面较大，问哪一侧是高压的出线端？哪一侧是低压的出线端？

3. 变压器的铁心起什么作用？改用木心行不行？

4. 变压器能不能用来变换直流稳恒电压？若将一台 220/36V 的变压器接入 220V 直流电源，会有什么后果？

5. 单相变压器原边接在电压为 330V 的交流电源上，空载时副边接上一只电压表，其读数为 220V。如果副边有 20 匝。试求：

(1) 变压器的变压比；

(2) 变压器的原边匝数。

项目六　安　全　用　电

任务导入

学习领域	电工应用技术		
项目六	安全用电	学时	6
任　务　布　置			
任务描述	电气火灾是由电气原因引发燃烧而造成的灾害，由设备操作不当、线路和设备老化或者自然灾害引发，在火灾中占30%以上，对我们的工作和生活造成很大的危害。因此，需要学习安全用电基础知识，内容如下： (1) 了解电气火灾的基本常识、了解触电的基础知识。 (2) 掌握电气设备安全运行的基本知识。 (3) 学会防止触电，另外在发生触电事故时，能临危不乱，迅速使触电人员脱离电源。 (4) 掌握使用心肺复苏术进行急救		
知识目标	(1) 了解触电的原因和方式以及对人体的伤害。 (2) 掌握电气设备安全运行中安全电压、安全电流、安全距离等。 (3) 掌握保护接地和保护接零的基础知识。 (4) 了解产生电气火灾的原因。 (5) 了解静电的防护和安全用电注意事项。 (6) 了解用电安全操作规程		
技能目标	(1) 掌握常规触电防护技术，会使用心肺复苏术进行急救。 (2) 学会保护接地和保护接零的类型和使用绝缘保护装置。 (3) 知道电气火灾产生的原因，学会电气火灾扑救方法。 (4) 学会口对口人工呼吸吹2s，停3s。 (5) 能独立实施胸外按压心脏法的技能，掌握好力度和频率		

任务资讯

随着现代生产技术的发展和生活水平的提高，电能在人们生产和日常生活中得到越来越广泛的应用。如果没有安全用电常识，不懂得电气操作的基本规程，不仅不能有效地将电能应用于人类，反而还会造成停电、损坏设备、引起火灾、发生触电等事故。所以，提高安全用电的技术理论水平，对于确保安全用电、避免各种用电事故的发生是非常重要的。

知识链接一 供电与配电

电力是现代工业生产的主要能源和动力，是人类现代文明的物质技术基础。没有电力，就没有工业现代化，就没有整个国民经济的现代化。现代社会的信息化和网络化，都是建立在电气化的基础之上的。因此做好供配电工作，对于保证企业生产和社会生活的正常进行和实现整个国民经济的现代化具有十分重要的意义。

一、供配电工作基本要求

供配电工作要很好地为企业生产和国民经济服务，切实保证企业生产和整个国民经济生活的需要，切实搞好安全用电、节约用电、计划用电（合称“三电”）工作，必须符合下列基本要求：

（1）安全。在电力的供应、分配和使用中，应避免发生人为事故和设备事故。

（2）可靠。应满足电力用户对供电可靠性即连续供电的要求。

（3）优质。应满足电力用户对电压质量和频率质量等方面的要求。

（4）经济。在满足安全、可靠和电能质量的前提下，应使供配电系统的投资少、运行费用低，并尽可能地节约电能和减少有色金属消耗量。

二、电力系统

由发电机、输配电线路、变压设备、配电设备、保护电器和用电设备等组成的一个总体，称为电力系统，如图 6-1（a）所示。由图 6-1（b）分析可知，发电厂发电机发出的电压一般不可能太高（受绝缘结构、制造技术与运行安全等因素限制，通常仅为 10.5kV、13.8kV 或 15.75kV）。为了能将电能输送得远一些，以增大输电容量并减少输电损耗，必须通过变电所将电压升高（如升到 110kV、220kV 或 500kV）。然后经输电网将电力输送到需大量用电的地区后，又要把输电电压降低到配电电压（如 10kV 或 35kV 等），最后再经配电网分配到各用户单位和住宅去。电力送到用户后，基于安全和制造因素，各种用电设备因面广量大，从制造成本及用电安全考虑，大都制造成低电压。因此需将电压进行降低，方能适应各种不同用电设备的使用要求。

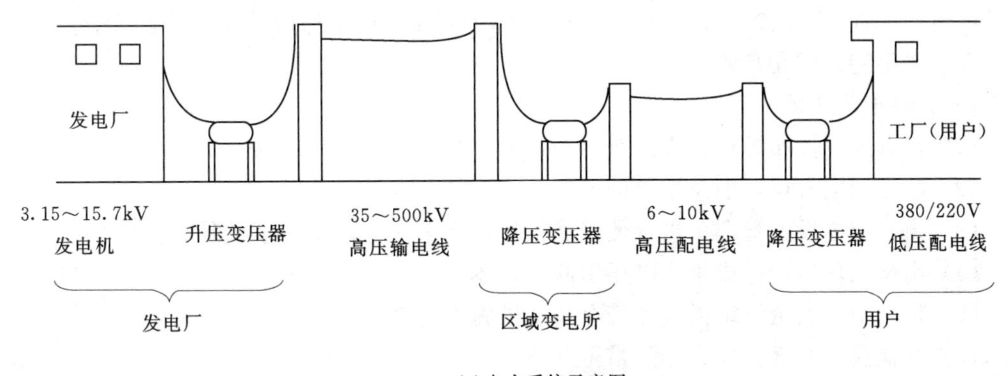

(a)电力系统示意图

图 6-1（一） 电力系统

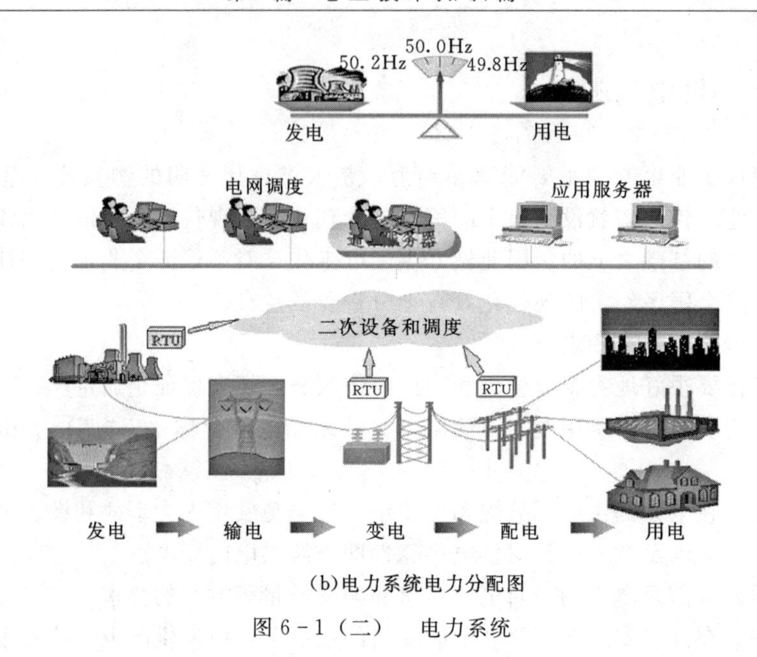

(b)电力系统电力分配图

图6-1（二）　电力系统

知识链接二　触电

一、触电对人体的伤害

触电指电流以人体为通路，使身体一部分或全身受到电的刺激或伤害。触电可分为电击和电伤两种。

电击是指电流流过人体内部，造成人体内部组织的损坏，影响人的神经系统以及心脏和呼吸功能，甚至危及生命。人触电时肌肉发生收缩，如果触电者不能迅速摆脱带电体，电流将持续通过人体，最后因神经系统受到损害，使心脏和呼吸器官停止工作而死亡。所以电击危险性最大，而且也是经常遇到的一种伤害。

电伤是指电流对人体外部造成的伤害。包括因电弧或熔丝熔断时，飞溅的金属等对人体的外部伤害，如烧伤、金属沫溅伤等。电伤的危险虽不像电击那样严重，但也不容忽视。

二、触电的原因和方式

(一) 触电的原因

(1) 没有遵守操作规程，人体直接与带电部分接触。

(2) 缺乏用电常识，触及带电的导线。

(3) 由于用电设备管理不当，使绝缘损坏，发生漏电，人体碰触漏电设备外壳。

(4) 高压线落地，造成跨步电压引起对人体的伤害。

(5) 检修中，安全组织措施和安全技术措施不完善，接线错误。

(6) 其他偶然因素，如人体受雷击等。

(二) 触电方式

1. 单相触电

单相触电是指当人体接触到一根相线时，电流从相线经人体，再经大地回到中性点，

如图 6-2 所示。大部分触电事故都是单相触电。这时人体承受 220V 的相电压，这是十分危险的。

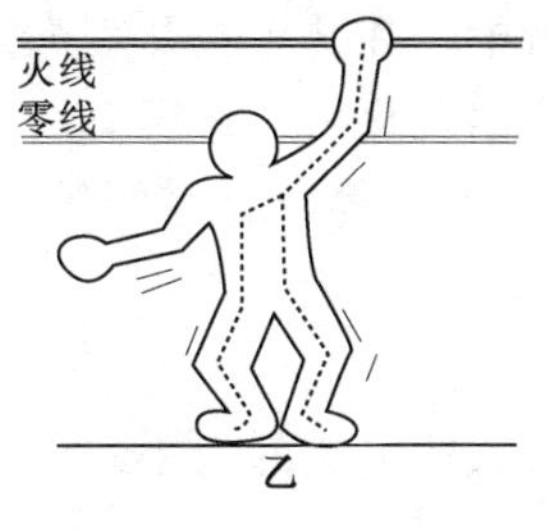

图 6-2　单相触电

图 6-3　两相触电

2. 两相触电

两相触电是指人体两处同时触及两相带电体而触电，如图 6-3 所示。这时加在人体的电压是 380V 线电压，其触电后果更为严重。

3. 跨步电压触电

当带电体碰地有电流流入地下时，此电线之落地点为圆心，20m 以内地面有许多同心圆，这些圆周上的电压是各不相同的（即电位差）。离圆心越近电压越高，离远则低。当人走进圆心 10m 以内，双脚迈开时（约 0.8m），势必出现电位差，当人体的两脚处于不同的电位梯度时，承受一定的电压，称为跨步电压。由跨步电压造成的触电事故，称为跨步电压触电。电流从电位高的一脚进入，由电压低的一脚流出，通过人体使人触电，如图 6-4 所示。

图 6-4　跨步电压触电

图 6-5　雷击触电

4. 雷击触电

雷雨云对地面突出物产生放电，它是一种特殊的触电方式。雷击感应电压高达几十万伏至几百万伏，其能量可把建筑物摧毁，使可燃物燃烧，把电力线、用电设备击穿、烧毁，造成人身伤亡（图 6-5），危害性极大。目前，一般通过避雷设施将强大的电流引入地下，避免雷电的危害。

知识链接三　电气设备安全运行

一、电流对人体的作用

电流通过人体时，人体内部组织将产生复杂的反应。

人体触电可分为两种情况：一种是雷击和高压触电，较大的安培数量级的电流通过人体所产生的热效应、化学效应和机械效应，将使人的肌体遭受严重的电灼伤、组织炭化坏死及其他难以恢复的永久性伤害。另一种是低压触电，在几十至几百毫安电流作用下，使人的肌体产生病理生理反应，轻的有针刺痛感，或出现痉挛、血压升高、心律不齐以致昏迷等暂时性的功能失常，重的可引起呼吸停止、心跳骤停、心室纤维颤动等危及生命的伤害。

二、安全电压和电流

如上所述，触电对人体的伤害程度取决于通过人体电流的大小。而通过人体电流的大小又与人的电阻和人所触及的电压有关。

1. 安全电流

安全电流就是人体触电后的最大摆脱电流。安全电流值，各国规定并不完全一致。我国一般采用 30mA(50Hz) 为安全电流值，但其触电时间按不超过 1s 计算，因此安全电流值也称为 30mA·s。但在一般观察中，人体通过 1mA 的工频电流时就有不舒服的感觉，通过 50mA 就有生命危险，而达到 100mA 时就足以致人死亡。

安全电流主要与下列因素有关：

（1）触电时间。触电时间在 0.2s（即 200ms）以下和 0.2s 以上，电流对人体的危害程度是大有差别的。

（2）电流性质。一般直流、交流和高频电流通过人体时对人体的危害程度是不一样的，通过 50～60Hz 的工频电流对人体的危害最为严重。

（3）电流路径。电流对人体的伤害程度，主要取决于心脏受损的程度。不同路径的电流对心脏有不同的损害程度，特别是从一手到另一手最为危险。

（4）重量和健康状况。健康人的心脏和衰弱病人的心脏对电流损害的抵抗能力是大不一样的。人的心理状态、情绪好坏以及人的体重等，也使电流对人的危害程度有所差异。

2. 安全电压

安全电压就是不致使人直接致死或致残的电压。

GB/T 3805—2008《特低电压（ELV）限值》规定的安全电压等级见表 6-1。

表 6-1　　安　全　用　电

安全电压有效值/V		选用举例
额定值	空载上限值	
42	50	在有触电危险的场所使用的手持式电动工具等
36	43	在多导电粉尘等场所使用的用电设备等
24	29	可供某些具有人体可能偶然触及的带电体设备选用
12	15	
6	8	

安全电压与通常所说的低电压是两个不同的概念，通常把 1kV 以上的电压称为高电压，1kV 以下的电压称为低电压。如常用的 380V/220V 电压属于低电压，这显然不是安全用电。由表 6-1 可知，安全电压值与使用的环境条件有关。在一般正常环境条件下，

人体电阻是个变数，它与皮肤潮湿或是否有污垢有关，一般从 800Ω 到几万欧不等。如果人体电阻按 800Ω 计算通过人体电流不超过 50mA 为限，则算得安全电压为 40V。所以，在一般情况下，规定 36V 以下为安全电压，对潮湿的地面或井下安全电压的规定就更低，如 24V、12V。

三、安全距离和绝缘保护

为了防止人体触及带电体而触电，可采用安全距离和绝缘保护。

（一）安全距离保护

为避免人体、器具碰撞或过分接近带电体造成触电和短路事故，在带电体与地面之间、带电体与其他设施及设备之间、带电体与带电体之间，都应留有符合安全要求的距离，这个距离就是安全距离（图 6－6）。

10kV 以下，注意带电安全距离大于 0.7m

图 6－6　安全距离

例如电气工作人员在设备维修时，与设备带电部分的安全距离，见表 6－2。

表 6－2　　与设备带电部分的安全距离

电压等级/kV		10 及以下	20～35	22	60～110	220	330
安全距离/m	无遮拦	0.70	1.00	1.20	1.50	2.00	3.00
	有遮拦	0.35	0.6	0.9	1.5	2.00	3.00

（二）绝缘保护

绝缘保护是用绝缘体把可能形成的触电回路隔开，以防止触电事故的发生。绝缘保护主要是辅助承受电气设备安全电压的绝缘器材。使用时可对人身安全有进一步的保障，如绝缘手套、绝缘靴、绝缘地毯、绝缘垫台、低压验电笔等。通常绝缘垫台会在实验室或实训基地使用，而低压验电笔是检验导线或电气设备是否带电的一种检验工具，其使用方法等内容可参考本教材常用电工仪器仪表资料。

1. 外壳绝缘

为了防止人体触及带电体部位，电气设备的外壳常装有防护罩，有些电动工具和家用电器，除了工作电路有绝缘保护外，还用塑料外壳作为第二绝缘。

2. 场地绝缘

在人站立的地方用绝缘层垫起来，使人体与大地隔离，可防止单相触电和间接接触触电。常用的有绝缘台、绝缘地毯、绝缘胶鞋等。

3. 工具绝缘

电工使用的工具如钢丝钳、尖嘴钳、剥线钳等，在手柄上套有耐压 500V 的绝缘套，可防止工作时触电。另外一些工具如电工刀、活络扳手则没有绝缘保护，必要时可戴绝缘手套操作，而冲击钻等电动工具使用时必须戴绝缘手套、穿绝缘鞋或站在绝缘板上操作。

四、保护接地和保护接零

为了保护电气设备的安全运行，防止人身触电事故发生，电气设备常采用保护接地和保护接零的措施。

（一）保护接地

为了防止设备外壳意外带电造成间接接触触电，常将电气设备的外壳与大地连接，这种接地方式称为保护接地。如图 6－7 所示。接地体可利用敷设于地下的金属水管或房屋的金属结构，如果这些自然接地体达不到接地电阻小于 4Ω 的要求，还可采用人工接地体：用长 2～3m、直径 35～50mm 的钢管垂直打入地下，然后与埋在地下的钢条相连。电气设备采用保护接地以后，因为某种原因造成绝缘损坏使外壳带电，人体碰及时，由于人体电阻远远大于接地电阻，所以几乎没有电流通过人体，从而保证人体的安全。

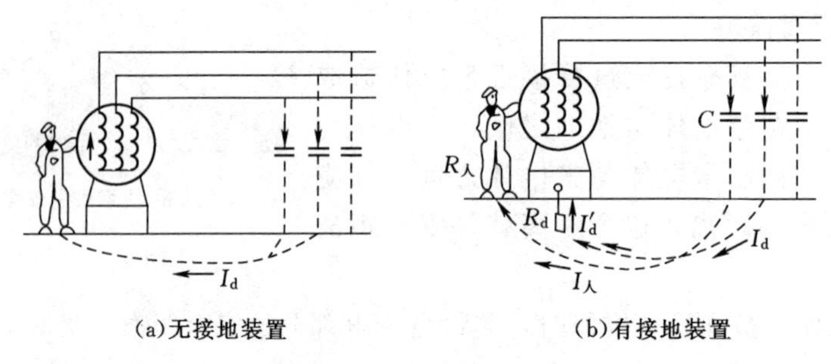

(a)无接地装置　　(b)有接地装置

图 6－7　保护接地的作用

电力系统保护接地可分为三种不同类型，即 TT 系统、IT 系统和 TN 系统。

TT、IT 或 TN 表示三相电力系统和电气装置外漏可导电部分对地的关系：第一个字母表示电力系统的对地关系，即 T 表示系统一点（通常指中性点）直接接地；I 表示所有带电部分与地绝缘或一点经高阻抗接地。第二个字母表示电气装置外露可导电部分的对地关系，即 T 表示外露可导电部分对地直接电气连接，与电力系统的任何接地点无关；N 表示外露可导电部分与电力系统的接地点（通常就是中性点）直接电气连接。

一般将 TT、IT 系统称为保护接地，TN 系统称为保护接零。

1. TT 系统

电源的中性点接地，而电气设备的外壳、底座等外露可导电部分接到电气上与电力系统接地点无关的独立接地装置上，称为 TT 系统（图 6－8）。TT 系统适用于负荷小而分散的农村低压电网，也广泛应用于城镇、居民区和由公共变压器供电的小型工业企业和民用建筑中。对于要求较高的数据处理设备和电子设备，可优先考虑使用 TT 系统，因而设备接地装置与工作接地装置分开，故 TT 系统正常运行时接地电位稳定，不会有干扰电流入侵。

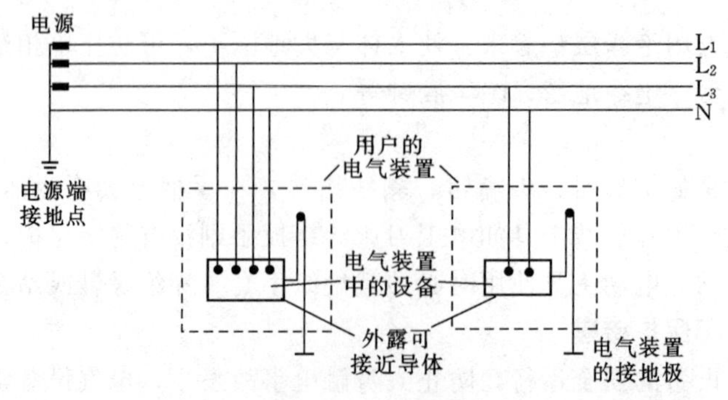

图 6－8　TT 系统

2. IT 系统

IT 系统的电源由于中性点不接地，或经高阻抗（约 1kΩ）接地，没有中性线（N 线），故称为“三相三线制”系统（图 6－9）。此系统中各设备之间不会发生电磁干扰，供电线路简单，成本低，发生接地故障时能延续一段时间供电，供电连续性好，正常情况下保护接地线 PE 不带电，和 TT 系统一样，接地电位稳定。所以主要用于对抗电磁干扰要求较高及有易燃易爆危险的场所，如矿山、应急电源、医院手术室等。

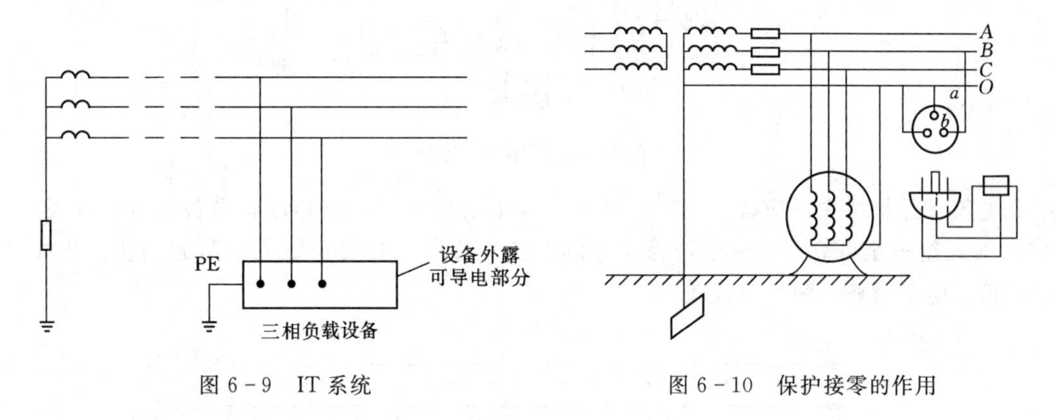

图 6－9 IT 系统　　图 6－10 保护接零的作用

（二）保护接零

保护接零就是电气设备的金属外壳与零线可靠连接，如图 6－10 所示。

电气设备用保护接零以后，如果电器内部一相绝缘损坏而碰壳时，则该相短路，引起很大的短路电流将使电路中的保护电器动作或使熔丝烧断而切断电源，从而消除触电危险。可见，保护接零的保护作用比保护接地更为完善。现在市场销售的单相电器的插头有三根引线，与三芯插头连接。这是因为电器的金属外壳已用导线连接于三芯插头的粗角上。这样，电器外壳就通过插座与电源的中性线连接，达到接零保护的目的。三相电力系统中，TN 系统称为保护接零。

在电源中性点接地的供电系统中，将用电设备的外露可导电部分与中性线可靠连接，这样的系统称为 TN 系统。在低压供电系统中普遍采用 TN 系统。根据其保护线是否与工作零线分开，TN 系统又可分为 TN—C 系统、TN—S 系统、TN—C—S 系统等。

(1) TN—C 系统（三相四线制）。这种供电系统中工作零线兼作保护线，称为保护中性线，用 PEN 表示，如图 6－11 所示。

在 TN—C 系统中，一旦用电设备某一相绕组的绝缘损坏而与外壳相通时，就形成单相短路，其电流很大，足以将这一相的熔丝烧断或使电路中的自动开关断开，因而使外壳不再带电，保证了人身安全和其他设备或电路的正常运行。所以，为了确保安全，严禁在中性线的干线上装设熔断器和开关。除了在电源中性点进行工作接地外，还要在中性线干线的一定间隔距离及终端进行多次接地，即重复接地。所以，TN—C 方式供电系统只适用于三相负载基本平衡的场合。如三相负荷基本均衡的工业企业等。

(2) TN—S 系统（三相五线制）。这种供电系统中将中性线分为两根，一根为工作零线，另一根为保护零线，从而形成三相五线制供电系统。工作零线用 N 表示，保护零线用 PE 表示，并用浅蓝色和浅绿色加以区分，如图 6－12 所示。在正常工作时，工作零线

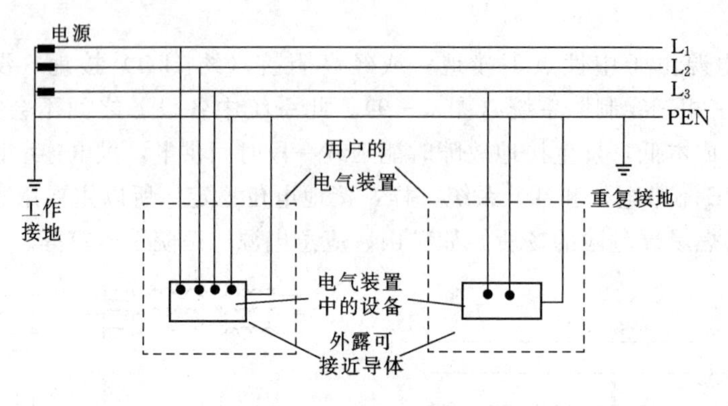

图 6-11 TN—C 系统

中有电流，保护线中不应有电流，如果保护线中出现电流，则必定有设备漏电情况发生。TN—S 系统安全可靠，是一个较为完善的系统，适用于对安全要求较高的场所。比如邮电通信、电子行业、科研单位等。

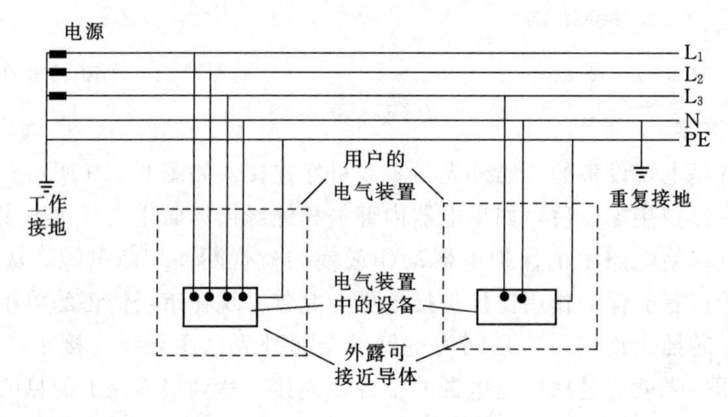

图 6-12 TN—S 系统

(3) TN—C—S 系统（三相四线制与三相五线制混合系统）。该系统是 TN—C 与 TN—S 系统的综合，兼有两个系统的特点。供电线路进户前采用三相四线制，即 TN—C 系统，因为施工方便，成本低廉，进户后采用三相五线制，即 TN—S 系统，安全可靠。TN—C—S 系统适用于配电系统环境条件较差，局部用电对安全可靠性要求较高的场所。

知识链接四 电工消防知识

一、电气火灾的原因

电气火灾是指由电气原因引发燃烧而造成的灾害。短路、过载、漏电等电气事故都可能导致火灾。设备自身缺陷，施工安装不当，电气接触不良，雷击静电引起的高温，电弧和电火花等是导致电气火灾的直接原因。周围存放易燃易爆物是电气火灾的环境条件。

1. 电气火灾产生的直接原因

(1) 设备或线路发生短路故障。电气设备由于绝缘损坏、电路年久失修、操作人员疏

忽大意和操作失误及设备安装不合格等将造成短路故障，其短路电流可达正常电流的几十倍甚至上百倍，产生的热量（正比于电流的平方）使温度上升超过其自身或周围可燃烧物的燃点引起燃烧，从而导致火灾。

（2）过载引起电气设备过热。选用线路或设备不合理，线路的负载电流量超过了导线额定的安全载流量（图 6－13），电气设备长期超载，引起线路或设备过热而导致火灾。

图 6－13　过载引起电气设备过热

（3）接触不良引起过热。如接头连接不牢或不紧密、动触点压力过小等使接触电阻过大，在接触部位发生过热而引起火灾。

（4）通风散热不良。大功率设备缺少通风散热设施或通风散热设施损坏造成过热而引发火灾。

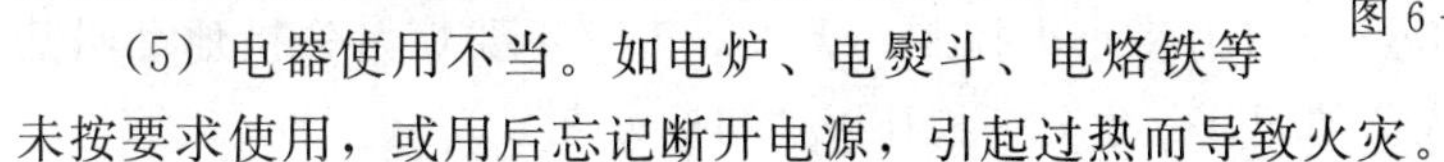

（5）电器使用不当。如电炉、电熨斗、电烙铁等未按要求使用，或用后忘记断开电源，引起过热而导致火灾。

（6）电火花和电弧。有些电气设备正常运行时就会产生电火花、电弧，如大容量开关和接触器触点的分、合操作，都会产生电弧和电火花。电火花温度可达数千摄氏度，遇可燃物便可点燃，遇可燃气体便会发生爆炸。

（7）易燃易爆环境 日常生活和生产的各个场所中，广泛存在着易燃易爆物质，如石油、液化气、煤气、天然气、汽油、柴油、酒精、棉麻、化纤织物、木材、塑料等；另外，一些设备本身可能会产生易燃易爆物质，如设备的绝缘油在电弧作用下分解和汽化，喷出大量油雾和可燃气体；酸性电池排出氢气并形成爆炸性混合物等。一旦这些易燃易爆环境遇到电气设备和线路故障导致的火源，便会立刻着火燃烧。

2. 火灾的分类

依据国家分类的规定，将火灾分成 A、B、C、D 四类。

（1）普通火灾（A 类）。凡由木材、纸张、棉、布、塑料等固体物质所引起的火灾。

（2）油类物质（B 类）。凡由引火性液体及固体油脂物体，如汽油、石油、煤油等所引起的火灾。

（3）气体火灾（C 类）。凡是由气体，如天然气、煤气等燃烧、爆炸引起的火灾都称为气体火灾。

（4）金属火灾（D 类）。凡钾、钠、镁、锂及禁水物质引起的火灾。

3. 电气火灾的防护措施

电气火灾的防护措施主要致力于消除、提高用电安全。要进行火灾预防，首先必须清楚燃烧的三要素，并得出对应的灭火基本方法，见表 6－3。

4. 电气火灾的报警

一般情况下，发生火灾后应当报警和救火同时进行；当发生火灾，现场只有一个人时，应该一边呼救，一边进行处理，必须赶快报警，边跑边喊，以便取得群众的帮助；拨打“119”报警电话后，应沉着、准确地讲清起火单位，所在地区、街道，房屋门牌号码、起火部位、燃烧物是什么、火势大小、报警人姓名以及使用电话号码。

表 6-3　　燃烧的要素及灭火方法

序号	燃烧的三要素	灭火的基本方法
1	可燃物质	隔离法：将燃烧物或燃烧物附近的可燃物质隔离或移开，阻止火势蔓延而终止其燃烧，从而使火熄灭
2	助燃物—氧或氧化剂	窒息法：阻止空气流入燃烧区域或用不燃烧的物质冲淡空气，使燃烧物得不到足够的氧气而熄火
3	一定的温度—物质燃烧的温度	冷却法：降低燃烧物的温度，使温度低于燃烧点，火就会熄灭

二、预防和扑救

当发生火灾时，如果发现火势并不大，尚未对人造成很大威胁时，且周围有足够的消防器材，如灭火器、消防栓等，应奋力将小火控制、灭火；千万不要惊慌失措地乱叫乱窜，置小火于不顾而酿成大火。请记住：争分夺秒扑灭“初期火灾”。

室内着火，如果当时门窗紧闭，一般来说不应急于开窗。因为门窗紧闭，空气不流通，室内供氧不足，火势发展缓慢。一旦门窗打开，大量的新鲜空气涌入，火势就会迅速发展，不利于扑救。

电气火灾可使用干粉灭火器扑灭（图 6-14），干粉灭火器是以液态二氧化碳或氮气作动力，驱使灭火器内干粉灭火剂喷出进行灭火。作为初期火灾常用的灭火器材，常见的有 BC 和 ABC 两种。使用时，应手提灭火器提把，迅速赶到火场，在距起火点约 5m 处，放下灭火器。在室外使用时，应占据上风方向。使用前应将灭火器颠倒几次，使筒内干粉松动。具体使用如图 6-15 所示，应先拔下保险销，然后一只手握住喷嘴，另一只手将压把用力按下，干粉就会从喷嘴喷射出来。

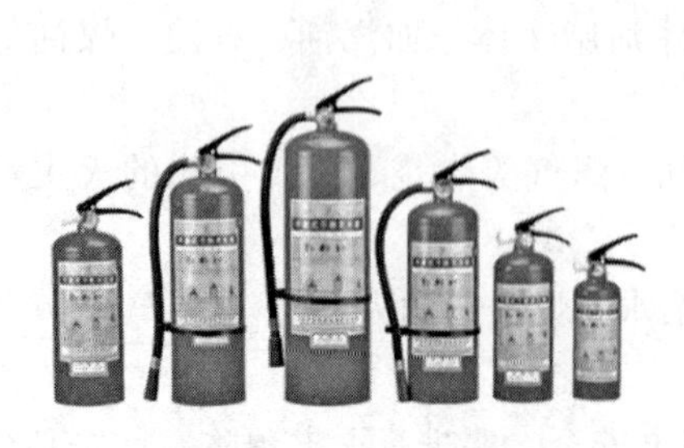

图 6-14　干粉灭火器

图 6-15　灭火应占据上风方向

灭火器种类很多，从所充装的灭火剂来分，可分为干粉、泡沫、二氧化碳、酸碱、清水等。在扑救尚未确定断电的电气火灾时，应选择适当的灭火器和灭火装置，否则，有可能造成触电事故和更大危害，如使用普通水枪射出的直流水柱和泡沫灭火器射出的导电泡沫会破坏绝缘。灭火器在不使用时，应注意对它进行保管与检查，保证随时可正常使用。常用电气灭火器的种类、用途及使用方法等见表 6-4。

表 6-4 常用灭火器

种类	二氧化碳	四氯化碳	干粉	1211	泡沫
规格	<2kg 2～3kg 5～7kg	<2kg 2～3kg 5～8kg	8kg 50kg	1kg 2kg 3kg	10L 65～130L
药剂	液态二氧化碳	液态四氯化碳	钾盐、钠盐	二氟一氯	碳酸氢钠
导电性	无	无	无	无	有
使用方法	一手将喇叭口对准火源，另一手打开开关	扭动开关，喷出液体	提起圈环，喷出干粉	拔下铅封或横锁，用力压压把即可	倒置摇动，打开开关喷药剂
灭火范围	电气、仪器、油类、酸类	电气设备	石油、天然气、电气设备	化纤原料、化工、油类	油类及可燃物体
不能扑救的物质	钠、铝、镁等	钠、铝、镁、乙炔、二氧化碳	旋转电动机火灾		忌水和带电物体
效果	距着火点 3m 距离	3kg 喷 30s，7m 内	8kg 喷 14～18s，4.5m 内；50kg 喷 50～55s，6～8m	1kg 喷 6～8s，3m 内	10L 喷 60s，8m 内；65L 喷 170s，13.5m 内
保养	置于方便处，注意防冻、防晒	置于方便处	置于干燥通风处，注意防潮	置于干燥处，勿摔碰	置于方便处
检查	每月测量一次，低于原重量的 1/10 时应充气	检查压力，注意充气	每年检查一次干粉是否结块，每半年检查一次压力	每年检查一次重量	每年检查一次，泡沫发生倍数低于 4 倍，应换药剂

知识链接五 静电的防护

相对静止的电荷称为静电。物体中积累的电荷越多电位也就越高。绝缘物体之间相互摩擦会产生静电，日常生活中的静电现象一般不会造成危害。

工业上有不少场合会产生静电，如，石油、塑料、化纤、纸张等在生产过程或运输中，由于固体物体的摩擦、气体和液体的混合及搅拌等都可能产生和积累静电，静电电压有时可达几万伏。高的静电电压不仅会给工作人员带来危害，而且当发生静电放电形成火花时，可能引起火灾和爆炸。例如，曾有巨型油轮和大型飞机因油料静电而引起火灾和爆炸，矿井静电引起瓦斯爆炸的事故发生。

为了防止因静电而发生火灾，基本的方法是限制静电的产生和积累，防止发生静电放电而引起火花。常用的措施如下：

（1）限制静电的产生。如减少摩擦，防止传动皮带打滑，降低气体、粉尘和液体的流速。

（2）给静电提供转移和泄漏路径。尽量采用导电材料制造容易产生静电的零件。在非导电物质（橡胶、塑料等）中掺入导电物质，适当增加空气的相对湿度。

（3）利用异极性电荷中和静电。

（4）采用防静电接地。

除以上一些措施外，在静电危险场所工作的人员要穿防静电的衣服和鞋子，不要穿容易产生静电的衣裤和鞋袜等。

知识链接六　安全用电注意事项

电气设计、安装和检查必须遵照有关规范进行。检查电气设备或更换熔丝时，要先切断电源，并在电源开关处挂上“严禁合闸”的警告牌；在没有采取足够安全措施的情况下，严禁带电作业。使用各种电气设备，应采取相应的安全措施。注意事项如下：

（1）电热设备应远离易燃物，用完即断开电源。

（2）判断电线或用电设备是否带电，必须用验电器检查判断（如 250V 以下可用测电笔），不允许用手去摸试。

（3）电灯开关接在火线上，用螺旋式灯头时不可把相线接在螺旋套相连的接线柱上。

（4）电线或电气设备失火时，应迅速切断电源，在带电状态下，只能用黄沙、二氧化碳灭火器和 1211 灭火器进行灭火。

（5）发现有人触电时，应首先使触电者脱离电源，然后进行现场抢救。

任务实施　触电的急救方法

紧急救护的基本原则是在现场采取积极措施，保护伤员的生命，减轻伤情，减少痛苦，并根据伤情需要，迅速与医疗急救中心（医疗部门）联系救治。急救成功的关键是动作快，操作正确。任何拖延和操作错误都会导致伤员伤情加重或死亡。

一、使触电人迅速脱离电源

发现有人触电时，不要惊慌失措，应该在保护自己不被触电的情况下，使触电人迅速脱离电源，越快越好。因为电流作用的时间越长，伤害越重。根据现场情况，使触电人迅速脱离电源，如图 6－16 所示。一般有以下三种情况：

（1）如果开关（或插座）就在附近，应迅速拉开开关（或拔掉插头），把电源切断，但应注意，如果电灯开关误接在中性线上，开关虽然拉开了，导线仍然带电，不能认为已

图 6－16　使触电者迅速脱离电

切断电源。为了使触电人确实脱离电源，还必须迅速用干燥的木棍把电线挑开。

(2) 如果开关离触电地点很远或一时找不到开关，导线已落在触电人身上，遇到这种情况，应迅速用干燥的木棍、竹竿、扁担等把电线挑开，如果身边有电工钳子（带绝缘手柄的），应迅速用电工钳子剪断电源线；如果触电人把电线攥得很紧或者触电人被电线缠住，应立即用干燥的木把斧子、镐头或铁锹等砍断电源线。但挑电线或砍电线时，应注意防止电线弹到他人或自己身上。在黑天或风雨天，尤其应注意安全。

(3) 如果有人在高空作业触电或在高压电气设备上触电，同样应迅速拉开高压开关或用更干燥更长的木杆使触电人脱离电源。抢救高空作业触电人时，应做好防护工作，防止触电人脱离电源后从高空摔下来，加重伤势。

二、现场就地急救

触电者脱离电源以后，现场救护人员应迅速对触电者的伤情进行判断，对症抢救。同时设法联系医疗急救中心（医疗部门）的医生到现场接替救治。要根据触电伤员的不同情况，采用不同的急救方法。

(1) 触电者神志清醒、有意识，心脏跳动，但呼吸急促、面色苍白，或曾一度昏迷，但未失去知觉。此时不能用心肺复苏法抢救，应将触电者抬到空气新鲜、通风良好的地方躺下，安静休息 1～2h，让他慢慢恢复正常。天凉时要注意保温，并随时观察呼吸、脉搏变化。

(2) 触电者神志不清，判断意识无，有心跳，但呼吸停止或极微弱时，应立即用仰头抬颏法，使气道开放，并进行口对口人工呼吸，如图 6-17 所示。此时切记不能对触电者施行心脏按压。如此时不及时用人工呼吸法抢救，触电者将会因缺氧过久而引起心跳停止。

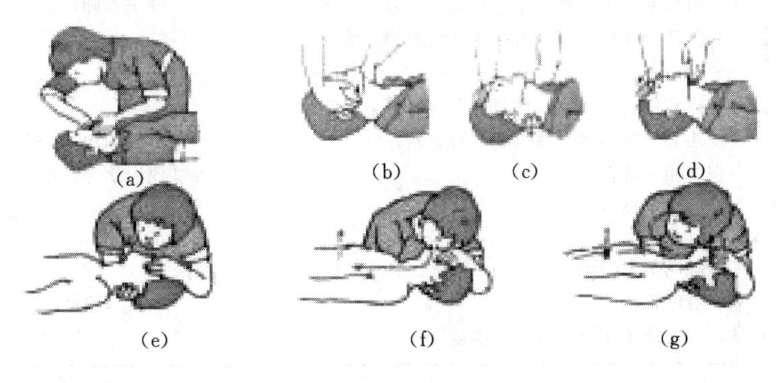

图 6-17 人工呼吸

(3) 触电者神志丧失，判断意识无，心跳停止，但有极微弱的呼吸时，应立即施行人工呼吸及心脏按压法抢救，如图 6-18 所示。不能认为尚有微弱呼吸，只需做胸外按压，

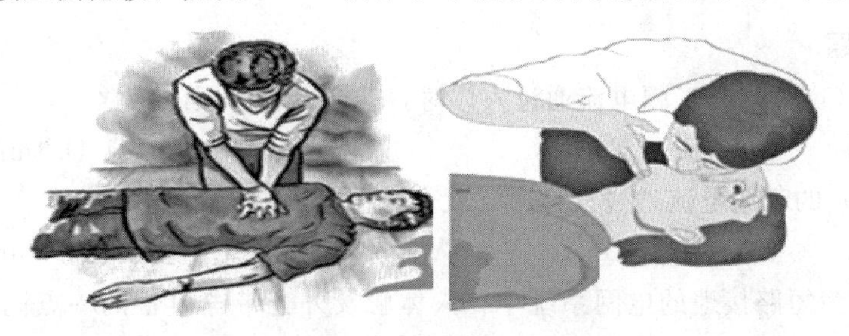

图 6-18 口对口人工呼吸及心脏按压

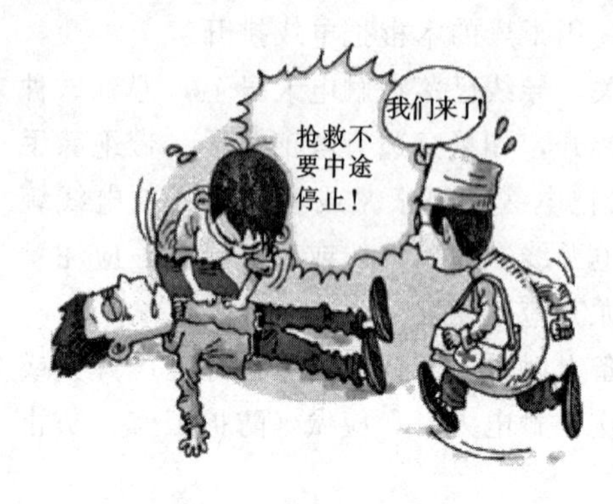

图 6-19　抢救不要中途停止

因为这种微弱呼吸已起不到人体需要的氧交换作用，如不及时人工呼吸即会发生死亡，若能立即施行口对口人工呼吸法和胸外按压，就能抢救成功。

(4) 触电者心跳、呼吸停止时，应立即进行心脏按压法抢救，不得延误或中断。在医务人员未接替救治前，不应放弃现场抢救（图 6-19），更不能只根据没有呼吸或脉搏的表现，擅自判定伤员死亡，放弃抢救。只有医生有权做出伤员死亡的诊断。与医务人员接替时，应提醒医务人员在触电者转移到医院的过程中不要间断抢救。

任务评价

考核评价表见表 6-5。

表 6-5　　考核评价表

考核项目	考核内容	考核方式	百分比
态度	(1) 能按照现场管理要求（整理、整顿、清扫、清洁、素养、安全、环保、节约）安全文明生产。 (2) 能严格按照工艺文件要求进行触电急救演练。 (3) 具有团队合作精神，具有一定的组织协调能力	学生自评＋学生互评＋教师评价	30%
技能	(1) 会选择和使用正确方法使触电者脱离带电体。 (2) 会使用心肺复苏术对触电者进行急救。 (3) 会查找相关资料。 (4) 会撰写任务报告	教师评价＋学生互评＋学生自评	40%
知识	(1) 掌握触电基本知识。 (2) 掌握触电急救基本知识。 (3) 掌握电气设备安全运行的基本运行	教师评价	30%

训练题集六

一、选择题

1. 通常，(　　) 的工频电流通过人体时，就会有不舒服的感觉。

A. 0.1mA　　B. 1mA　　C. 2mA　　D. 4mA

2. (　　) 的工频电流通过人体时，就会有生命危险。

A. 0.1mA　　B. 1mA　　C. 15mA　　D. 50mA

3. 在供电为短路接地的电网系统中，人体触及外壳带电设备的一点同站立地面一点之间的电位差称为 (　　)。

A. 单相触电　　B. 两相触电　　C. 接触电压触电　　D. 跨步电压触电

4. 人体同时触及带电设备及线路的两相导体的触电现象，称为（　　）。

A. 单相触电　　B. 两相触电　　C. 接触电压触电　　D. 跨步电压触电

5. 接地体制作完成后，应将接地体垂直打入土壤中，至少打入 3 根接地体，接地体之间相距（　　）。

A. 5m　　B. 6m　　C. 8m　　D. 10m

6. 接地体制作完成后，应将接地体垂直打入土壤中，至少打入（　　）接地体，接地体之间相距 5m。

A. 2 根　　B. 3 根　　C. 4 根　　D. 5 根

7. 接地体制作完成后，在宽（　　），深 8～10m 的沟中将接地体垂直打入土壤中，直至接地体上端与坑沿地面间的距离为 6m 为止。

A. 0. 5m　　B. 1. 2m　　C. 2. 5m　　D. 3m

8. 接地体制作完成后，在宽 5m，深 8～10m 的沟中将接地体垂直打入土壤中，直至接地体上端与坑沿地面间的距离为（　　）为止。

A. 0. 6m　　B. 1. 2m　　C. 2. 5m　　D. 3m

9. 如果人体直接接触带电设备及线路的一相时，电流通过人体而发生的触电现象称为（　　）。

A. 单相触电　　B. 两相触电　　C. 接触电压触电　　D. 跨步电压触电

10.（　　）的工频电流通过人体时，人体尚可摆脱，称为摆脱电流。

A. 0. 1mA　　B. 1mA　　C. 5mA　　D. 10mA

11. 当流过人体的电流达到（　　）时，就足以使人死亡。

A. 0. 1mA　　B. 1mA　　C. 15mA　　D. 100mA

12. 人体（　　）是最危险的触电形式。

A. 单相触电　　B. 两相触电　　C. 接触电压触电　　D. 跨步电压触电

13. IT 系统是指（　　）的三相三线制低压配电系统。

A. 电源中性点接地，电气设备的金属外壳也接地

B. 电源中性点接地，电气设备的金属外壳不接地

C. 电源中性点不接地，电气设备的金属外壳直接接地

D. 电源中性点不接地，电气设备的金属外壳也不接地

14. TN—C 系统中的工作零线与保护零线是（　　）的。

A. 合为一根　　B. 相互独立分开

C. 不存在　　D. 与大地绝缘

二、判断题

1. 电击伤害是造成触电死亡的主要原因，是最严重的触电事故。（　　）

2. 触电的形式是多种多样的，但除了因电弧灼伤及熔融的金属飞溅灼伤外，可大致归纳为两种形式。（　　）

3. 为了防止发生人身触电事故和设备短路或接地故障，带电体之间、带电体与地面之间、带电体与其他设施之间、工作人员与带电体之间必须保持的最小空气间隙，称为安

全距离。(　　)

4. 电伤伤害是造成触电死亡的主要原因，是最严重的触电事故。(　　)

5. 在爆炸危险场所，如有良好的通风装置，能降低爆炸性混合物的浓度，场所危险等级可以降低。(　　)

6. 触电的形式是多种多样的，但除了因电弧灼伤及熔融的金属飞溅灼伤外，可大致归纳为三种形式。(　　)

7. 接地体制作完成后，深 8～10m 的沟中将接地体垂直打入土壤中。(　　)

三、问答题

1. 在火灾现场尚未停电时，应设法先切断电源，切断电源时应注意什么？

2. 巡视检查时应注意安全距离，电压 10kV 设备不停电的安全距离是多少？

3. 装设接地线的基本要求是什么？

4. 防止电气设备外壳带电的有效措施是什么？

5. 人体触电有哪几种类型？哪几种方式？

6. 发现有人触电，用哪些方法使触电者尽快脱离电源？

7. 常用的触电现场急救的方法有哪几种？采用人工呼吸时应注意什么？

8. 胸外挤压法在什么情况下使用？试简述其动作要领。

9. 电流对人体伤害的决定因素有哪些？

10. 通常人们把接触安全电压的值限定为多少？为什么？

11. 发生电气火灾的原因是什么？

12. 实施人工呼吸时：

(1) 用毛巾模拟触电者，进行口对口人工呼吸，吹 2s、停 3s。按节奏操作若干次。

(2) 一人模拟触电者，另一人实施胸外挤压心脏法。掌握好力度及频率。

第二篇

电 工 技 能 训 练 篇

项目七　常用电工工具及仪表基础知识

任务导入

学习领域	电工应用技术		
项目七	常用电工工具及仪表基础知识	学时	6
任　务　布　置			
任务描述	现代社会，各种电气线路、用电设备的安装、使用过程中，常用电工工具和仪表的使用对检测、维修、监视和控制都起着极为重要的作用。 （1）利用剥线钳、尖嘴钳、斜口钳、钢丝钳、电工刀等工具可熟练对导线进行剖削，在老师指导下可初步完成室内布线导线处理工作。 （2）掌握验电器、手电钻、螺丝刀的使用方法来完成开关与插座的安装并会检验。 （3）使用模拟式万用表和数字式万用表测量交、直流电压和交、直流电流和电阻，会利用仪表排查被测电路是否正常工作。 （4）掌握钳形表、兆欧表和功率表、电能表的使用方法及测量		
知识目标	（1）了解剥线钳、尖嘴钳、斜口钳、钢丝钳、电工刀等工具的使用方法和注意事项。 （2）掌握万用表的分类和各仪表盘字符的含义。 （3）掌握钳形表、兆欧表和功率表、电能表的使用方法		
技能目标	（1）掌握剥线钳等常用电工工具的使用，可熟练对导线进行剖削，在老师指导下可初步完成室内布线导线处理工作。 （2）掌握验电器、手电钻等工具的使用方法来完成开关与插座的安装并会检验。 （3）掌握模拟式万用表和数字式万用表测量交、直流电压和交、直流电流和电阻，会利用仪表排查被测电路是否正常工作。 （4）掌握功率表、电能表、兆欧表的使用，能进行安装与调试。		

任务资讯

知识链接一　常用电工工具

一、验电器

验电器是检验导线或电气设备是否带电的一种检验工具。验电器测试范围为60～500V。

1. 使用方法

验电器在使用时，必须手指触及笔尾的金属部分，并使氖管小窗背光且朝自己，以便观测氖管的亮暗程度，防止因光线太强造成误判，其使用方法如图 7－1 所示。

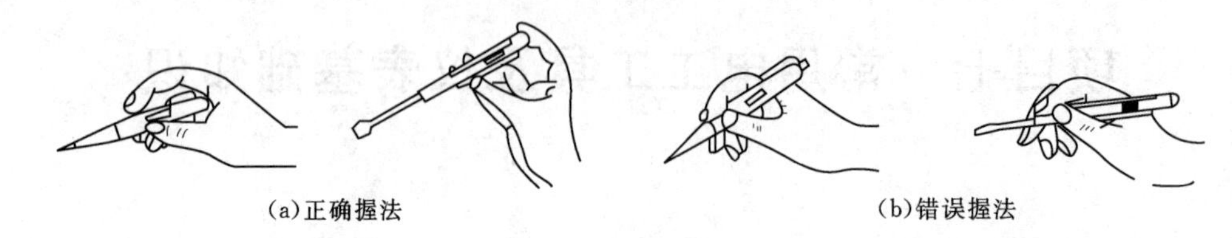

(a)正确握法　　(b)错误握法

图 7－1　验电器的使用

2. 低压验电器的其他功能

（1）区别电压高低。测试时可根据氖管发光的强弱来判断电压的高低。

（2）区别相线与中性线。正常情况下，在交流电路中，当验电器触及相线时，氖管发光；当验电器触及零线时，氖管不发光。

（3）区别直流电与交流电。交流电通过验电器时，氖管里的两极同时发光；直流电通过验电器时，氖管两极只有一极发光。

3. 注意事项

（1）使用前，必须在有电源处对验电器进行测试，以证明该验电器确实良好，方可使用。

（2）验电时，手指必须触及笔尾的金属体，否则带电体也会误判为非带电体。

（3）验电时，要防止手指触及笔尖的金属部分，以免造成触电事故。

二、电工刀

电工刀是主要用来剖削电线线头、切割木台缺口、削制木榫的专用工具。有的多用途电工刀还具有锯削、旋具等作用。常用电工刀的外形如图 7－2 所示。

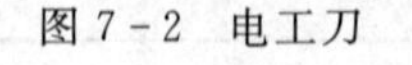

图 7－2　电工刀

使用电工刀的注意事项：

（1）电工刀柄不带绝缘装置，不能带电操作，以免触电。

（2）应将刀口朝外剖削，并注意避免伤及手指。

（3）剖削导线绝缘层时，应使刀面与导线成较小的锐角。

（4）使用完毕，随即将刀身折进刀柄。

三、钳类工具

（一）钢丝钳

钢丝钳有铁柄和绝缘柄两种，电工使用的钢丝钳为绝缘柄。

1. 使用方法

钢丝钳钳口可用来弯绞或钳夹导线线头，齿口用来固紧或起松螺母，刃口用来剪切导线或剖切导线绝缘层，铡口用来剪切电线芯线或钢丝等较硬金属线。钢丝钳其外形如图 7－3 所示。

2. 注意事项

（1）使用前，先检查钢丝钳绝缘是否良好，以免带电作业时造成触电事故。

（2）用带电剪切导线时，不得用刀口同时剪切不同的两根线（如相线与中性线），以免发生短路事故。

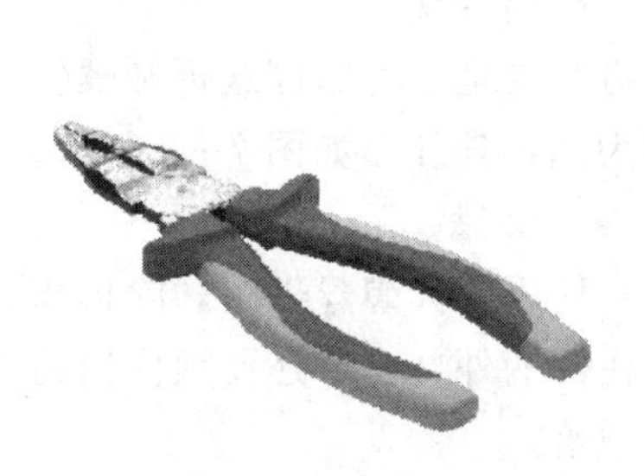

图 7－3　钢丝钳

图 7－4　尖嘴钳

(二) 尖嘴钳

尖嘴钳因其头部尖细（图 7－4），适用于在较窄小的工作空间操作。

1. 使用方法

（1）尖嘴钳可剪断细小的导线，也可用来对单股导线整形（如弯曲等）。

（2）尖嘴钳还可用来夹持较小的螺钉、螺帽、垫圈和导线等。

2. 注意事项

若使用尖嘴钳带电作业，应检查其绝缘是否良好，并且在作业时不要使金属部分触及人体或邻近的带电体，以免触电。

(三) 斜口钳 (断线钳)

斜口钳也称断线钳，其外形如图 7－5 所示。主要用来剪切电线、金属丝及导线电缆，还可直接剪断低压带电导体，如图 7－6 所示。

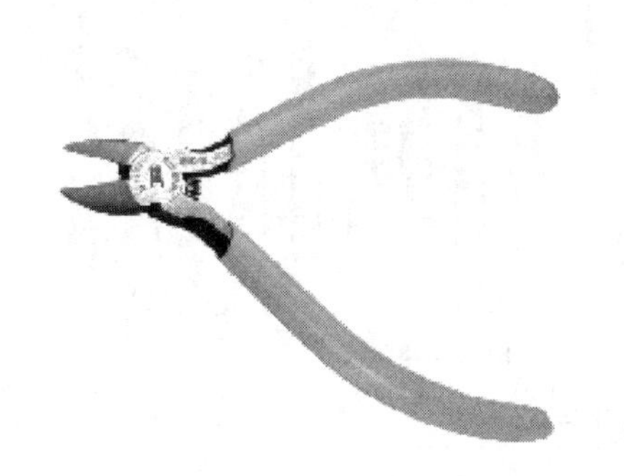

图 7－5　斜口钳

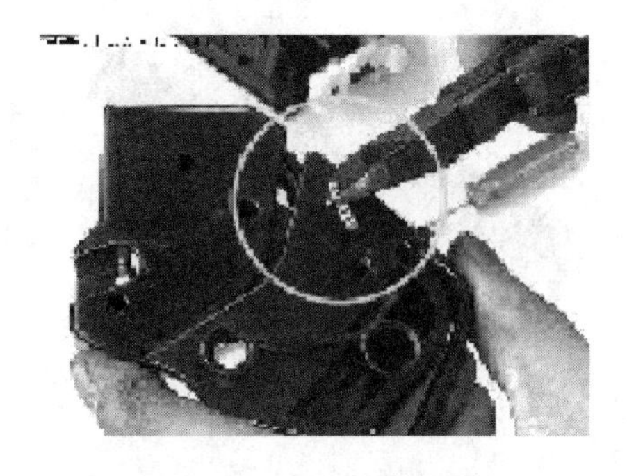

图 7－6　尖嘴钳的使用

对粗细不同、硬度不同的材料，应选用大小合适的斜口钳。

(四) 剥线钳

剥线钳主要用来剥削小直径导线绝缘层的专用工具，其外形如图 7－7 所示。

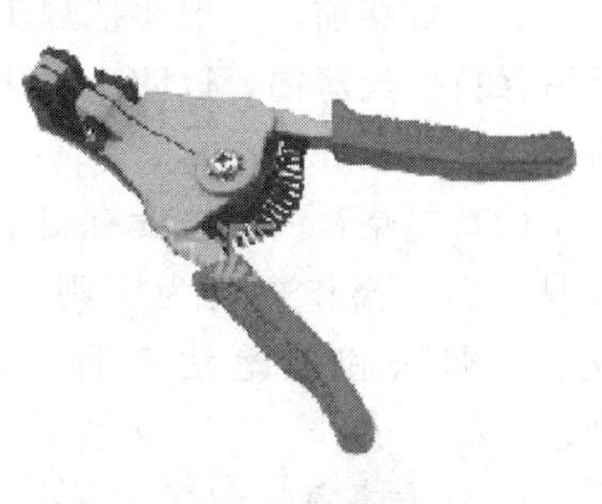

图 7－7　剥线钳

使用剥线钳时，将要剥削的绝缘层长度用标尺定好后，把导线放入相应的刃口中，切口大小应略大于导线芯线直径，否则会切断芯线，握紧绝缘手柄，导线的绝缘层即被割破，并自动弹出。

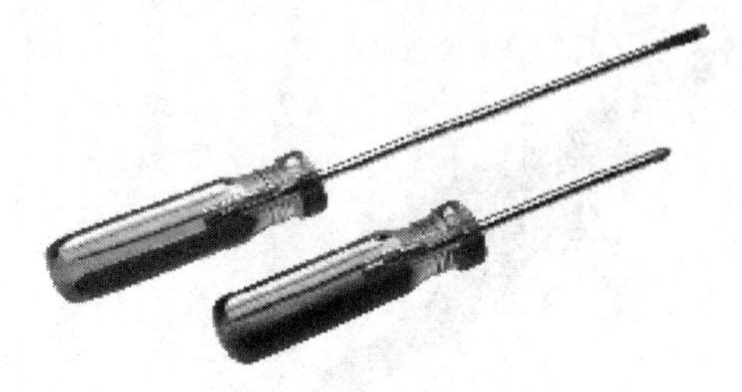

图 7-8 螺丝刀

四、螺钉旋具

螺钉旋具是一种紧固或拆卸螺钉的工具，以螺丝刀为例，其外形如图 7-8 所示。

1. 使用方法

(1) 使用较大螺丝刀时，除拇指、食指和中指要夹住握柄外，手掌还要顶住柄的末端以防止旋转时脱落。

(2) 使用较小螺丝刀时，用拇指和中指夹着握柄，同时用食指顶住柄的末端用力旋动。

(3) 使用较长螺丝刀时，用右手压紧手柄并转动，同时左手握住螺丝刀的中间部分(不可放在螺钉周围，以免将手划伤)，以防止螺丝刀滑落。

2. 注意事项

(1) 带电作业时，手不可触及螺丝刀的金属杆，以免发生触电事故。

(2) 作为电工，不应使用金属杆直通握柄顶部的螺丝刀。

(3) 为防止金属杆触到人体或临近带电体，金属杆应套上绝缘管。

五、电烙铁

电烙铁是使用最多、最频繁的锡焊工具，其外形如图 7-9 (a) 所示，常用烙铁头如图 7-9 (b) 所示。

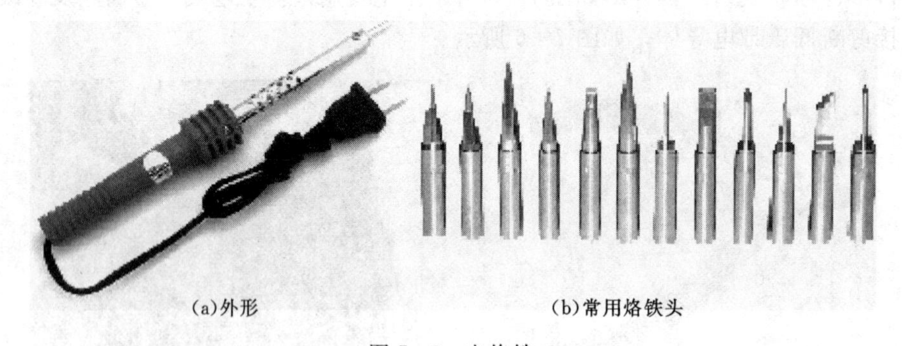

(a)外形　(b)常用烙铁头

图 7-9 电烙铁

1. 使用方法

(1) 焊接前，一般要把焊头的氧化层除去，并用焊剂进行上锡处理，使得焊头的前端经常保持一层薄锡，以防止氧化、减少能耗并保持导热良好。

(2) 电烙铁的握法没有统一的要求，以不易疲劳、操作方便为原则，一般有反握法、正握法和握笔法三种，如图 7-10 所示。

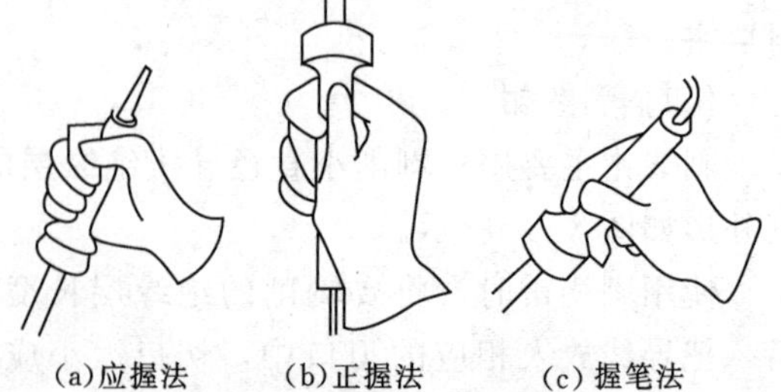

(a)应握法　(b)正握法　(c)握笔法

图 7-10 电烙铁的握法

2. 注意事项

(1) 使用前应检查电源线是否良好，有

无被烫伤。

(2) 焊接电子类元件时，应采用防漏电等安全措施。

(3) 当焊头因氧化而不“吃锡”时，不可硬烧。

(4) 当焊头上锡较多不便焊接时，不可甩锡，不可敲击。

(5) 焊接较小元件时，时间不宜过长，以免因热损坏元件。

(6) 焊接完毕，应拔去电源插头，将电烙铁置于金属支架上，防止烫伤或火灾的发生。

六、手电钻

手电钻是一种头部有钻头、内部装有单相换向器电动机、靠旋转钻孔的手持式电动工具，其外形如图 7-11 所示。

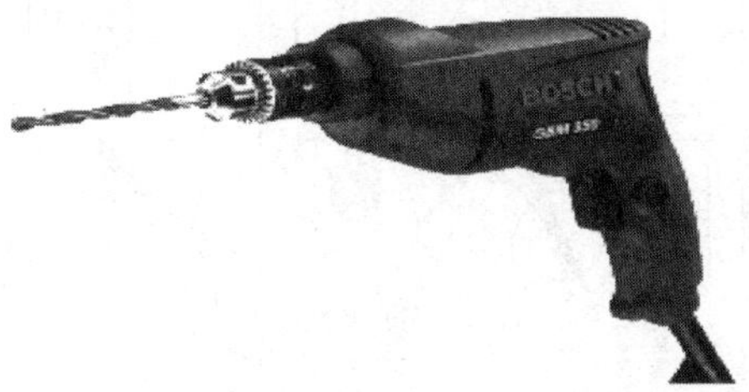

图 7-11　手电钻

使用手电钻的注意事项：

(1) 较长时间未用的手电钻在使用前应用兆欧表测量其绝缘电阻，一般不应小于 0.5MΩ。

(2) 使用 220V 的手电钻时，应戴绝缘手套，潮湿环境应使用 36V 安全电压的手电钻。

(3) 根据所钻孔的大小，合理选择钻头尺寸；钻头装夹要合理、可靠。

(4) 钻孔时，不要用力过猛；当转速较低时，应放松压力，以防电钻过热或堵钻。

(5) 被钻孔的构件应固定可靠，以防随钻头一并旋转，造成构件的飞甩。

知识链接二　电工常用仪表

一、万用表的使用

万用表是一种多功能、多量程的便携式电测量仪表，是电工中使用最频繁的仪表。常用的万用表有模拟式（指针式）和数字式两种。

(一) 模拟式万用表

1. 准备工作

(1) 熟悉转换开关、旋钮、插孔等的作用。

(2) 了解刻度盘上每条刻度线所对应的被测电量。

(3) 将红表笔插入“+”插孔，黑表笔插入“-”插孔。

(4) 机械调零。开关旋转到任一挡，注意两表笔不能短接，旋动万用表面板上的机械零位调整螺钉，使指针对准刻度盘左端的“0”位置，如图 7-12 所示。

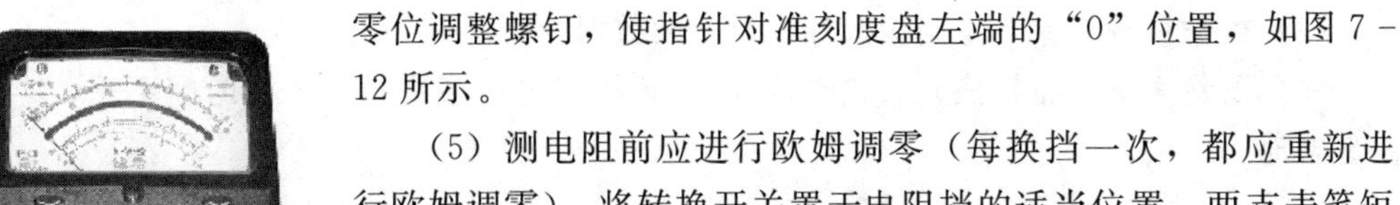

图 7-12　模拟式万用表

(5) 测电阻前应进行欧姆调零（每换挡一次，都应重新进行欧姆调零）。将转换开关置于电阻挡的适当位置，两支表笔短接，旋动欧姆调零旋钮，使指针对准欧姆标度尺右边的“0”位线。

2. 测量电压

(1) 正确选择量程。量程的选择应尽量使指针偏转到满刻度的2/3左右。如果事先不清楚被测电压的大小时，应先选择最高量程挡，然后逐渐减少到合适的量程。

（2）交流电压的测量。把转换开关拨到交流电压挡，选择合适的量程。将万用表两个表笔并接在被测电路的两端，不分正负极，其读数方法为

实际值＝指针指示格数×（量程/满偏格数）

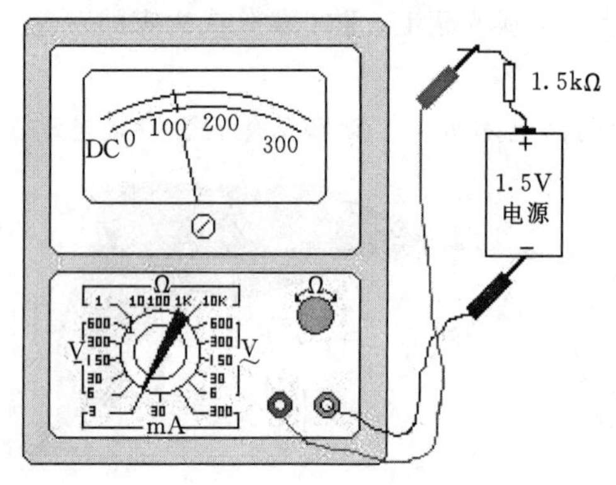

图7-13 直流电压的测量

（3）直流电压的测量。把转换开关拨到直流电压挡并选择合适的量程。把万用表并接到被测电路上，红表笔接被测电压的正极，黑表笔接被测电压的负极，即让电流从红表笔流入，从黑表笔流出，如图7-13所示。读数方法为

实际值＝指针指示格数×（量程/满偏格数）

3．测电阻

（1）断开被测电路的电源及连接导线，合理选择量程，以指针居中或偏右为最佳。一般情况下，应使指针指在刻度尺的1/3～2/3。

（2）欧姆调零。测量电阻之前，应将两个表笔短接，同时调节“调零旋钮”，使指针刚好指在刻度线右侧的零位。并且每换一次挡位，都要进行欧姆调零，以保证测量准确。

（3）读数。表头的读数乘以倍率就是所测电阻的电阻值。

4．测量直流电流

（1）测量直流电流时，将万用表的转换开关置于直流电流挡的50μA～2.5A的合适量程上。

（2）测量时必须先断开电路，然后按照电流从“+”到“−”的方向，将万用表串联到被测电路中，即电流从红表笔流入，从黑表笔流出。如果误将万用表与负载并联，则因表头的内阻很小，会造成短路烧毁仪表。其读数方法为

实际值＝指针指示格数×（量程/满偏格数）

5．注意事项

（1）测量过程中不得换挡。

（2）读数时，应三点一线（眼睛、指针及指针在刻度中的影子）。

（3）根据被测对象，正确读取标度尺上的数据。

（4）测量完毕应将转换开关置空挡或OFF挡或电压最高挡。若长时间不用，应取出内部电池。

（二）数字式万用表

1．直流（交流）电压的测量

（1）将红表笔插入“VΩ”插孔，黑表笔插入“COM”插孔。

（2）正确选择量程，将功能开关置于直流或交流电压量程挡，如果事先不清楚被测电压的大小时，应先选择最高量程挡，根据读数需要逐步调低测量量程挡。

（3）将测试表笔并联到待测电源或负载上，从显示器上读取测量结果，如图 7－14 所示。

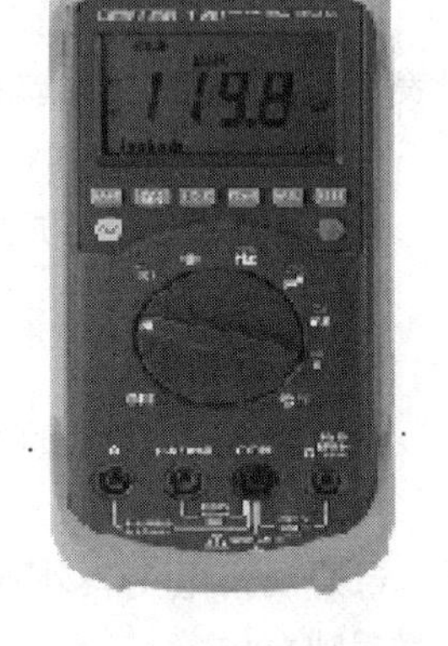

图 7－14　数字式万用表

2. 电阻的测量

（1）将红表笔插入“VΩ”插孔，黑表笔插入“COM”插孔。

（2）将功能开关置于“Ω”量程，测试表笔并接到待测电阻上。

（3）从显示器上读取被测结果。

注意：测在线电阻时，需确认被测电路已关断电源，同时电容已放完电，方能进行测量。

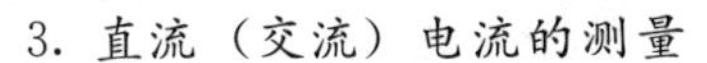

3. 直流（交流）电流的测量

（1）将红表笔插“mA”或“10～20A”插孔（200mA 以下的电流，插入“mA”插孔，200mA 以上的电流，插入“10～20A”插孔），黑表笔插入“COM”插孔。

（2）将功能开关置“A—”或“A～”量程，并将测试表笔串联接入到待测负载回路中。

（3）从显示器上读取被测结果。

4. 注意事项

（1）当显示屏出现“LOBAT”或“←”时，表明电池电压不足，应予更换。

（2）若测量电流时，没有读数，应检查熔丝是否熔断。

（3）测量完毕，应关上电源；若长期不用，应将电池取出。

（4）不宜在日光及高温、高湿环境下使用与存放。使用时应轻拿轻放。

二、电压表和电流表

（一）电压表

电压表也称伏特表，用于测量电路中的电压，其外形如图 7－15 所示。

图 7－15　电压表

1. 准备工作

（1）检查表笔插接是否正确，将红表笔插入“＋”插孔，黑表笔插入“－”或“＊”插孔。

（2）旋动挡位开关，应切换灵活无卡阻，挡位应准确。

（3）观察电压表外观是否完好无损，当轻轻摇晃时，指针应摆动自如。

（4）机械调零。开关旋转到任一挡，注意两表笔不能短接，旋动面板上的机械零位调整螺钉，使指针对准刻度盘左端的“0”位置。

2. 使用方法

（1）在使用电压表前，必须正确选择其量程与精度等级，量程的选择应遵循“由大到小，以指针居中或偏右为准”的原则。如果事先不清楚被测电压的大小时，应先选择最高量程挡，然后逐渐减少到合适的量程。

（2）在进行电压测量时，电压表应与被测电路并联。

（3）测量直流电压时，应注意极性，若无法区分正负极，则先将量程选在较高挡位，用表笔轻触电路，若指针反偏，则调换表笔。

（4）测量交流电压时，不分正负极性，选好量程将电压表与被测电路并联测量。

（5）电压表读数方法为

实际值＝指针指示格数×（量程/满偏格数）

（二）电流表

电流表是用于测量电路中电流的仪表，其外形如图 7－16 所示。

1. 准备工作

（1）观察电流表外观是否完好无损，当轻轻摇晃时，指针应摆动自如。

（2）旋动挡位开关，应切换灵活无卡阻，挡位应准确。

（3）将红表笔插入“＋”插孔，黑表笔插入“－”或“＊”插孔。

（4）机械调零。开关旋转到任一挡，注意两表笔不能短接，旋动面板上的机械零位调整螺钉，使指针对准刻度盘左端的“0”位置。

图 7－16 电流表

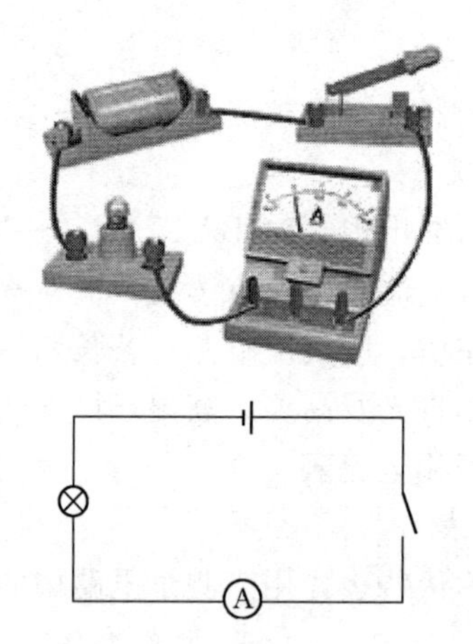

图 7－17 测量直流电流

2. 使用方法

（1）在使用电流表前，应合理选择量程，量程选择应以尽量使指针偏转到满刻度的 2/3 左右。

（2）测量直流电流时，应注意极性，先断开电路，然后按照电流从“＋”到“－”的方向，将电流表串联到被测电路中，即电流从红表笔流入，从黑表笔流出，如图 7－17 所示。

（3）电流表读数方法为

实际值＝指针指示格数×（量程/满偏格数）

（4）测量较大电流时，应先断开电源然后再撤表笔。

3. 注意事项

（1）电压表与电流表在测量过程中不得换挡。

（2）读数时，应三点一线（眼睛、指针及指针在刻度中的影子）。

（3）根据被测对象，正确读取标度尺上的数据。

（4）电压表与电流表若长时间不用，应取出内部电池。

三、钳形表和兆欧表

（一）钳形表

钳形表是电工日常维修工作中常用的电测仪表之一，其最大特点是能够在不影响被测电路正常工作的条件下进行电流及常规电参数的测量，外形如图 7－18 所示。

图 7－18　钳形表

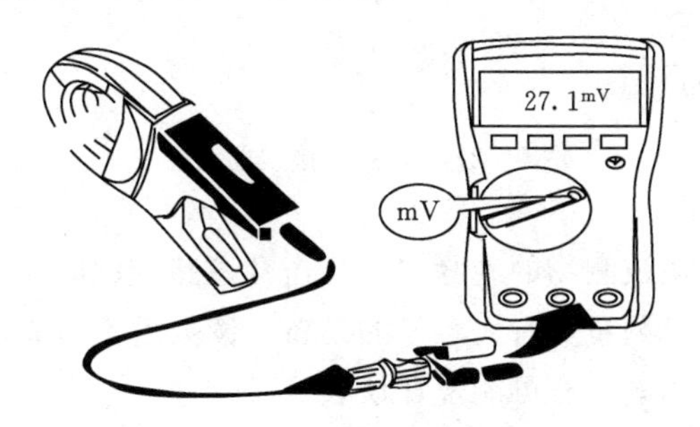

图 7－19　钳形表测量实例

1. 使用方法

（1）使用钳形表测量前，应先估计被测电流的大小以合理选择量程。

（2）使用时，将量程开关转到合适位置，手持胶木手柄，用食指勾紧铁心开关，打开铁心。将被测导线从铁心缺口引入到铁心中央，然后放松食指，铁心即自动闭合，即可直接读数，如图 7－19 所示。

2. 注意事项

（1）在较小空间内（如配电箱等）测量时，要防止因钳口的张开而引起相间短路。

（2）使用前应检查外观是否良好，绝缘有无损坏，手柄是否清洁干燥。

（3）测量过程中不得切换挡位。

（4）测量完毕应将量程置于最大挡位，以防下次使用时，因疏忽大意而造成仪表的以外损坏。

（二）兆欧表

兆欧表又称摇表，是一种专门用来测量绝缘电阻的便携式仪表。有三个接线柱，两个大的接线柱上分别标有 L 字符，接被测设备或线路的导体部分，标有 E 字符，接被测设备或线路的外壳或大地，较小的接线柱上标有 G 字符，接被测对象的屏蔽环（如电缆壳芯之间的绝缘层上）或不需测量的部分。常见接线方法如图 7－20 所示。

1. 使用方法

（1）测量前。要先切断被测设备或线路的电源，并将其导电部分对地进行充分放电。用兆欧表测量过的电气设备，也需进行接地放电，才可再次测量或使用。

（2）测量前，要先检查仪表是否完好：将接线柱 L、E 分开，由慢到快摇动手柄约 1min，使兆欧表内发电机转速稳定（约 120r/min），指针应指在“:”处；再将 L、E 接地，缓慢摇动手柄，指针应指在“0”处。

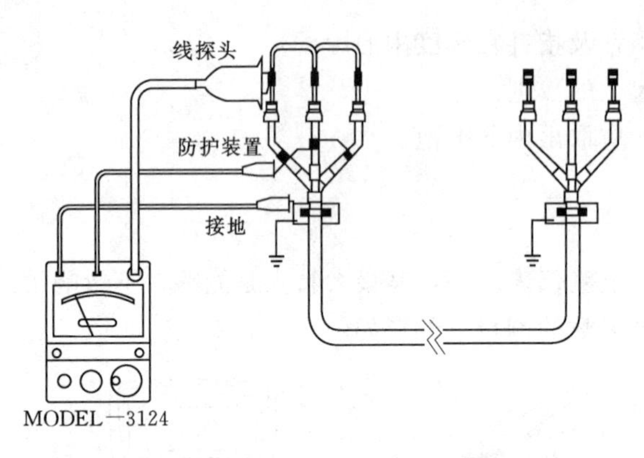

图 7－20　兆欧表接线图

（3）测量时，兆欧表应水平放置平稳。测量过程中，不可用手去触及被测物的测量部分，以防触电。

2. 注意事项

（1）仪表与被测物件的连接导线应采用绝缘良好的多股铜芯软线，而不能用双股绝缘线或绞线，且连接线不得绞在一起，以免造成测量数据不准。

（2）手摇发电机要保持匀速，不可忽快忽慢地使指针不停地摆动。

（3）测量过程中，若发现指针为零，说明被测物的绝缘层可能击穿短路，此时应停止继续摇动手柄。

（4）测量具有大容量的设备，读数后不得立即停止摇动手柄，否则已充电的电容将对兆欧表放电，有可能烧坏仪表。

（5）温度、湿度及被测物的有关状况等对绝缘电阻的影响较大，为便于分析比较，记录数据时应反映上述情况。

四、功率表和电能表

1. 功率表

功率表又称瓦特表，是用来测量电功率的仪表，如图 7－21 所示。

功率表的使用方法如下：

（1）功率表接线必须把握的两大原则是：电压线圈与被测电路并联，电流线圈与被测电路串联；带有“＊”的电压、电流接线柱必须同为进线。

（2）有“＊”的电流接线柱应接电源端，另一接线柱接负载端；标有“＊”的电压接线柱一定要接在带有“＊”的电流接线柱所接的那根电源线上，无符号的接线柱接在电源的另一根线上。

（3）接线时，应合理选择电压、电流的量程，并正确读取数据，所选择的电压、电流量程的乘积为功率表的满偏数值，其读数方法为

$$实际值＝指针指示格数×(量程/满偏格数)$$

图 7－21　功率表

图 7－22　电能表

2. 电能表

电能表又称电度表或千瓦时表，是用来统计用电设备电能消耗多少的仪表，如图 7 - 22 所示。

电能表安装与接线如下：

(1) 单相电能表一般应安装在配电盘的上方或左边，“表前”接电源进线，“表后”接开关和熔断器。安装时，电能表应与地面垂直，否则影响记数的准确性。

(2) 常用单相电能表的接线盒内有 4 个接线端，自左往右按 1、2、3、4 编号。接线时，一般而言，1、3 端接进线（其中“1”接相线，“3”接中性线），2、4 端接出线（其中“2”接相线，“4”接中性线），如图 7 - 23 (a)、(b) 所示。具体接线时应以电能表附接线图为准，其接线原则与功率表相同。

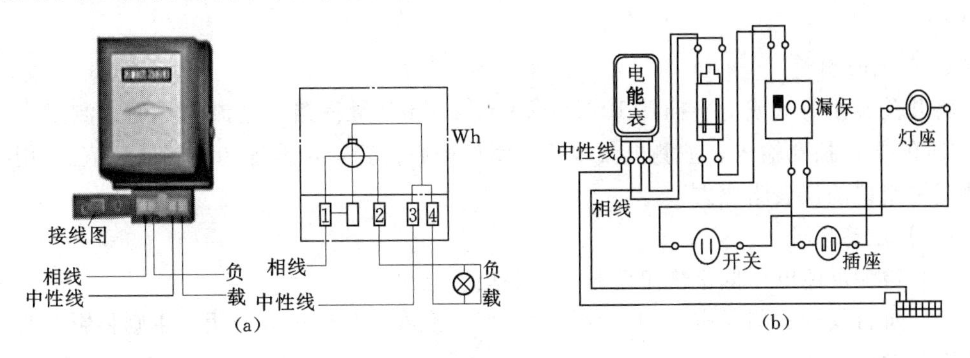

图 7 - 23　单相电能表接线图

五、相位表

相位表以 SMG2000B 型手持式数字双钳相位伏安表为例，如图 7 - 24 所示。

(一) 使用方法

1. 使用前电池工作电压的检测

(1) 测量前，将开关分别旋至 BAT1、BAT2 挡，按下 ON－OFF 电源按钮，指示值即为对应电池工作时的电压值，如果电池电压显示抵于 8V 时，则应更换电池。

(2) 同时机内还具有电池电压自动检测功能，工作中当显示器左下角出现“－”符号时，提示 BAT2 电池量不足，应更换电池。

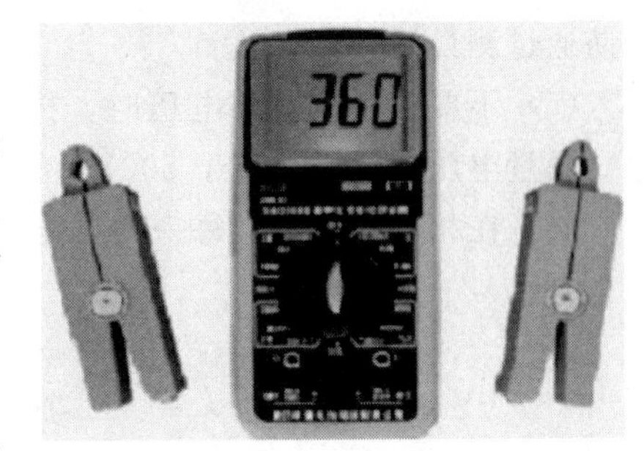

图 7 - 24　相位表

(3) 电池更换方法：更换电池时应在电池盖 OPEN 处先下压，再前推打开电池盖，更换新电池。

2. 相位的测量

(1) 相位满度校准。在相位测量时，应先校准满度，方法为：按下电源按钮，将开关旋至“360°”校挡，如果显示的数值不是 360°时，应调相位校准电位器 W，使仪器显示 360°。再将开关旋至 φ 挡，即可相位测量。

(2) 测量两路电压之间的相位。将两路电压从 U_1 端和 U_2 端输入，注意电压的假设参考方向均为由红端到黑端，指示值即为 U_1 端电压超前 U_2 端电压的相位角。

（3）测量两路电流之间的相位。将两路电流信号通过测量钳从 I_1 和 I_2 插孔输入，此时注意假设电流参考方向均为从测量钳有标记端流入（钳头的白点标记），示值即为 I_1 插孔电流超前 I_2 插孔电流的相位角。

（4）测量电压与电流之间的相位。测量电压与电流之间的相位时，将电压从 U_1 端输入，电流从插孔输入或将电压从 U_2 端输入，而电流从 I_1 插孔输入，注意电压假设参考方向由红端到黑端；电流假设参考方向从测量钳有标记端流入。

3. 电压测量

将开关旋至 U_1 端（或 U_2 端）500V 或 200V 量程挡。电压信号从 U_1 端（或 U_2 端）输入，示值即为所测电压值。此时应注意如果不知测量电压范围时，应将开关先旋至 500V 挡。

4. 电流的测量

将开关旋至 I_1（或 I_2）插孔 10A 或 2A 或 200mA 量程挡，电流信号通过测量钳从电流 I_1 插孔或 I_2 插孔输入，被测电流线置于钳口中心位置，示值即为所测电流值。（用时应将测量钳钳口的仪表脂擦去）

（二）注意事项

（1）检测电池电压低于规定值时，需要更换电池。

（2）每台仪表的测量钳只和本台仪表匹配，不可与其他仪表调用，否则将影响测试结果的准确度。

（3）测量钳的钳口涂以仪表脂，用时擦去，用后再涂上仪表脂，钳口的锈蚀直接影响测量的精度。

（4）本仪表只可供二次回路和低压回路检测使用，不能用于测量高压线路中的电流，以防通过测量钳触电。

（5）不要在输入被测电压时，拔插测量线，以免手触及输入信号或输入插孔引起触电。测量电压上限不得高于 500V。

（6）在相位测量时，每一路只能接入一个信号；如果接入的是电压，则应将电流插头拔去。

训练题集七

一、实操题

1. 区别直流电与交流电：氖管里的两个极同时发亮的，即是交流电；若氖管中只有一根发亮的为直流电。

2. 识别相线碰壳，将验电器触及设备的外壳，若氖管发亮，则说明该设备火线有碰壳现象；如外壳接地良好，氖管不会发亮。

3. 使用一字、十字螺丝刀紧固大小不同的螺钉。

4. 用钢丝钳紧固、起松螺母和钳削导线绝缘。

5. 用尖嘴钳将单股导线弯成直径为 4～5mm 的圆弧。

6. 用剥线钳对废旧导线做剥削练习。

7. 练习焊接件的表面处理与焊接。

8. 进行不同粗细导线间的焊接及常见元器件的焊接练习。

二、思考题

1. 检验低压验电器的使用方法是什么？

2. 使用电工刀时应注意哪些问题？

3. 使用螺丝刀的安全注意事项有哪些？

4. 钢丝钳在电工作业时有哪些作用？应注意的事项有哪些？

5. 使用电烙铁时，应注意哪些问题？

6. 电能表出现不转或反转现象如何处理？

7. 如何扩大电压表的量程？

8. 若将电压表与被测电路串联，其结果如何？

9. 如何扩大电流表的量程？

10. 若将电流表与被测电路并联，其后果如何？

11. 在万用表中，何谓机械调零？何谓电调零？有何区别？

12. 使用数字式万用表时，应注意什么事项？

13. 使用钳形表应注意什么问题？

14. 为什么测量绝缘电阻要用兆欧表而不用万用表？

15. 使用兆欧表时，L、E、G 三端应分别怎样连接？

16. 在功率表和电能表中，电流线圈和电压线圈与负载间应是何种连接方式？

17. 电能表可用来测量直流电能吗？

项目八　实训训练项目

任务导入

学习领域	电工应用技术		
项目八	实训训练项目	学时	18
任　务　布　置			
任务描述	通过实训可巩固所学知识，训练操作技能，并培养严谨的科学作风。实训是本课程的一个重要环节，不能轻视。实训前务必认真准备；实训时积极思考，多动手，能正确连接电路。能够正确使用电工仪器仪表，读取数据，项目实施过程中，按照8S标准管理工作现场		
知识目标	（1）掌握电路元件及基本物理量测绘。 （2）掌握基尔霍夫定律、叠加定理、电源模型等效变换线路、戴维宁定理的应用内容。 （3）了解单相和三相交流电路的内容。 （4）掌握互感电路和*RC*一阶电路的观测方法		
技能目标	（1）学会利用8S标准管理工作现场。 （2）可独立利用电工常用仪器仪表，进行检测和排除电路故障。 （3）具有实训内容设计、电路安装调试的能力，学会分类与归纳方法，培养抽象、归纳能力		

任务实施

子项目一　8S标准管理工作现场

训练完成后，应及时对实训场地进行卫生清洁，将物品摆放整齐，保持现场整洁，做到标准化管理。

一、现代实训室的8S标准化管理

8S就是整理（SEIRI）、整顿（SEITON）、清扫（SEISO）、清洁（SETKETSU）、素养（SHTSUKE）、安全（SAFETY）、节约（SAVING）、环保（SURROUNDINGS）八个项目，因其均以“S”开头，简称为8S。

8S标准化管理指严格按照现代企业标准化现场管理的理念要求自己，并通过自身的

不断学习，提升综合素质，消除安全隐患、节约成本和时间。

（1）整理。工作现场，区别要与不要的东西，只保留有用的东西，撤除不需要的东西。

（2）整顿。把要用的东西，按规定位置摆放整齐，并做好标志，进行妥善管理。

（3）清扫。将不需要的东西清除掉，保持工作现场无垃圾，无污秽状态。

（4）清洁。维持以上整理、整顿、清扫后的局面，使工作人员觉得整洁、卫生。

（5）素养。每位员工养成良好的习惯，遵循规则。

（6）安全。一切工作均以安全为前提。

（7）节约。不断地减少企业的人力、成本、空间、时间、物品的浪费。

（8）环保。防治污染、改善环境。

二、实训检查

检查自己工作中是否做到如下8S的标准化管理：

（1）工作中整理工作现场，保持工作场地的卫生清洁。

（2）工作中整理工作现场，保持工具、物品的整齐有序。

（3）工作中互相帮助，相互提醒，讲服务，讲奉献。

三、仪器仪表、工具与材料的归还

仪器仪表、工具与材料使用完毕后应归还相应管理实训室。

子项目二　基本电工仪表操作训练

实训一　仪表使用及测量误差的计算

（一）实训目的

（1）熟悉实验台上各类电源及各类测量仪表的布局和使用方法。

（2）掌握指针式电压表、电流表内阻的测量方法。

（3）熟悉电工仪表测量误差的计算方法。

（二）原理说明

（1）为了准确地测量电路中实际的电压和电流，必须保证仪表接入电路后不会改变被测电路的工作状态。这就要求电压表的内阻为无穷大，电流表的内阻为零。而实际使用的指针式电工仪表都不能满足上述要求。因此，当测量仪表一旦接入电路，就会改变电路原有的工作状态，这就导致仪表的读数值与电路原有的实际值之间出现误差。误差的大小与仪表本身内阻的大小密切相关。只要测出仪表的内阻，即可计算出由其产生的测量误差。以下介绍几种测量指针式仪表内阻的方法。

（2）用“分流法”测量电流表的内阻。如图8-1所示。A为被测内阻（R_A）的直流电流表。测量时先断开开关S，调节电流源的输出电流I使A表指针满偏转。然后合上开关S，并保持I值不变，调节电阻箱R_B的阻值，使电流表的指针指在1/2满偏转位置，此时有

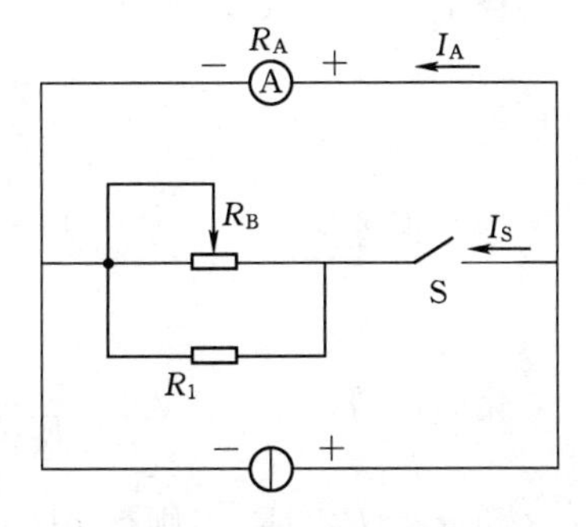

图8-1　可调电流源

$$I_A = I_S = I/2$$

所以
$$R_A = R_B // R_1$$

R_1 为固定电阻的值，R_B 可由电阻箱的刻度盘上读得。

(3) 用分压法测量电压表的内阻。如图 8 - 2 所示，V 为被测内阻（R_V）的电压表。

测量时先将开关 S 闭合，调节直流稳压电源的输出电压，使电压表 V 的指针为满偏转。然后断开开关 S，调节 R_B 使电压表 V 的指示值减半。此时有

$$R_V = R_B + R_1$$

电压表的灵敏度为

$$S = R_V / U\ (\Omega/V)$$

式中　U——电压表满偏时的电压值。

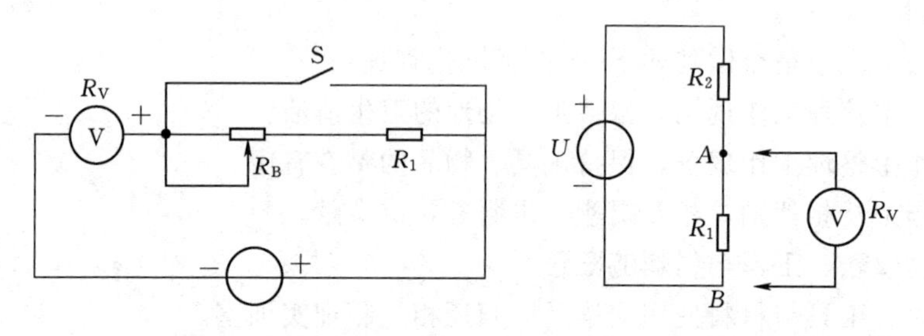

图 8 - 2　可调稳压源　　　　图 8 - 3　方法误差的计算示例

(4) 仪表内阻引起的测量误差（通常称为方法误差，而仪表本身结构引起的误差称为仪表基本误差）的计算。

1) 以图 8 - 3 所示电路为例，R_1 上的电压为

$$U_{R1} = \frac{R_1}{R_1 + R_2} U$$

若 $R_1 = R_2$，则

$$U_{R1} = \frac{1}{2} U$$

现用一内阻为 R_V 的电压表来测量 U_{R1} 值，当 R_V 与 R_1 并联后，$R_{AB} = \dfrac{R_V R_1}{R_V + R_1}$，以此来替代上式中的 R_1，则得

$$U'_{R1} = \frac{\dfrac{R_V R_1}{R_V + R_1}}{\dfrac{R_V R_1}{R_V + R_1} + R_2} U$$

绝对误差为
$$\Delta U = U'_{R1} - U_{R1} = U \left(\frac{\dfrac{R_V R_1}{R_V + R_1}}{\dfrac{R_V R_1}{R_V + R_1} + R_2} - \frac{R_1}{R_1 + R_2} \right)$$

化简后得
$$\Delta U = \frac{-R_1^2 R_2 U}{R_V (R_1^2 + 2R_1 R_2 + R_2^2) + R_1 R_2 (R_1 + R_2)}$$

若 $R_1 = R_2 = R_V$，则得 $\Delta U = -\dfrac{U}{6}$。

相对误差

$$\Delta U\% = \frac{U'_{R1} - U_{R1}}{U_{R1}} \times 100\% = \frac{-U/6}{U/2} \times 100\% = -33.3\%$$

由此可见，当电压表的内阻与被则电路的电阻相近时，测量的误差是非常大的。

2）伏安法测量电阻的原理。测出流过被测电阻 R_X 的电流 I_R 及其两端的电压降 U_R，则其阻值 $R_X = U_R / I_R$。实际测量时，有两种测量线路，即相对于电源而言：①电流表 A（内阻为 R_A）接在电压表 V（内阻为 R_V）的内侧；②A 接在 V 的外测。两种线路分别如图 8-4（a）、（b）所示。

由图 8-4（a）可知，只有当 $R_X < R_V$ 时，R_V 的分流作用才可忽略不计，A 的读数接近于实际流过 R_X 的电流值。图 8-4（a）的接法称为电流表的内接法。

由图 8-4（b）可知，只有当 $R_X > R_A$ 时，R_A 的分压作用才可忽略不计，V 的读数接近于 R_X 两端的电压值。图 8-4（b）的接法称为电流表的外接法。

实际应用时，应根据不同情况选用合适的测量线路，才能获得较准确的测量结果。

以图 8-4 为例，设 $U=20\text{V}$，$R_A=100\Omega$，$R_V=20\text{k}\Omega$。假定 R_X 的实际值为 10kΩ。如果采用图 8-4（a）所示电路测量，经计算，A、V 的读数分别为 2.96mA 和 19.73V，故

$$R_X = 19.73/2.96 = 6.667(\text{k}\Omega)$$

如果采用图 8-4（b）所示电路测量，经计算，A、V 的读数分别为 1.98mA 和 20V，故

$$R_X = 20/1.98 = 10.1(\text{k}\Omega)$$

相对误差为　　$(10.1-10)/10 \times 100\% = 1\%$

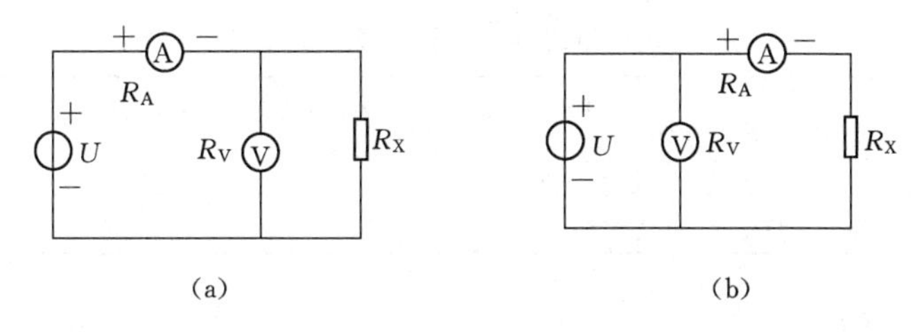

图 8-4　伏安法测量电阻的原理图

（三）实训设备

实训设备见表 8-1。

表 8-1　　**实 训 设 备**

序 号	名 称	型号与规格	数 量	备 注
1	可调直流稳压电源	0～30V		
2	可调恒流源	0～500mA	1 只	
3	指针式万用表	MF500	1 只	自备
4	可调电阻箱	0～9999.9Ω	1 个	KMDG—05
5	电阻器	按需选择		KMDG—05

（四）实训内容

（1）根据“分流法”原理测定指针式万用表（MF—47 型或其他型号）直流电流 0.5mA 和 5mA 挡量限的内阻。电路如图 8-2 所示。R_B 可选用挂箱中的电阻，记录表 8-2 中。

表 8-2　“分流法”测定指针式万用表内阻记录表

被测电流表量限 /mA	S 断开时的表读数 /mA	S 闭合时的表读数 /mA	R_B/Ω	R_1/Ω	计算内阻 R_A /Ω
0.5					
5					

（2）根据“分压法”原理按图 8-3 接线，测量指针式万用表直流电压 2.5V 和 10V 挡量限的内阻，将结果记录于表 8-3 中。

表 8-3　“分压法”测定指针式表用表内阻记录表

被测电压表量限 /V	S 闭合时表读数 /V	S 断开时表读数 /V	$R_B/k\Omega$	$R_1/k\Omega$	计算内阻 R_V /kΩ
2.5					
10					

（3）用指针式万用表直流电压 10V 挡量限测量图 8-4 电路中 R_1 上的电压 U'_{R1} 的值，并计算测量的绝对误差与相对误差，将结果记录于表 8-4 中。

表 8-4　测量 U'_{R1} 记录表

U/V	$R_2/k\Omega$	$R_1/k\Omega$	$R_{10V}/k\Omega$	计算值 U_{R1} /V	实测值 U'_{R1} /V	绝对误差 ΔU	相对误差 $(\Delta U/U)\times100\%$
1	10	50					

（五）实训注意事项

（1）在开启挂箱的电源开关前，应将两路电压源的输出调节旋钮调至最小（逆时针旋到底），并将恒流源的输出粗调旋钮拨到 2mA 挡，输出细调旋钮应调至最小。接通电源后，再根据需要缓慢调节。

（2）当恒流源输出端接有负载时，如果需要将其粗调旋钮由低挡位向高挡位切换时，必须先将其细调旋钮调至最小。否则输出电流会突增，可能会损坏外接器件。

（3）电压表应与被测电路并接，电流表应与被测电路串接，并且都要注意正、负极性与量程的合理选择。

（4）实训内容（1）、（2）中，R_1 的取值应与 R_B 相近。

（5）本实训子项目仅测试指针式仪表的内阻。由于所选指针表的型号不同，本实训子项目中所列的电流、电压量程及选用的 R_B、R_1 等均会不同。实训时应按选定的表型自行确定。

（六）思考题

（1）根据实训内容（1）和（2），若已求出 0.5mA 挡和 2.5V 挡的内阻，可否直接计算得出 5mA 挡和 10V 挡的内阻？

（2）用量程为 10A 的电流表测实际值为 8A 的电流时，实际读数为 8.1A，求测量的绝对误差和相对误差。

（七）实训报告

（1）列表记录实训数据，并计算各被测仪表的内阻值。

（2）分析实训结果，总结应用场合。

（3）对思考题的计算。

（4）其他（包括实训的心得、体会及意见等）。

实训二　减小仪表测量误差的方法

（一）实训目的

（1）进一步了解电压表、电流表的内阻在测量过程中产生的误差及其分析方法。

（2）掌握减小因仪表内阻所引起的测量误差的方法。

（二）原理说明

减小因仪表内阻而产生的测量误差的方法有以下两种。

1. 不同量限两次测量计算法

当电压表的灵敏度不够高或电流表的内阻太大时，可利用多量限仪表对同一被测量用不同量限进行两次测量，用所得读数经计算后可得到较准确的结果。

如图 8－5 所示电路，欲测量具有较大内阻 R_0 的电动势 U_S 的开路电压 U_O 时，如果所用电压表的内阻 R_V 与 R_0 相差不大时，将会产生很大的测量误差。

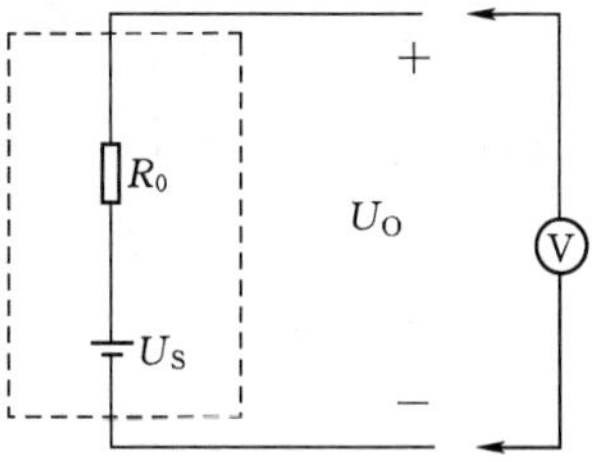

设电压表有两挡量限，U_1、U_2 分别为在这两个不同量限下测得的电压值，令 R_{V1} 和 R_{V2} 分别为这两个相应量限的内阻，则由图 8－5 可得出

$$U_1=\frac{R_{V1}}{R_0+R_{V1}}U_S, U_2=\frac{R_{V2}}{R_0+R_{V2}}U_S$$

图 8－5　电压表不同量限两次测量

由以上两式可解得 U_S 和 R_0。其中 U_S（即 U_O）为

$$U_S=\frac{U_1U_2(R_{V2}-R_{V1})}{U_1R_{V2}-U_2R_{V1}}$$

由上式可知，当电源内阻 R_0 与电压表的内阻 R_V 相差不大时，通过上述的两次测量结果，即可计算出开路电压 U_O 的大小，且其准确度要比单次测量好得多。

对于电流表，当其内阻较大时，也可用类似的方法测得较准确的结果，如图 8－6 所示。

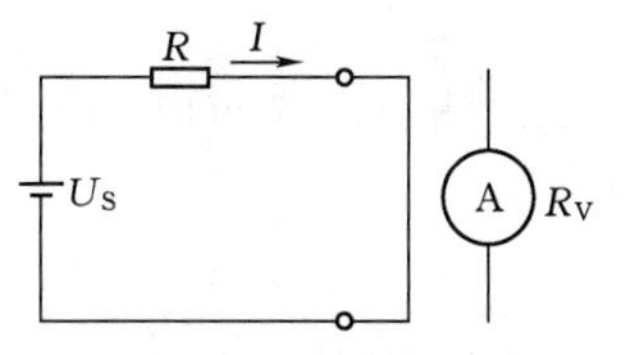

图 8－6　电流表不同量限两次测量

电路，不接入电流表时的电流为 $I=\frac{U_S}{R}$，接入内阻为 R_A 的电流表 A 时，电路中的电流变为

$$I'=\frac{U_S}{R+R_A}$$

如果 $R_A=R$，则 $I'=I/2$，出现很大的误差。

如果用有不同内阻 R_{A1}、R_{A2} 的两挡量限的电流表作两次测量并经简单的计算就可得到较准确的电流值。

按图 8-6 所示电路，两次测量得

$$I_1=\frac{U_S}{R+R_{A1}},I_2=\frac{U_S}{R+R_{A2}}$$

由以上两式可解得 U_S 和 R，进而可得

$$I=\frac{U_S}{R}=\frac{I_1I_2(R_{A1}-R_{A2})}{I_1R_{A1}-I_2R_{A2}}$$

2. 同一量限两次测量计算法

如果电压表（或电流表）只有一挡量程，且电压表的内阻较小（或电流表的内阻较大）时，可用同一量限两次测量法减小测量误差。其中，第一次测量与一般的测量并无两样。第二次测量时必须在电路中串入一个已知阻值的附加电阻。

（1）电压测量。测量如图 8-7 所示电路的开路电压 U_O。

设电压表的内阻为 R_V。第一次测量，电压表的读数为 U_1。第二次测量时应与电压表串接一个已知阻值的电阻 R，电压表读数为 U_2。由图 8-7 可知

$$U_1=\frac{R_VU_S}{R_0+R_V},U_2=\frac{R_VU_S}{R_0+R+R_V}$$

由以上两式可解得 U_S 和 R_0，其中 U_S（即 U_O）为

$$U_S=U_O=\frac{RU_1U_2}{R_V(U_1-U_2)}$$

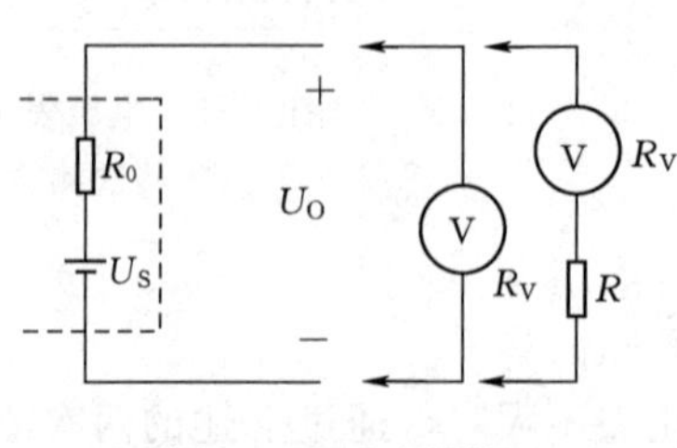

图 8-7　电压测量

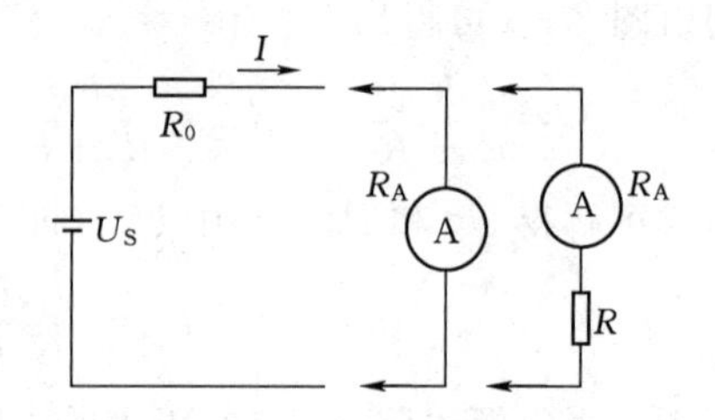

图 8-8　电流测量

（2）电流测量。测量如图 8-8 所示电路的电流 I。

设电流表的内阻为 R_A。第一次测量电流表的读数为 I_1。第二次测量时应与电流表串接一个已知阻值的电阻器 R，电流表读数为 I_2。由图 8-8 可知

$$I_1=\frac{U_S}{R_0+R_A},\quad I_2=\frac{U_S}{R_0+R_A+R}$$

由以上两式可解得 U_S 和 R_0，从而可得

$$I=\frac{U_S}{R_0}=\frac{I_1 I_2 R}{I_2(R_A+R)-I_1 R_A}$$

由以上分析可知，当所用仪表的内阻与被测线路的电阻相差不大时，采用多量限仪表不同量限两次测量法或单量限仪表两次测量法，再通过计算就可得到比单次测量准确得多的结果。

（三）实训设备

实训设备见表8-5。

表8-5　　实 训 设 备

序　号	名　称	型号与规格	数　量	备　注
1	直流稳压电源	0～30V		
2	指针式万用表	MF500	1只	自备
3	直流数字毫安表	0～200mA	1只	
4	可调电阻箱	0～9999.9Ω	1个	KMDG—05
5	电阻器	按需选择		KMDG—05

（四）实训内容

1. 双量限电压表两次测量法

按图8-7电路，实训中利用实训台上挂箱的一路直流稳压电源，取$U_S=2.5V$，R_0选用50kΩ（取自电阻箱）。用指针式万用表的直流电压2.5V和10V两挡量限进行两次测量，最后算出开路电压U'_O值记录表8-6中。

表8-6　　双量限电压表两次测量法

万用表电压量限/V	内阻值/kΩ	两个量限的测量值U/V	电路计算值U_O/V	两次测量计算值U'_O/V	U的相对误差值/%	U'_O的相对误差/%
2.5						
10						

$R_{2.5V}$和R_{10V}参照本子项目中“实训一、仪表使用及测量误差的计算”的结果。

2. 单量限电压表两次测量法

实训线路同“1. 双量限电压表两次测量法”。先用上述万用表直流电压2.5V量限挡直接测量，得U_1。然后串接$R=10k\Omega$的附加电阻器再一次测量，得U_2。计算开路电压U'_O的值记录于表8-7中。

表8-7　　单量限电压表两次测量法

实际计算值U_O/ V	两次测量值		测量计算值U'_O/ V	U_1的相对误差/%	U'_O的相对误差/%
	U_1/V	U_2/V			

3. 双量限电流表两次测量法

按图8-6线路进行实训，$U_S=0.3V$，$R=300\Omega$（取自电阻箱），用万用表0.5mA和5mA两挡电流量限进行两次测量，计算出电路的电流值I'记录表8-8中。

表8-8　　双量限电流表两次测量法

万用表电流量限/mA	内阻值/Ω	两个量限的测量值I_1/mA	电路计算值I/mA	两次测量计算值I'/mA	I_1的相对误差/%	I'的相对误差/%
0.5						
5						

$R_{0.5mA}$和R_{5mA}参照本子项目中“实训一、仪表使用及测量误差的计算”的结果。

4. 单量限电流表两次测量法

实训线路同“3. 双量限电流表两次测量法”。先用万用表0.5mA电流量限直接测量，得I_1。再串联附加电阻$R=30\Omega$进行第二次测量，得I_2。求出电路中的实际电流I'的值并记录于表8-9中。

表8-9　　单量限电流表两次测量法

实际计算值I/mA	两次测量值		测量计算值I'/mA	I_1的相对误差/%	I'的相对误差/%
	I_1/mA	I_2/mA			

（五）实训注意事项

（1）采用不同量限两次测量法时，应选用相邻的两个量限，且被测值应接近于低量限的满偏值。否则，当用高量限测量较低的被测值时，测量误差会较大。

（2）所用的MF500型万用表属于较精确的仪表。在大多数情况下，直接测量误差不会太大。只有当被测电压源的内阻大于1/5电压表内阻或者被测电流源内阻小于5倍电流表内阻时，采用本实训的测量、计算法才能得到较满意的结果。

（六）思考题

（1）完成各项实训内容的计算。

（2）说说本实训的收获与体会。

实训三　仪表量程扩展实训

（一）实训目的

（1）了解指针式毫安表的量程和内阻在测量中的作用。

（2）掌握毫安表改装成电流表和电压表的方法。

（3）学会电流表和电压表量程切换开关的应用方法。

（二）原理说明

1. 基本表的概念

一只毫安表允许通过的最大电流称为该表的量程，用I_g表示，该表有一定的内阻，

用 R_g 表示。这就是一个“基本表”，其等效电路如图 8－9 所示。I_g 和 R_g 是毫安表的两个重要参数。

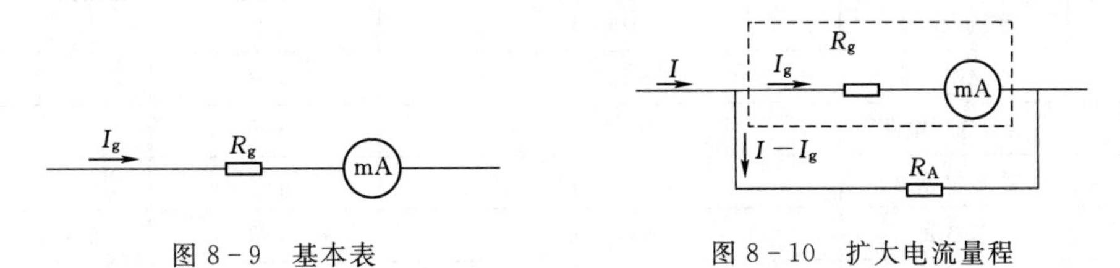

图 8－9　基本表

图 8－10　扩大电流量程

2. 扩大毫安表的量程

满量程为 1mA 的毫安表，最大只允许通过 1mA 的电流，过大的电流会造成“打针”，甚至烧断电流线圈。要用它测量超过 1mA 的电流，必须扩大毫安表的量程，即选择一个合适的分流电阻 R_A 与基本表并联，如图 8－10 所示。

设基本表满量程为 $I_g=1\text{mA}$，基本表内阻 $R_g=100\Omega$。

现要将其量程扩大 10 倍（即可用来测量 10mA 电流），则应并联的分流电阻 R_A 应满足下式

$$I_gR_g=(I-I_g)R_A$$

即
$$1\times100\Omega=(10-1)\times R_A$$

则
$$R_A=\frac{100}{9}\Omega=11.1\Omega$$

同理，要使其量程扩展为 100mA，则应并联 1.01Ω 的分流电阻。

当用改装后的电流表来测量 10mA（或 100mA）以下的电流时，只要将基本表的读数乘以 10（或 100）或者直接将仪表面板的满刻度刻成 10mA 或 100mA 即可。

3. 将基本表改装为电压表

一只毫安表也可以改装为一只电压表，只要选择一只合适的分压电阻 R_V 与基本表相串接即可，如图 8－11 所示。

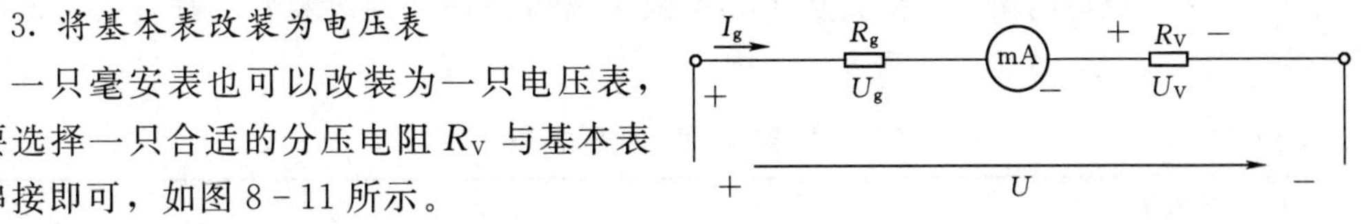

图 8－11　电压表

设被测电压值为 U，则

$$U=U_g+U_V=I_g(R_g+R_V)$$

则
$$R_V=\frac{U-I_gR_g}{I_g}=\frac{U}{I_g}-R_g$$

要将量程为 1mA、内阻为 100Ω 的毫安表改装为量程为 1V 的电压表，则应串联的分压电阻的阻值应为

$$R_V=\frac{1\text{V}}{1\text{mA}}-100=1000-100=900(\Omega)$$

若要将量程扩大到 10V，试问应串多大的分压电阻呢?

(三) 实训设备

实训设备见表 8－10。

表 8-10　　实训设备

序号	名称	型号与规格	数量	备注
1	直流电压表	0～300V	1只	
2	直流毫安表	0～500mA	1只	
3	直流稳压电源	0～30V	1个	
4	直流恒流源	0～500mA	1个	
5	基本表	1mA，100Ω	1只	KMDG—05
6	电阻	1.01Ω，11.1Ω，900Ω，9.9kΩ	各1个	KMDG—05

(四) 实训内容与步骤

1. 1mA 表表头的检验

(1) 调节恒流源的输出，最大不超过 1mA。

(2) 先对毫安表进行机械调零，再将恒流源的输出接至毫安表的信号输入端。

(3) 调节恒流源的输出，令其从 1mA 调至 0，分别读取指针表的读数，并记录于表 8-11 中。

表 8-11　　恒流源的输出电流

恒流源输出/mA	1	0.8	0.6	0.4	0.2	0
表头读数/mA						

2. 将基本表改装为量程为 10mA 的毫安表

(1) 将分流电阻 11.1Ω 并接在基本表的两端，这样就将基本表改装成了满量程为 10mA 的毫安表。

(2) 调节恒流源的输出，使其从 10mA 依次减小 2mA，用改装好的毫安表依次测量恒流源的输出电流，并记录于表 8-12 中。

表 8-12　　恒流源的输出电流

恒流源输出/mA	10	8	6	4	2	0
毫安表读数/mA						

(3) 将分流电阻改换为 1.01Ω，再重复上述测量步骤 (注意要改变恒流源的输出值)。

3. 将基本表改装为一只电压表

(1) 将分压电阻 9.9kΩ 与基本表相串接，这样基本表就被改装成为满量程为 10V 的电压表。

(2) 调节电压源的输出，使其从 0V 依次增加 2V，用改装成的电压表进行测量，并记录于表 8-13 中。

表 8-13　　电压源的输出电压

电压源输出/V	10	8	6	4	2	0
改装表读数/V						

(3) 将分压电阻换成 900Ω，重复上述测量步骤（注意调整电压源的输出）。

(五) 实训注意事项

(1) 输入仪表的电压和电流要注意到仪表的量程，不可过大，以免损坏仪表。

(2) 可外接标准表（如直流毫安表和直流电压表作为标准表）进行校验。

(3) 注意接入仪表的信号的正、负极性，以免指针反偏而损坏仪表。

(4) 挂箱上。11.1Ω、1.01Ω、9.9kΩ、900Ω 四个电阻的阻值是按照量程 $I_g=1\text{mA}$、内阻 $R_g=100\Omega$ 的基本表计算出来的。基本表的 R_g 会有差异，利用上述 4 个电阻扩展量程后，将使测量误差增大。因此，实验时，可先按实验一测出 R_g，并计算出量程扩展电阻 R，再从挂箱的电阻箱上取得 R 值，可提高实验的准确性、实际性。

(六) 预习思考题

如果要将本实训中的几种测量改为万用表的操作方式，需要用什么样的开关来进行切换，以便对不同量程的电压、电流进行测量？该线路应如何设计？

(七) 实训报告

(1) 总结电路原理中分压、分流的具体应用。

(2) 总结仪表的改装方法。

(3) 测量误差的分析。

(4) 设计预习思考题的实现线路。

子项目三　电路元件及基本物理量测绘训练

实训一　电路元件伏安特性的测绘

(一) 实训目的

(1) 学会识别常用电路元件的方法。

(2) 掌握线性电阻、非线性电阻元件伏安特性的测绘。

(3) 掌握实训台上直流电工仪表和设备的使用方法。

(二) 原理说明

任何一个二端元件的特性可用该元件上的端电压 U 与通过该元件的电流 I 之间的函数关系 $I=f(U)$ 来表示，即用 $I-U$ 平面上的一条曲线来表征，这条曲线称为该元件的伏安特性曲线。

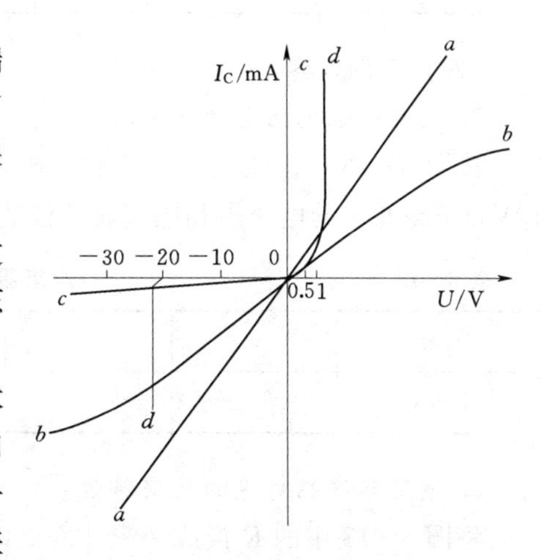

图 8-12　函数 $I=f(U)$ 的曲线

(1) 线性电阻器的伏安特性曲线是一条通过坐标原点的直线，如图 8-12 中 a 曲线所示，该直线的斜率等于该电阻器的电阻值。

(2) 一般的白炽灯在工作时灯丝处于高温状态，其灯丝电阻随着温度的升高而增大，通过白炽灯的电流越大，其温度越高，阻值也越大，一般灯泡的“冷电阻”与“热电阻”的阻值可相差几倍至十几倍，所以它的伏安特性如图 8-12 中

曲线 b 所示。

(3) 一般的半导体二极管是一个非线性电阻元件，其伏安特性如图 8-12 中 c 所示。正向压降很小（一般的锗管为 0.2～0.3V，硅管为 0.5～0.7V），正向电流随正向压降的升高而急骤上升，而反向电压从零一直增加到十多伏至几十伏时，其反向电流增加很小，粗略地可视为零。可见，二极管具有单向导电性，但反向电压加得过高，超过管子的极限值，则会导致管子击穿损坏。

(4) 稳压二极管是一种特殊的半导体二极管，其正向特性与普通二极管类似，但其反向特性较特别，如图 8-12 中 d 曲线所示。在反向电压开始增加时，其反向电流几乎为零，但当电压增加到某一数值时（称为管子的稳压值，有各种不同稳压值的稳压二极管）电流将突然增加，以后它的端电压将基本维持恒定，当外加的反向电压继续升高时其端电压仅有少量增加。

注意：流过二极管或稳压二极管的电流不能超过管子的极限值，否则管子会被烧坏。

(三) 实训设备

实训设备见表 8-14。

表 8-14　　实训设备

序号	名称	型号与规格	数量	备注
1	可调直流稳压电源	0～30V	1个	
2	万用表	FM500	1只	
3	直流数字毫安表	0～200mA	1只	
4	直流数字电压表	0～200V	1只	
5	二极管	IN4007	1只	KMDG—05
6	稳压二极管	2CW51	1只	KMDG—05
7	白炽灯	12V，0.1A	1只	KMDG—05
8	线性电阻器	200Ω，1kΩ，510Ω	1个	KMDG—05

(四) 实训内容

1. 测定线性电阻器的伏安特性

按图 8-13 所示接线，调节稳压电源的输出电压 U，从 0 开始缓慢地增加，一直到 10V，记录相应的电压表和电流表的读数 U_R、I 于表 8-15 中。

表 8-15　　电阻器伏安特性测量值

U_R/V	0	2	4	6	8	10
I/mA						

2. 测定非线性灯泡的伏安特性

将图 8-13 中的 R 换成一只 12V、0.1A 的灯泡，重复步骤 1。U_L 为灯泡的端电压，记录 I 的值于表 8-16 中。

表 8-16　　非线性灯泡伏安特性测量值

U_L/V	0.1	0.5	1	2	3	4	5
I/mA							

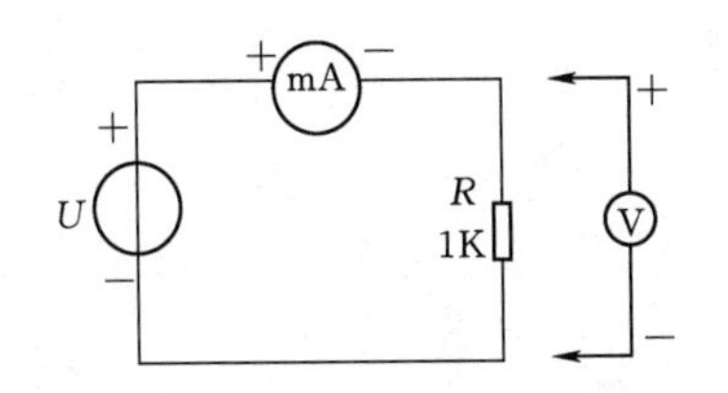

图 8-13　电阻器伏安特性的测量电路

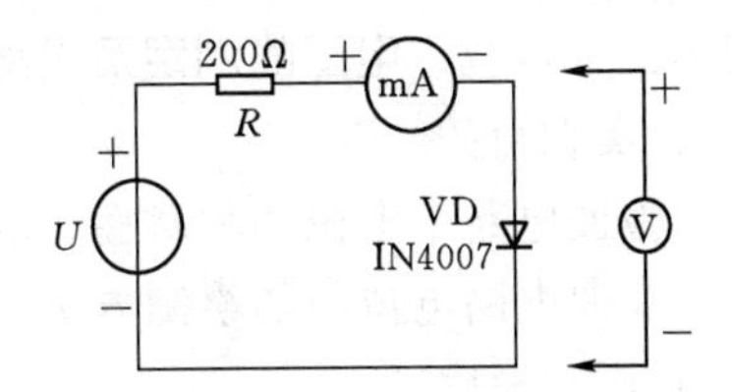

图 8-14　半导体二极管伏安特性测量电路

3. 测定半导体二极管的伏安特性

按图 8-14 所示接线，R 为限流电阻器。测二极管的正向特性时，其正向电流不得超过 35mA，二极管 VD 的正向施压 U_{VD+} 可在 0～0.75V 取值。在 0.5～0.75V 应多取几个测量点。测反向特性时，只需将图 8-14 中的二极管 VD 反接，且其反向施压 U_{VD-} 可达 30V。正向特性实训数据记录于表 8-17 中。

表 8-17　　半导体二极管正向伏安特性测量值

U_{VD+}/ V	0.10	0.30	0.50	0.55	0.60	0.65	0.70	0.75
I/mA								

反向特性实训数据记录于表 8-18 中。

表 8-18　　半导体二极管反向伏安特性测量值

U_{VD-}/V	0	−5	−10	−15	−20	−25	−30
I/mA							

(五) 实训注意事项

(1) 测二极管正向特性时，稳压电源输出应由小至大逐渐增加，应时刻注意电流表读数不得超过 35mA。

(2) 如果要测定 2AP9 的伏安特性，则正向特性的电压值应取 0V、0.10V、0.13V、0.15V、0.17V、0.19V、0.21V、0.24V、0.30V，反向特性的电压值取 0V、2V、4V、…、10V。

(3) 进行不同实训时，应先估算电压和电流值，合理选择仪表的量程，勿使仪表超量程，仪表的极性亦不可接错。

(六) 思考题

(1) 线性电阻与非线性电阻的概念是什么？电阻器与二极管的伏安特性有何区别？

(2) 设某器件伏安特性曲线的函数式为 $I=f(U)$，试问在逐点绘制曲线时，其坐标变量应如何放置？

(3) 稳压二极管与普通二极管有何区别，其用途如何？

（七）实训报告

（1）根据各实训数据，分别在方格纸上绘制出光滑的伏安特性曲线。（其中二极管和稳压二极管的正、反向特性均要求画在同一张图中，正、反向电压可取为不同的比例尺）

（2）根据实训结果，总结、归纳被测各元件的特性。

实训二　电位、电压的测定及电路电位图的绘制

（一）实训目的

（1）验证电路中电位的相对性、电压的绝对性。

（2）掌握电路电位图的绘制方法。

（二）原理说明

在一个闭合电路中，各点电位的高低视所选的电位参考点的不同而变，但任意两点间的电位差（即电压）则是绝对的，它不因参考点的变动而改变。

电位图是一种平面坐标一、四两象限内的折线图。其纵坐标为电位值，横坐标为各被测点。要制作某一电路的电位图，先以一定的顺序如图中的 $A \sim F$ 对电路中各被测点编号。以图 8－15 所示电路为例，在坐标横轴上按顺序、均匀间隔标上 A、B、C、D、E、F。再根据测得的各点电位值，在各点所在的垂直线上描点。用直线依次连接相邻两个电位点，即得该电路的电位图。

在电位图中，任意两个被测点的纵坐标值之差即为该两点之间的电压值。在电路中电位参考点可任意选定。对于不同的参考点，所绘出的电位图形是不同的，但其各点电位变化的规律却是一样的。

（三）实训设备

实训设备见表 8－19。

表 8－19　　实 训 设 备

序号	名称	型号与规格	数量	备注
1	直流可调稳压电源	0～30V	1 台	
2	万用表	MF500	1 只	
3	直流数字电压表	0～200V	1 只	
4	电位、电压测定实验电路板		1 块	KMDG－03

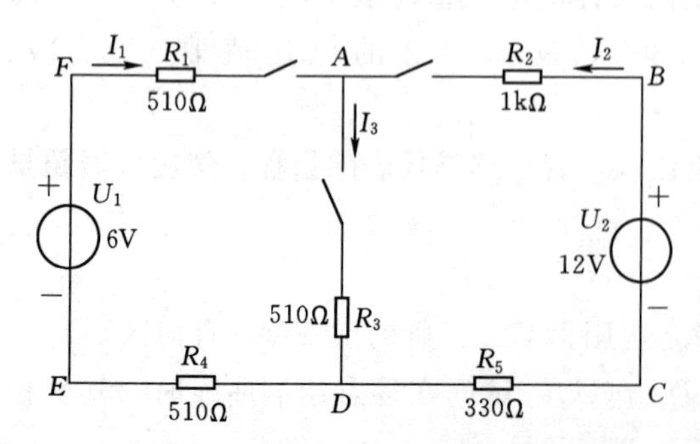

图 8－15　基尔霍夫定律/叠加定理线路

（四）实训内容

利用实训挂箱上的“基尔霍夫定律/叠加定理”线路，按图 8－15 所示接线。

（1）分别将两路直流稳压电源接入电路，令 $U_1=6V$，$U_2=12V$。（先调准输出电压值，再接入实验线路中）

（2）以图 8－15 中的 A 点作为电位的参考点，分别测量 B、C、D、E、F 各点的电位值 φ 及相邻两点之间的电压值 U_{AB}、U_{BC}、

U_{CD}、U_{DE}、U_{EF}及U_{FA}，将数据列于表8－20中。

（3）以D点作为参考点，重复实训内容（2）的测量，测得数据列于表8－20中。

表8－20　　电位、电压的测量值

电位参考点	φ与U	φ_A/(°)	φ_B/(°)	φ_C/(°)	φ_D/(°)	φ_E/(°)	φ_F/(°)	U_{AB}/V	U_{BC}/V	U_{CD}/V	U_{DE}/V	U_{EF}/V	U_{FA}/V
A	计算值												
	测量值												
	相对误差												
D	计算值												
	测量值												
	相对误差												

（五）实训注意事项

（1）本实训线路板系多个实训通用，本次实训中不使用电流插头。

（2）测量电位时，用指针式万用表的直流电压挡或用数字直流电压表测量时，用负表棒（黑色）接参考电位点，用正表棒（红色）接被测各点。若指针正向偏转或数显表显示正值，则表明该点电位为正（即高于参考点电位）；若指针反向偏转或数显表显示负值，此时应调换万用表的表棒，然后读出数值，此时在电位值之前应加一负号（表明该点电位低于参考点电位）。数显表也可不调换表棒，直接读出负值。

（六）思考题

若以F点为参考电位点，实训测得各点的电位值；现令E点作为参考电位点，试问此时各点的电位值应有何变化？

（七）实训报告

（1）根据实训数据，绘制两个电位图形，并对照观察各对应两点间的电压情况。两个电位图的参考点不同，但各点的相对顺序应一致，以便对照。

（2）完成数据表格中的计算，对误差作必要的分析。

（3）总结电位相对性和电压绝对性的结论。

（4）心得体会及其他。

子项目四　直流电路基尔霍夫定律的接线与测试

一、实训目的

（1）明确基尔霍夫定律的正确性，加深对基尔霍夫定律的理解。

（2）学会用电流插头、插座测量各支路电流。

二、原理说明

基尔霍夫定律是电路的基本定律。测量某电路的各支路电流及每个元件两端的电压，应能分别满足基尔霍夫电流定律（KCL）和电压定律（KVL）。即对电路中的任一个节点而言，应有$\sum I=0$；对任何一个闭合回路而言，应有$\sum U=0$。

运用上述定律时必须注意各支路或闭合回路中电流的参考方向，此方向可预先任意设定。

三、实训设备

实训设备见表8-21。

表8-21　实训设备

序号	名称	型号与规格	数量	备注
1	直流可调稳压电源	0～30V	1台	
2	万用表	MF500	1只	
3	直流数字电压表	0～200V	1只	
4	电位、电压测定实验电路板		1块	KMDG—03

四、实训内容

实训线路用挂箱的“基尔霍夫定律/叠加原理”线路，如图8-16所示。

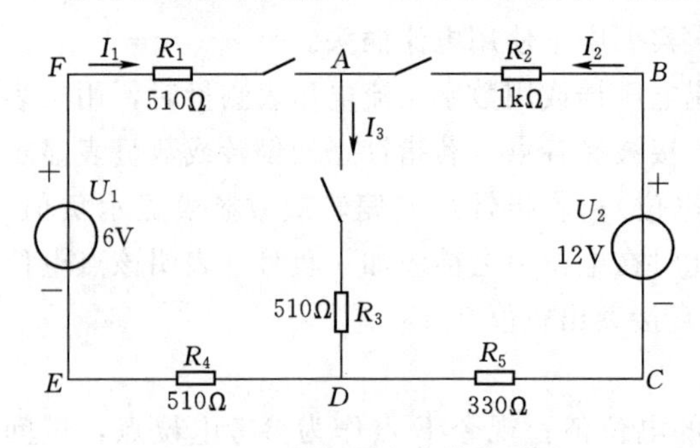

图8-16　基尔霍夫定律线路图

(1) 实训前先任意设定三条支路和三个闭合回路电流参考方向。图8-16所示的I_1、I_2、I_3方向已设定。三个闭合回路的电流正方向可设为$ADEFA$、$BADCB$和$FBCEF$。

(2) 分别将两路直流稳压源接入电路，令$U_1=6V$，$U_2=12V$。

(3) 熟悉电流插头的结构，将电流插头的两端接至数字毫安表的“+、−”两端。

(4) 将电流插头分别插入三条支路的三个电流插座中，读出并记录电流值。

(5) 用直流数字电压表分别测量两路电源及电阻元件上的电压值，记录于表8-22中。

表8-22　基尔霍夫定律的验证测量值

被测量	I_1/mA	I_2/mA	I_3/mA	U_1/V	U_2/V	U_{FA}/V	U_{AB}/V	U_{AD}/V	U_{CD}/V	U_{DE}/V
计算值										
测量值										
相对误差										

五、实训注意事项

(1) 所有需要测量的电压值，均以电压表测量的读数为准。U_1、U_2也需测量，不应取电源本身的显示值。

(2) 防止稳压电源两个输出端碰线短路。

(3) 用指针式电压表或电流表测量电压或电流时，如果仪表指针反偏，则必须调换仪表极性，重新测量。此时指针正偏，可读得电压或电流值。若用数显电压表或电流表测量，则可直接读出电压或电流值。但应注意：所读得的电压或电流值的正确正、负号应根

据设定的电流参考方向来判断。

六、预习思考题

(1) 根据图8-16所示电路参数，计算出待测的电流 I_1、I_2、I_3 和各电阻上的电压值，记入表中，以便实训测量时，可正确地选定毫安表和电压表的量程。

(2) 实训中，若用指针式万用表直流毫安挡测各支路电流，在什么情况下可能出现指针反偏，应如何处理？在记录数据时应注意什么？若用直流数字毫安表进行测量时，则会有什么显示呢？

七、实训报告

(1) 根据实训数据，选定节点 A，得出KCL的正确性。

(2) 根据实训数据，选定实训电路中的任一个闭合回路，得出KVL的正确性。

(3) 将支路和闭合回路的电流方向重新设定，重复 (1)、(2) 两项验证。

(4) 误差原因分析。

(5) 心得体会及其他。

子项目五　直流电路叠加定理的接线与测试

一、实训目的

线性电路叠加定理的正确性，加深对线性电路的叠加性和齐次性的认识和理解。

二、定理说明

叠加原理指出：在有多个独立源共同作用下的线性电路中，通过每一个元件的电流或其两端的电压，可以看成是由每一个独立源单独作用时在该元件上所产生的电流或电压的代数和。

线性电路的齐次性是指当激励信号（某独立源的值）增加或减小 K 倍时，电路的响应（即在电路中各电阻元件上所建立的电流和电压值）也将增加或减小 K 倍。

三、实训设备

实训设备见表8-23。

表8-23　实训设备

序号	名称	型号与规格	数量	备注
1	直流稳压电源	0～30V可调	1台	
2	万用表	MF500	1只	
3	直流数字电压表	0～200V	1只	
4	直流数字毫安表	0～200mA	1只	
5	叠加定理实验电路板		1块	KMDG—03

四、实训内容

实训线路如图8-17所示，用挂箱的“基尔霍夫定律/叠加原理”线路。

(1) 将两路稳压源的输出分别调节为12V和16V，接入 U_1 和 U_2 处。

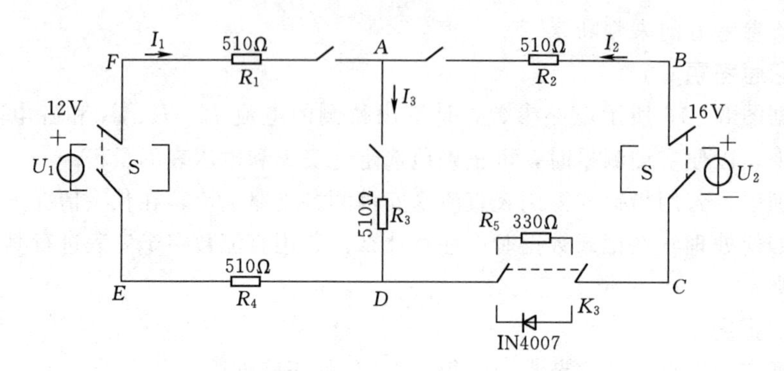

图 8-17 叠加原理线路

(2) 令 U_1 电源单独作用（将开关 S 投向 U_1 侧，开关 S 投向短路侧）。用直流数字电压表和毫安表（接电流插头）测量各支路电流及各电阻元件两端的电压，数据记入表 8-24。

表 8-24　　直流电路叠加定理验证测量值（一）

测量项目实验内容	U_1 / V	U_2 / V	I_1 / mA	I_2 / mA	I_3 / mA	U_{AB} / V	U_{CD} / V	U_{AD} / V	U_{DE} / V	U_{FA} / V
U_1 单独作用										
U_2 单独作用										
U_1、U_2 共同作用										
$2U_2$ 单独作用										

(3) 令 U_2 电源单独作用（将开关 S 投向短路侧，开关 S 投向 U_2 侧），重复实训步骤 2 的测量和记录，将数据记入表 8-24。

(4) 令 U_1 和 U_2 共同作用（开关 S 和 S 分别投向 U_1 和 U_2 侧），重复上述测量和记录，将数据记入表 8-24。

(5) 将 U_2 的数值调至+12V，重复上述第 (3) 项的测量并记录，将数据记入表8-24。

(6) 将 R_5 (330Ω) 换成二极管 1N4007（即将开关 S 投向二极管 IN4007 侧），重复 1～5的测量过程，将数据记入表 8-25。

(7) 任意按下某个故障设置按键，重复实验内容 (4) 的测量和记录，再根据测量结果判断出故障的性质。

表 8-25　　直流电路叠加定理验证测量值（二）

测量项目实验内容	U_1 / V	U_2 / V	I_1 / mA	I_2 / mA	I_3 / mA	U_{AB} / V	U_{CD} / V	U_{AD} / V	U_{DE} / V	U_{FA} / V
U_1 单独作用										
U_2 单独作用										
U_1、U_2 共同作用										
$2U_2$ 单独作用										

五、实训注意事项

（1）用电流插头测量各支路电流时，或者用电压表测量电压降时，应注意仪表的极性，正确判断测得值的＋、－后，记入数据表格。

（2）注意仪表量程的及时更换。

六、预习思考题

（1）在叠加定理实验中，要令 U_1、U_2 分别单独作用，应如何操作？可否直接将不作用的电源（U_1 或 U_2）短接置零？

（2）实训电路中，若有一个电阻器改为二极管，试问叠加定理的叠加性与齐次性还成立吗？为什么？

子项目六　两种实际电源等效变换线路的接线与测试

一、实训目的

（1）掌握电源外特性的测试方法。

（2）电压源与电流源等效变换的条件。

二、原理说明

（1）一个直流稳压电源在一定的电流范围内，具有很小的内阻。故在实用中，常将它视为一个理想的电压源，即其输出电压不随负载电流而变。其外特性曲线，即其伏安特性曲线 $U=f(I)$ 是一条平行于 I 轴的直线。一个实用中的恒流源在一定的电压范围内，可视为一个理想的电流源。

（2）一个实际的电压源（或电流源），其端电压（或输出电流）不可能不随负载而变，因它具有一定的内阻值。故在实验中，用一个小阻值的电阻（或大电阻）与稳压源（或恒流源）相串联（或并联）来模拟一个实际的电压源（或电流源）。

（3）一个实际的电源，就其外部特性而言，既可以看成是一个电压源，又可以看成是一个电流源。若视为电压源，则可用一个理想的电压源 U_S 与一个电阻 R_0 相串联的组合来表示；若视为电流源，则可用一个理想电流源 I_S 与一电导 g_0 相并联的组合来表示。如果这两种电源能向同样大小的负载供出同样大小的电流和端电压，则称这两个电源是等效的，即具有相同的外特性。

一个电压源与一个电流源等效变换的条件为

$I_S=U_S/R_0$，$g_0=1/R_0$ 或 $U_S=I_SR_0$，$R_0=1/g_0$，如图 8－18 所示。

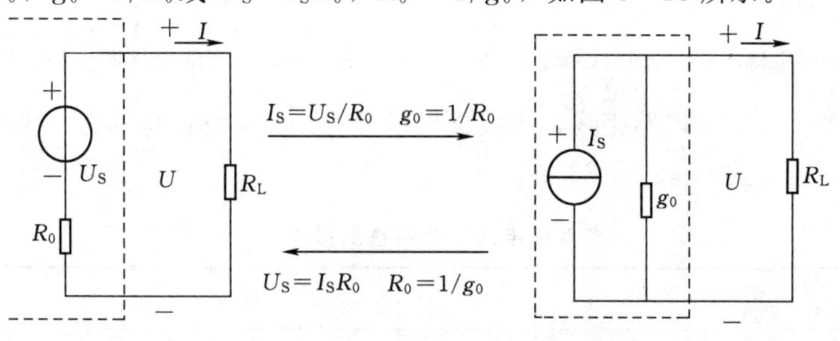

图 8－18　电压源与电流源等效变换

三、实训设备

实训设备见表8-26。

表8-26　　　　实 训 设 备

序 号	名 称	型号与规格	数 量	备 注
1	可调直流稳压电源	0～30V	1台	
2	可调直流恒流源	0～500mA	1台	
3	直流数字电压表	0～200V	1只	
4	直流数字毫安表	0～200mA	1只	
5	万用表	MF500	1只	
6	电阻器	120Ω，200Ω 300Ω，1kΩ		KMDG—04
7	可调电阻箱	0～99999.9Ω	1个	KMDG—04
8	实验线路			KMDG—03

四、实训内容

1. 测定直流稳压电源与实际电压源的外特性

(1) 按图8-19接线。U_S为+12V直流稳压电源（将R_0短接）。调节R_2，令其阻值由大至小变化，记录表8-27中。

表8-27　　　　直流稳压源外特性测量值

U/V							
I/mA							

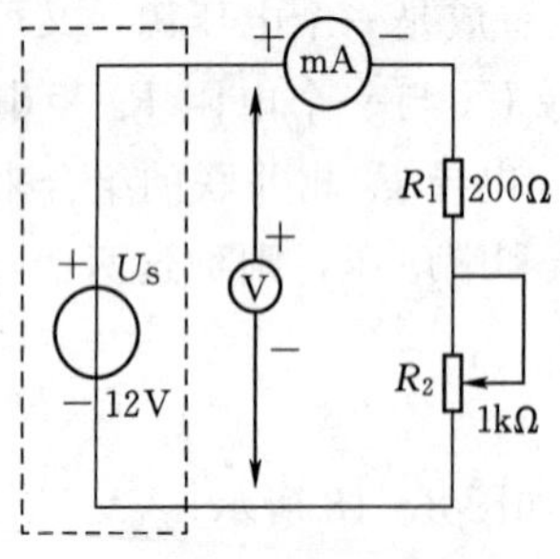

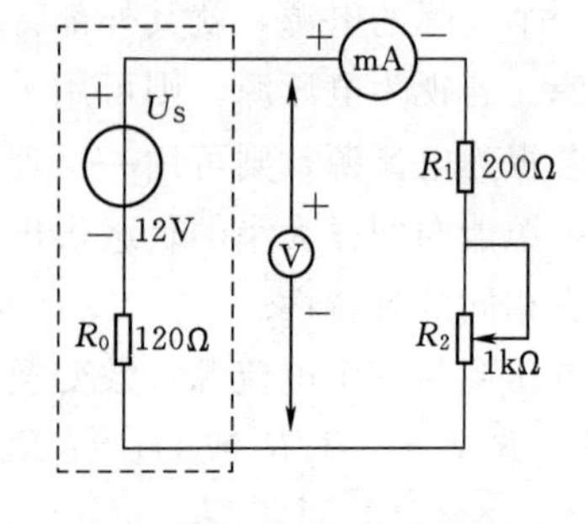

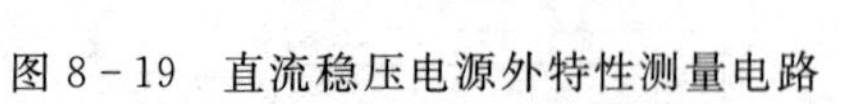
图8-19　直流稳压电源外特性测量电路　　　　图8-20　实际电压源外特性测量电路

(2) 按图8-20所示电路接线，虚线框可模拟为一个实际的电压源。调节R_2，令其阻值由大至小变化，记录于表8-28中。

表8-28　　　　实际电压源外特性测量电路

U/V							
I/mA							

2. 测定电流源的外特性

按图 8-21 所示电路接线，I_S 为直流恒流源，调节其输出为 10mA，令 R_0 分别为 1kΩ 和∞（即接入和断开），调节电位器 R_L（0～1kΩ），测出这两种情况下的电压表和电流表的读数。自拟数据表格，记录实训数据。

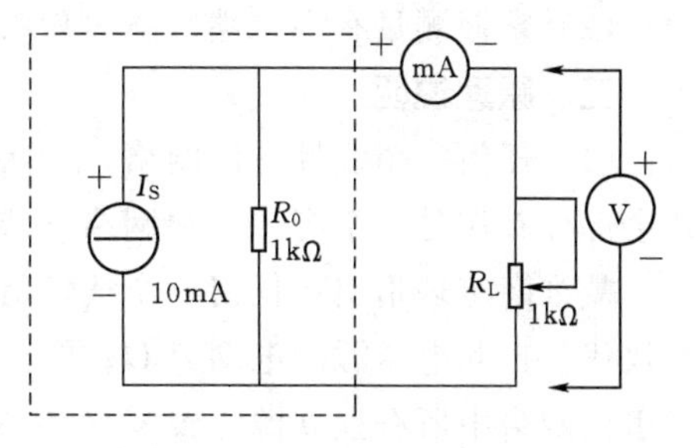

图 8-21 电流源外特性测量电路

3. 测定电源等效变换的条件

先按图 8-22（a）所示电路接线，记录电路中两表的读数。然后利用图 8-22（a）中右侧的元件和仪表，按图 8-22（b）所示电路接线。

调节恒流源的输出电流 I_S，使两表的读数与图 8-22（a）时的数值相等，记录 I_S 的值，验证等效变换条件的正确性。

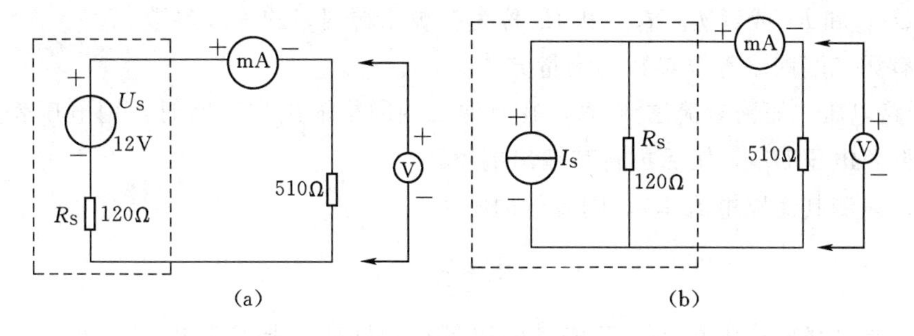

图 8-22 电源等效变换条件验证电路

五、实训注意事项

（1）在测电压源外特性时，不要忘记测空载时的电压值，测电流源外特性时，不要忘记测短路时的电流值，注意恒流源负载电压不要超过 20V，负载不要开路。

（2）换接电路时，必须关闭电源开关。

（3）直流仪表的接入应注意极性与量程。

六、预习思考题

（1）通常直流稳压电源的输出端不允许短路，直流恒流源的输出端不允许开路，为什么?

（2）电压源与电流源的外特性为什么呈下降变化趋势，稳压源和恒流源的输出在任何负载下是否保持恒值?

七、实训报告

（1）根据实训数据绘出电源的四条外特性曲线，并总结、归纳各类电源的特性。

（2）心得体会及其他。

子项目七 直流电路戴维南定理的接线与测试

一、实训目的

（1）戴维南定理的正确性，加深对该定理的理解。

（2）掌握测量有源二端网络等效参数的一般方法。

二、原理说明

（1）任何一个线性含源网络，如果仅研究其中一条支路的电压和电流，则可将电路的其余部分看作是一个有源二端网络（或称为含源一端口网络）。

戴维南定理指出：任何一个线性有源网络，总可以用一个电压源与一个电阻的串联来等效代替，此电压源的电动势 U_S 等于这个有源二端网络的开路电压 U_{OC}，其等效内阻 R_0 等于该网络中所有独立源均置零（理想电压源视为短接，理想电流源视为开路）时的等效电阻。

诺顿定理指出：任何一个线性有源网络，总可以用一个电流源与一个电阻的并联组合来等效代替，此电流源的电流 I_S 等于这个有源二端网络的短路电流 I_{SC}，其等效内阻 R_0 定义同戴维南定理。

$U_{OC}(U_S)$ 和 R_0 或者 $I_{SC}(I_S)$ 和 R_0 称为有源二端网络的等效参数。

（2）有源二端网络等效参数的测量方法。

1）开路电压、短路电流法测 R_0。在有源二端网络输出端开路时，用电压表直接测其输出端的开路电压 U_{OC}，然后再将其输出端短路，

用电流表测其短路电流 I_{SC}，则等效内阻为

$$R_0=\frac{U_{OC}}{I_{SC}}$$

如果二端网络的内阻很小，若将其输出端口短路则易损坏其内部元件，因此不宜用此法。

2）伏安法测 R_0。用电压表、电流表测出有源二端网络的外特性曲线，如图 8-23 所示。根据外特性曲线求出斜率 $\tan\varphi$，则内阻

$$R_0=\tan\phi=\frac{\Delta U}{\Delta I}=\frac{U_{OC}}{I_{SC}}$$

也可以先测量开路电压 U_{OC}，再测量电流为额定值 I_N 时的输出端电压值 U_N，则内阻为

$$R_0=\frac{U_{OC}-U_N}{I_N}$$

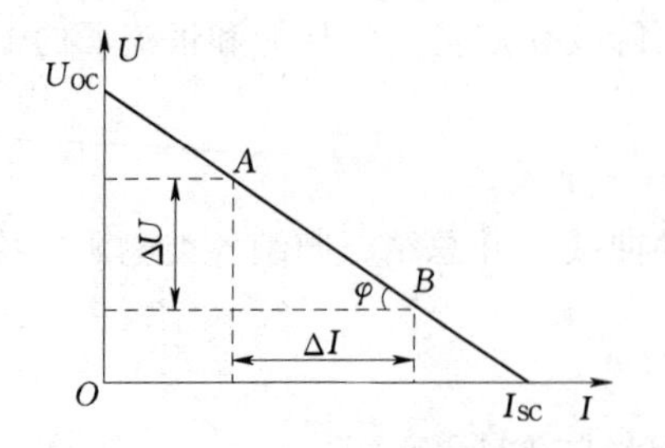

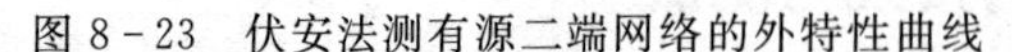
图 8-23　伏安法测有源二端网络的外特性曲线

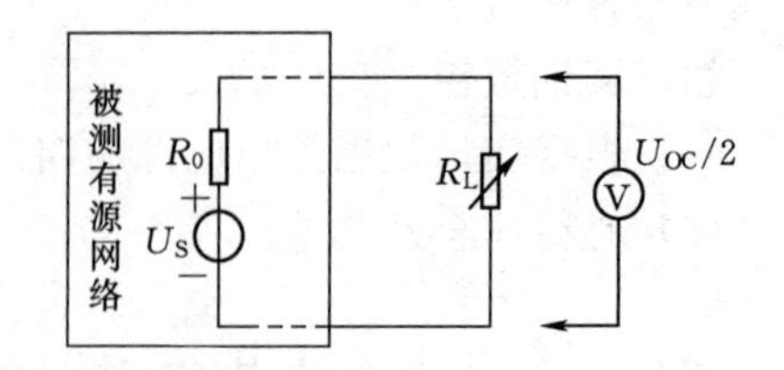

图 8-24　半电压法测 R_0 电路

3）半电压法测 R_0。如图 8-24 所示，当负载电压为被测网络开路电压的一半时，负载电阻（由电阻箱的读数确定）即为被测有源二端网络的等效内阻值。

4）零示法测 U_{OC}。在测量具有高内阻有源二端网络的开路电压时，用电压表直接测量会造成较大的误差。为了消除电压表内阻的影响，往往采用零示测量法，如图 8－25 所示。

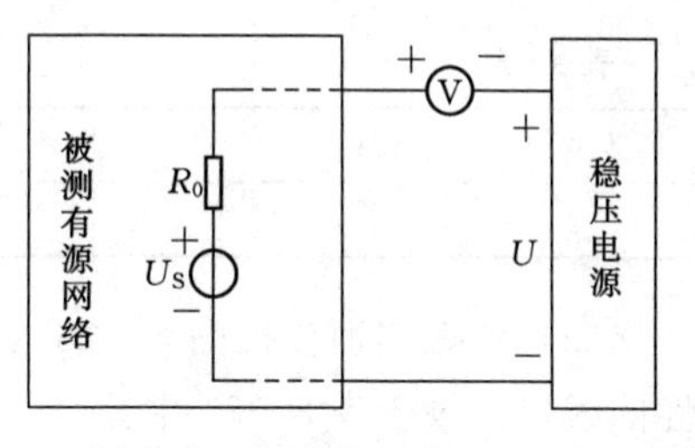

图 8－25 零示法测 U_{OC} 电路

零示法测量原理是用一低内阻的稳压电源与被测有源二端网络进行比较，当稳压电源的输出电压与有源二端网络的开路电压相等时，电压表的读数将为“0”。然后将电路断开，测量此时稳压电源的输出电压，即为被测有源二端网络的开路电压。

三、实训设备

实训设备见表 8－29。

表 8－29 实 训 设 备

序 号	名 称	型号与规格	数 量	备 注
1	可调直流稳压电源	0～30V	1 台	
2	可调直流恒流源	0～500mA	1 台	
3	直流数字电压表	0～200V	1 只	
4	直流数字毫安表	0～200mA	1 只	
5	万用表	MF500	1 只	
6	可调电阻箱	0～99999.9Ω	1 只	KMDG—04
7	电位器	1kΩ/2W	1 只	KMDG—04
8	戴维南定理实验电路板		1 块	KMDG—03

四、实训内容

被测有源二端网络如图 8－26（a）所示。

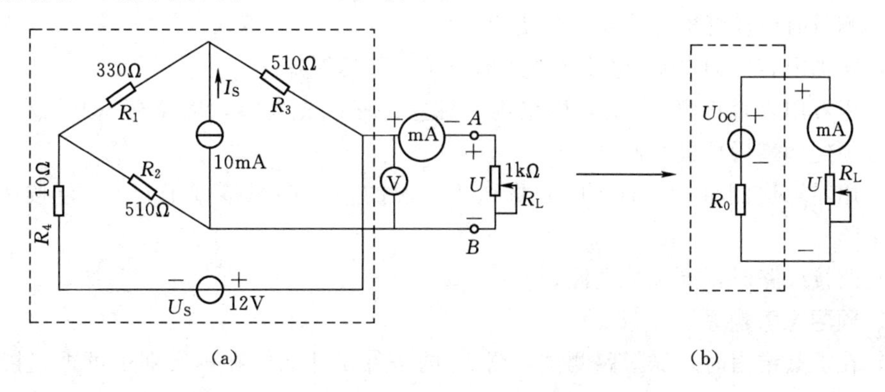

图 8－26 有源二端网络等效参数的测量电路

（1）用开路电压、短路电流法测定戴维南等效电路的 U_{OC}、R_0 和诺顿等效电路的 I_{SC}、R_0。按图 8－26（a）所示接入稳压电源 $U_S=12V$ 和恒流源 $I_S=10mA$，不接入 R_L。测出 U_{OC} 和 I_{SC}，记录表 8－30 并计算出 R_0。（测 U_{OC} 时，不接入毫安表。）

表 8-30　　U_{OC}、I_{SC}、R_0 的值

U_{OC}/V	I_{SC}/mA	$R_0=U_{OC}/I_{SC}$/Ω

(2) 负载实训。按图 8-26 (a) 接入 R_L。改变 R_L 阻值，测量有源二端网络的外特性曲线，记录于表 8-31 中。

表 8-31　　有源二端网络外特性测量值

U/V									
I/mA									

(3) 戴维南定理：从电阻箱上取得按实训内容 (1) 所得的等效电阻 R_0 之值，然后令其与直流稳压电源［调到实训内容 (1) 时所测得的开路电压 U_{OC}之值］相串联，如图8-26 (b) 所示，仿照实训内容 (2) 测其外特性，记录于表 8-32 中，对戴维南定理进行验证。

表 8-32　　验证戴维南定理的测量值

U/V									
I/mA									

(4) 有源二端网络等效电阻（又称入端电阻）的直接测量法，如图 8-4 (a) 所示。将被测有源网络内的所有独立源置零（去掉电流源 I_S 和电压源 U_S，并在原电压源所接的两点用一根短路导线相连），然后用伏安法或者直接用万用表的电阻挡测负载 R_L 开路时 A、B 两点间的电阻，此即为被测网络的等效内阻 R_0，或称网络的入端电阻 R_i。

(5) 用半电压法和零示法测量被测网络的等效内阻 R_0 及其开路电压 U_{OC}。线路及数据表格自拟。

五、实训注意事项

(1) 测量时应注意电流表量程的更换。

(2) 实训内容 (5) 中，电压源置零时不可将稳压源短接。

(3) 用万用表直接测 R_0 时，网络内的独立源必须先置零，以免损坏万用表。其次，电阻挡必须经调零后再进行测量。

(4) 用零示法测量 U_{OC}时，应先将稳压电源的输出调至接近于 U_{OC}，再按图 8-25 测量。

(5) 改接线路时，要关掉电源。

六、预习思考题

(1) 在求戴维南时，做短路测试，测 I_{SC}的条件是什么？在本实训中可否直接作负载短路实训？

(2) 说明测有源二端网络开路电压及等效内阻的几种方法，并比较其优缺点。

七、实训报告

(1) 根据实训内容 (2)、(3)、(4)，分别绘出曲线，得出戴维南定理的正确性，并分析产生误差的原因。

（2）根据实训内容（1）、（3）、（5）的几种方法测得的 U_{OC}、R_0 与预习时电路计算的结果作比较，能得出什么结论？

（3）归纳、总结实训结果。

（4）心得体会及其他。

子项目八 日光灯电路的接线与调试

一、实训目的

（1）研究正弦稳态交流电路中电压、电流相量之间的关系。

（2）掌握日光灯线路的接线。

（3）理解改善电路功率因数的意义并掌握其方法。

二、原理说明

（1）在单相正弦交流电路中，用交流电流表测得各支路的电流值，用交流电压表测得回路各元件两端的电压值，它们之间的关系满足相量形式的基尔霍夫定律，即 $\sum I=0$ 和 $\sum U=0$。

（2）图 8－27 所示的 RC 串联电路，在正弦稳态信号 U 的激励下，U_R 与 U_C 保持有 90°的相位差，即当 R 阻值改变时，U_R 的相量轨迹是一个半圆。U、U_C 与 U_R 三者形成一个直角形的电压三角形，如图 8－28 所示。R 值改变时，可改变 φ 的大小，从而达到移相的目的。

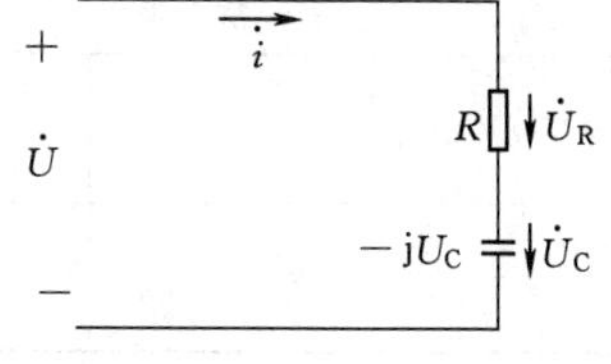

图 8－27 原理图

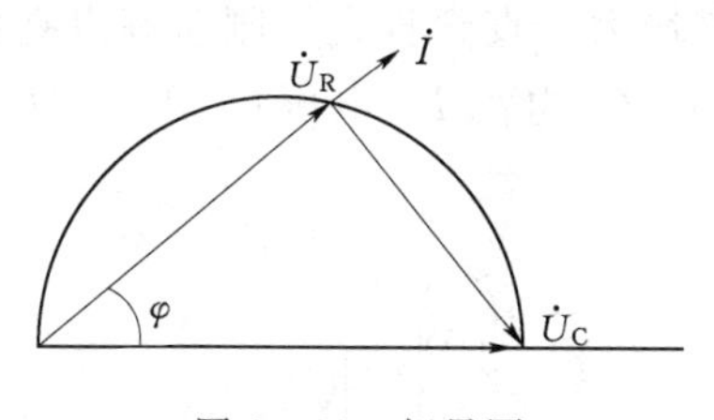

图 8－28 相量图

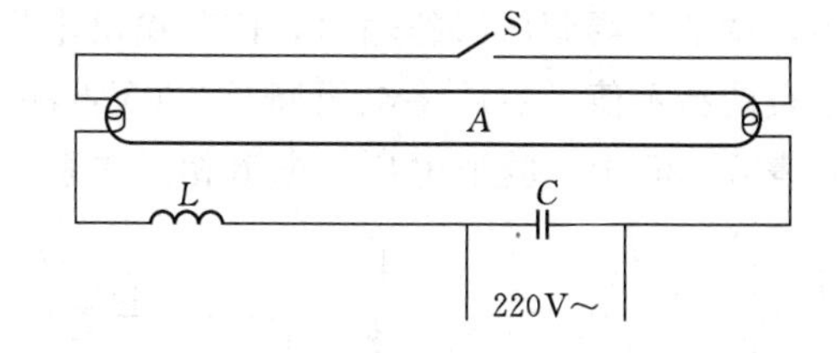

图 8－29 日光灯线路图

（3）日光灯线路如图 8－29 所示，图中 A 是日光灯管，L 是镇流器，S 是启辉器，C 是补偿电容器，用以改善电路的功率因数（$\cos\varphi$ 值）。有关日光灯的工作原理请自行翻阅有关资料。

三、实训设备

实训设备见表 8－33。

表 8－33 实训设备

序号	名称	型号与规格	数量	备注
1	交流电压表	0～450V	1只	
2	交流电流表	0～5A	1只	
3	功率表		1只	

续表

序 号	名 称	型号与规格	数 量	备 注
4	自耦调压器		1只	
5	镇流器、启辉器	与40W灯管配用	各1个	KMDG—04
6	日光灯灯管	40W	1个	屏内
7	电容器	1μF，2.2μF，4.7μF/500V	各1个	KMDG—03
8	白炽灯及灯座	220V，15W	1～3个	KMDG—04
9	电流插座		3个	KMDG—04

四、实训内容

(1) 按图8-27所示电路接线。R为220V、15W的白炽灯，电容器为4.7μF/450V。经指导教师检查后，接通实训台电源，将自耦调压器输出（即U）调至220V。记录U、U_R、U_C值到表8-34中，得出电压三角形关系。

表8-34 电压三角关系记录表

测量值			计算值		
U/V	U_R/V	U_C/V	$U'=\sqrt{U_R^2+U_C^2}$	$\Delta U=U'U$/V	$\Delta U/U$/%

(2) 日光灯线路接线与测量。按图8-30所示电路接线。经指导教师检查后接通实验台电源，调节自耦调压器的输出，使其输出电压缓慢增大，直到日光灯刚启辉点亮为止，记下三表的指示值。然后将电压调至220V，测量功率P、电流I、电压U、U_L、U_A等值并填入表8-35中，验证电压、电流相量关系。

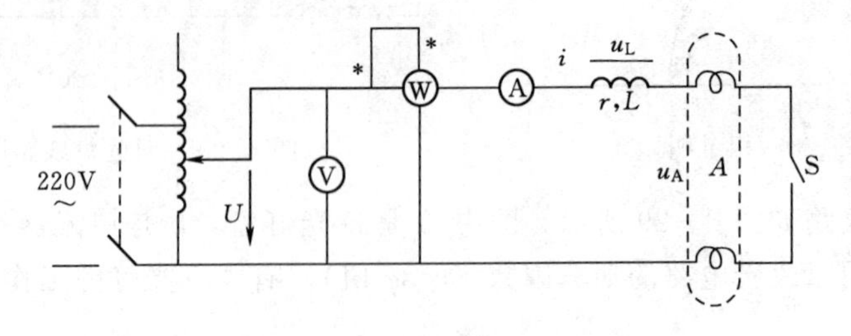

图8-30 日光灯线路接线与测量图

表8-35 日光灯线路接线测量记录表

	测量数值						计算值	
测量项目	P/W	cosφ	I/A	U/V	U_L/V	U_A/V	r/Ω	cosφ
启辉值								
正常工作值								

（3）并联电路——电路功率因数的改善。按图 8-31 所示组成实训线路。

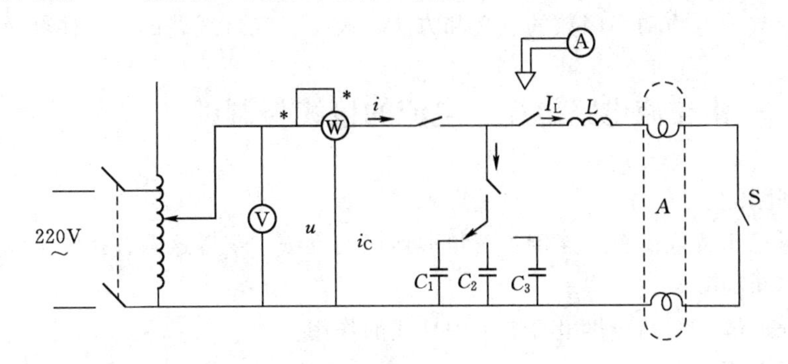

图 8-31 电路功率因数改善图

经指导老师检查后，接通实训台电源，将自耦调压器的输出调至 220V，记录功率表、电压表读数。通过一只电流表和三个电流插座分别测得三条支路的电流，改变电容值，进行三次重复测量。将数据记入表 8-36 中。

表 8-36 改善功率因数实验记录表

电容值 /μF	测量数值						计算值	
	P/W	cosφ	U/V	I/A	I_L /A	I_C /A	I' /A	cosφ
0								
1								
2.2								
4.7								

五、实训注意事项

（1）本实训用交流市电 220V，务必注意用电和人身安全。

（2）功率表要正确接入电路。

（3）线路接线正确，日光灯不能启辉时，应检查启辉器及其接触是否良好。

六、预习思考题

（1）参阅课外资料，了解日光灯的启辉原理。

（2）在日常生活中，当日光灯上缺少了启辉器时，人们常用一根导线将启辉器的两端短接一下，然后迅速断开，使日光灯点亮（实训挂箱上有短接按钮，可用它代替启辉器做一下试验）。或用一只启辉器去点亮多只同类型的日光灯，这是为什么？

（3）为了改善电路的功率因数，常在感性负载上并联电容器，此时增加了一条电流支路，试问电路的总电流是增大还是减小，此时感性元件上的电流和功率是否改变？

（4）提高线路功率因数为什么只采用并联电容器法，而不用串联法？所并的电容器是否越大越好？

七、实训报告

（1）完成数据表格中的计算，进行必要的误差分析。

（2）根据实训数据，分别绘出电压、电流相量图。

（3）讨论改善电路功率因数的意义和方法，装接日光灯线路的心得体会及其他。

子项目九　三相交流电路电压、电流的接线与调试

一、实训目的

（1）掌握三相负载作星形连接、三角形连接的方法，掌握这两种接法下线、相电压及线、相电流之间的关系。

（2）充分理解三相四线供电系统中中性线的作用。

二、原理说明

（1）三相负载可接成星形（又称Y连接）或三角形（又称Δ连接）。当三相对称负载作Y连接时，线电压 U_L 是相电压 U_P 的$\sqrt{3}$倍。线电流 I_L 等于相电流 I_P，即 $U_L=\sqrt{3}U_P$，$I_L=I_P$。

在这种情况下，流过中性线的电流 $I_0=0$，所以可以省去中性线。

当对称三相负载作Δ连接时，有 $I_L=\sqrt{3}I_P$，$U_L=U_P$。

（2）不对称三相负载作Y连接时，必须采用三相四线制接法，即 Y_0 接法。而且中性线必须牢固连接，以保证三相不对称负载的每相电压维持对称不变。

倘若中性线断开，会导致三相负载电压的不对称，致使负载轻的那一相的相电压过高，使负载遭受损坏；负载重的一相相电压又过低，使负载不能正常工作。尤其是对于三相照明负载，无条件地一律采用 Y_0 接法。

（3）当不对称负载作三角形连接时，$I_L\neq\sqrt{3}I_P$，但只要电源的线电压 U_L 对称，加在三相负载上的电压仍是对称的，对各相负载工作没有影响。

三、实训设备

实训设备见表8-37。

表8-37　　实 训 设 备

序 号	名 称	型号与规格	数 量	备 注
1	交流电压表	0～500V	1只	
2	交流电流表	0～5A	1只	
3	万用表		1只	
4	三相自耦调压器		1台	
5	三相灯组负载	220V，15W白炽灯	9个	KMDG—04
6	电门插座		3个	

四、实训内容

1. 三相负载星形连接（三相四线制供电）

按图8-32所示线路组接实训电路。即三相灯组负载经三相自耦调压器接通三相对称电源。将三相调压器的旋柄置于输出为0V的位置（即逆时针旋到底）。经指导教师检查

合格后，方可开启实验台电源，然后调节调压器的输出，使输出的三相线电压为 220V，并按下述内容完成各项实训，分别测量三相负载的线电压、相电压、线电流、相电流、中性线电流、电源与负载中性点间的电压。将所测得的数据记入表 8－38 中，并观察各相灯组亮暗的变化程度，特别要注意观察中性线的作用。

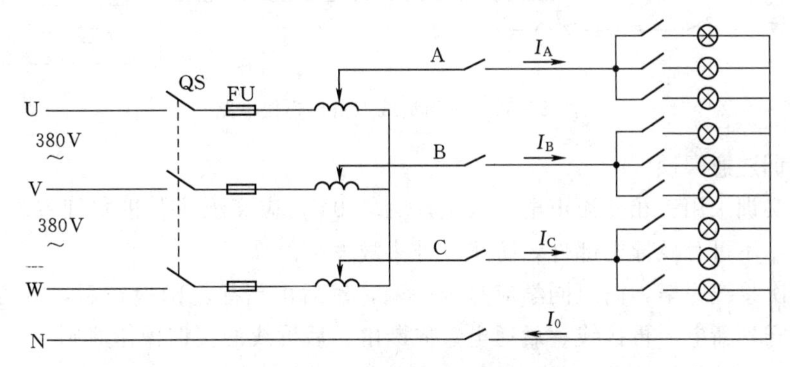

图 8－32 三相负载星形连接电路

表 8－38 **三相负载星形连接实验记录表**

测量数据（负载情况）	开灯盏数			线电流/A			线电压/V			相电压/V			中线电流	中点电压
	A 相	B 相	C 相	I_A	I_B	I_C	U_{AB}	U_{BC}	U_{CA}	U_{A0}	U_{B0}	U_{C0}	I_0/ A	U_{N0}/ V
Y_0 接平衡负载	3	3	3											
Y 接平衡负载	3	3	3											
Y_0 接不平衡负载	1	2	3											
Y 接不平衡负载	1	2	3											
Y_0 接 B 相断开	1		3											
Y 接 B 相断开	1		3											
Y 接 B 相短路	1		3											

2. 三相负载三角形连接（三相三线制供电）

按图 8－33 所示改接线路，经指导教师检查合格后接通三相电源，并调节调压器，使其输出线电压为 220V，并按表 8－39 的内容进行测试。

表 8－39 **三相负载三角形连接实验记录表**

测量数据负载情况	开灯盏数			线电压＝相电压/V			线电流/A			相电流/A		
	A—B 相	B—C 相	C—A 相	U_{AB}	U_{BC}	U_{CA}	I_A	I_B	I_C	I_{AB}	I_{BC}	I_{CA}
三相平衡	3	3	3									
三相不平衡	1	2	3									

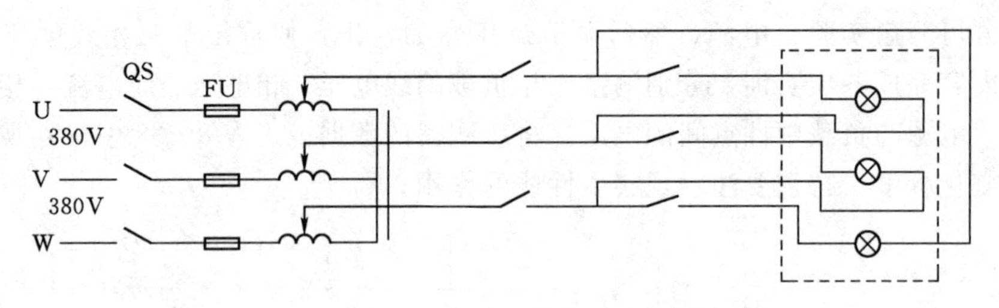

图 8-33　三相负载三角形连接电路

五、实训注意事项

（1）本实训采用三相交流市电，线电压为 380V，应穿绝缘鞋进实训室。实训时要注意人身安全，不可触及导电部件，防止意外事故发生。

（2）每次接线完毕，同组同学应自查一遍，然后由指导教师检查后，方可接通电源，必须严格遵守先断电、再接线、后通电；先断电、后拆线的实训操作原则。

（3）星形负载作短路实训时，必须首先断开中性线，以免发生短路事故。

（4）为避免烧坏灯泡，因此，在作 Y 连接不平衡负载或缺相实训时，所加线电压应以最高相电压小于 240V 为宜。

六、预习思考题

（1）三相负载根据什么条件作星形或三角形连接？

（2）复习三相交流电路有关内容，试分析三相星形连接不对称负载在无中线情况下，当某相负载开路或短路时会出现什么情况？如果接上中性线，情况又如何？

（3）本次实训中为什么要通过三相调压器将 380V 的市电线电压降为 220V 的线电压使用？

七、实训报告

（1）用实训测得的数据验证对称三相电路中的$\sqrt{3}$关系。

（2）用实训数据和观察到的现象，总结三相四线供电系统中中性线的作用。

（3）不对称三角形连接的负载，能否正常工作？实训是否能证明这一点？

（4）根据不对称负载三角形连接时的相电流值作相量图，并求出线电流值，然后与实训测得的线电流作比较，分析之。

（5）心得体会及其他。

子项目十　电能表的校验调试

一、实训目的

（1）掌握电能表的接线方法。

（2）学会电能表的校验方法。

二、原理说明

（1）电能表是一种感应式仪表，是根据交变磁场在金属中产生感应电流，从而产生转矩的基本原理而工作的仪表，主要用于测量交流电路中的电能。它的指示器能随着电能的

不断增大（也就是随着时间的延续）而连续地转动，从而能随时反映出电能积累的总数值。因此，它的指示器是一个"积算机构"，是将转动部分通过齿轮传动机构折换为被测电能的数值，由数字及刻度直接指示出来。

它的驱动元件是由电压铁心线圈和电流铁心线圈在空间上、下排列，中间隔以铝制的圆盘。驱动两个铁心线圈的交流电，建立起合成的特殊分布的交变磁场，并穿过铝盘，在铝盘上产生出感应电流。该电流与磁场的相互作用结果产生转动力矩驱使铝盘转动。铝盘上方装有一个永久磁铁，其作用是对转动的铝盘产生制动力矩，使铝盘转速与负载功率成正比。因此，在某一段测量时间内，负载所消耗的电能 W 就与铝盘的转数 n 成正比。即 $N=\frac{n}{W}$，比例系数 N 称为电能表常数，常在电能表上标明，其单位是 r/(kW·h)。

（2）电能表的灵敏度是指在额定电压、额定频率及 $\cos\varphi=1$ 的条件下，从零开始调节负载电流，测出铝盘开始转动的最小电流值 I_{min}，则仪表的灵敏度表示为 $S=\frac{I_{min}}{I_N}\times100\%$，式中的 I_N 为电能表的额定电流。I_{min} 通常较小，约为 I_N 的 0.5%。

（3）电能表的潜动是指负载电流等于零时，电能表仍出现缓慢转动的现象。按照规定，无负载电流时，在电能表的电压线圈上施加其额定电压的 110%（达 242V）时，观察其铝盘的转动是否超过一圈。凡超过一圈者，判为潜动不合格。

三、实训设备

实训设备见表 8-40。

表 8-40　　**实 训 设 备**

序　号	名　称	型号与规格	数　量	备　注
1	电能表	1.5（6）A	1只	
2	单相功率表		1只	
3	交流电压表	0～500V	1只	
4	交流电流表	0～5A	1只	
5	自耦调压器		1只	
6	白炽灯	220V，100W	3个	自备
7	灯泡	220V，15W	9个	KMDG—05
8	秒表		1个	自备

四、实训内容与步骤

记录被校验电能表的数据：额定电流 I_N=________，额定电压 U_N=________，电度表常数 N=________，准确度为________。

1. *用功率表、秒表法校验电能表的准确度*

按图 8-34 所示接线。电能表的接线与功率表相同，其电流线圈与负载串联，电压线圈与负载并联。

线路经指导教师检查无误后，接通电源。将调压器的输出电压调到 220V，按表 8-41 的要求接通灯组负载，用秒表定时记录电能表转盘的转数及记录各仪表的读数。

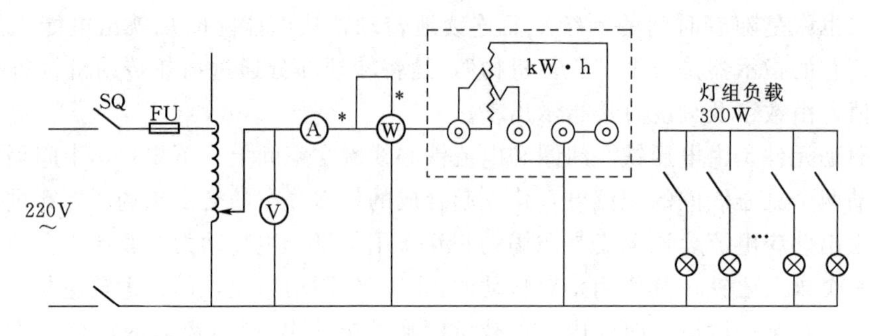

图 8-34 校验电能表电路

为了准确地计时及计圈数，可将电能表转盘上的一小段着色标记刚出现（或刚结束）时作为秒表计时的开始，并同时读出电能表的起始读数。此外，为了能记录整数转数，可先预定好转数，待电能表转盘刚转完此转数时，作为秒表测定时间的终点，并同时读出电能表的终止读数。所有数据记入表 8-41。

建议 n 取 24 圈，则 300W 负载时，需时 2min 左右。

表 8-41　　校验电能表实验记录表

负载情况	测量值						计算值		
	U/V	I/A	电能表读数/(kW·h)		时间/s	转数 n	计算电能 W'/(kW·h)	$\Delta W/W$/%	电能表常数/N
			起	止					
300W									
300W									

为了准确和熟悉起见，可重复多做几次。

2. 电能表灵敏度的测试

电能表灵敏度的测试要用到专用的变阻器，一般都不具备。此处可将图 8-34 中的灯组负载改成三组灯组相串联，并全部用 220V、15W 灯泡。再在电能表与灯组负载之间串接 8W、30～10kΩ 的电阻（取自 DG09 挂箱上的 8W、10kΩ、20kΩ 电阻）。每组先开通一只灯泡。接通 220V 后看电能表转盘是否开始转动。然后逐只增加灯泡或者减少电阻。直到转盘开转。则这时电流表的读数可大致作为其灵敏度。请同学们自行估算其误差。

做此实训前应使电能表转盘的着色标记处于可看见的位置。由于负载很小，转盘的转动很缓慢，必须耐心观察。

3. 检查电能表的潜动是否合格

断开电能表的电流线圈回路，调节调压器的输出电压为额定电压的 110%（即 242V），仔细观察电能表的转盘有否转动。一般允许有缓慢地转动。若转动不超过一圈即停止，则该电能表的潜动为合格，反之则不合格。

实训前应使电能表转盘的着色标记处于可看见的位置。由于“潜动”非常缓慢，要观察正常的电能表“潜动”是否超过一圈，需要 1h 以上。

五、实训注意事项

(1) 本实训配有一只电能表，实训时，只要将电能表挂在 DG08 挂箱上的相应位置，

并用螺母紧固即可。接线时要卸下护板。实训完毕，拆除线路后，要装回护板。

（2）记录时，同组同学要密切配合。秒表定时、读取转数和电能表读数步调要一致，以确保测量的准确性。

（3）实训中用到220V强电，操作时应注意安全。凡需改动接线，必须切断电源，接好线后，检查无误后才能加电。

六、预习思考题

（1）查找有关资料，了解电能表的结构、原理及其检定方法。

（2）电能表接线有哪些错误接法，它们会造成什么后果？

七、实训报告

（1）对被校电能表的各项技术指标作出评论。

（2）对校表工作的体会。

（3）其他。

子项目十一　互感电路观测

一、实训目的

（1）学会互感电路同名端、互感系数以及耦合系数的测定方法。

（2）理解两个线圈相对位置的改变，以及用不同材料作线圈芯时对互感的影响。

二、原理说明

1. 判断互感线圈同名端的方法

（1）直流法。如图8-35所示，当开关S闭合瞬间，若毫安表的指针正偏，则可断定1、3为同名端；指针反偏，则1、4为同名端。

（2）交流法。如图8-35所示，将两个绕组N_1和N_2的任意两端（如2、4端）连在一起，在其中的一个绕组（如N_1）两端加一个低电压，另一绕组（如N_2）开路，用交流电压表分别测出端电压U_{13}、U_{12}和U_{34}。若U_{13}是两个绕组端压之差，则1、3是同名端；若U_{13}是两绕组端电压之和，则1、4是同名端。

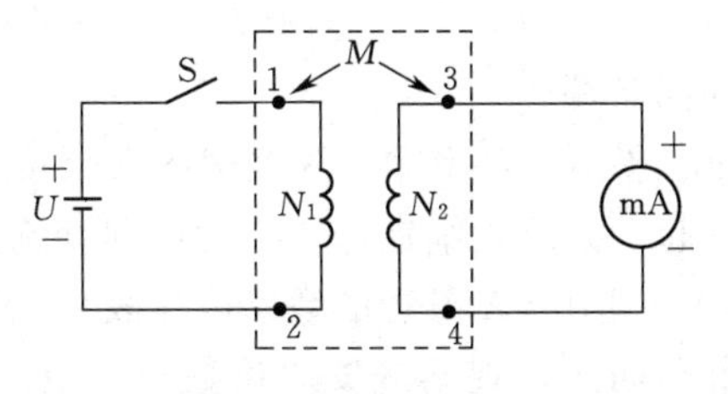

图8-35　互感器同名端判断电路原理图

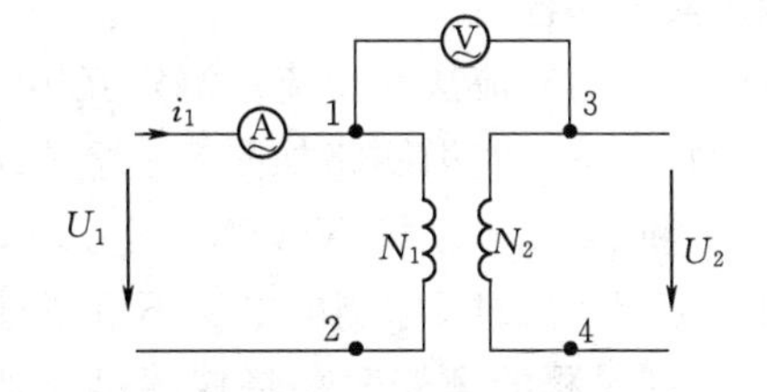

图8-36　互感系数M的测定电路原理图

2. 两线圈互感系数M的测定

在图8-36中N_1侧施加低压交流电压U_1，测出I_1及U_2。根据互感电势

$$E_{2M} \approx U_{20} = \omega M I_1$$

可算得互感系数为

$$M=\frac{U_2}{\omega I_1}$$

3. 耦合系数 k 的测定

两个互感线圈耦合松紧的程度可用耦合系数 k 来表示：

$$k=M/\sqrt{L_1L_2}$$

如图 8－36 所示，先在 N_1 侧加低压交流电压 U_1，测出 N_2 侧开路时的电流 I_1；然后再在 N_2 侧加电压 U_2，测出 N_1 侧开路时的电流 I_2，求出各自的自感 L_1 和 L_2，即可算得 k 值。

三、实训设备

实训设备见表 8－42。

表 8－42　　　　实　训　设　备

序　号	名　称	型号与规格	数　量	备　注
1	数字直流电压表	0～200V	1 块	
2	数字直流电流表	0～200mA	1 块	
3	交流电压表	0～500V	1 块	
4	交流电流表	0～5A	1 块	
5	空心互感线圈	N_1 为大线圈 N_2 为小线圈	1 对	KMDG－04
6	自耦调压器		1 个	
7	直流稳压电源	0～30V	1 台	
8	电阻器	30Ω/8W 510Ω/2W	各 1 个	KMDG—05
9	发光二极管	红或绿	1 个	KMDG—05
10	粗、细铁棒、铝棒		各 1 个	
11	变压器	36V/220V	1 个	KMDG—04

四、实训内容

下面分别用直流法和交流法测定互感线圈的同名端。

(1) 直流法。实训线路如图 8－37 (a) 所示。先将 N_1 和 N_2 两线圈的四个接线端子编以 1、2 和 3、4 号。将 N_1，N_2 同心地套在一起，并放入细铁棒。U 为可调直流稳压电源，调至 10V。流过 N_1 侧的电流不可超过 0.4A（选用 5A 量程的数字电流表）。N_2 侧直接接入 2mA 量程的毫安表。将铁棒迅速地拔出和插入，观察毫安表读数正、负的变化，来判定 N_1 和 N_2 两个线圈的同名端。

(2) 交流法。本方法中，由于加在 N_1 上的电压仅 2V 左右，直接用屏内调压器很难调节，因此采用图 8－37 (b) 所示的线路来扩展调压器的调节范围。图中 W、N 为主屏上的自耦调压器的输出端，T 为 DG08 挂箱中的升压铁芯变压器，此处作降压用。将 N_2 放入 N_1 中，并在两线圈中插入铁棒。A 为 2.5A 以上量程的电流表，N_2 侧开路。

接通电源前，应首先检查自耦调压器是否调至零位，确认后方可接通交流电源，令自

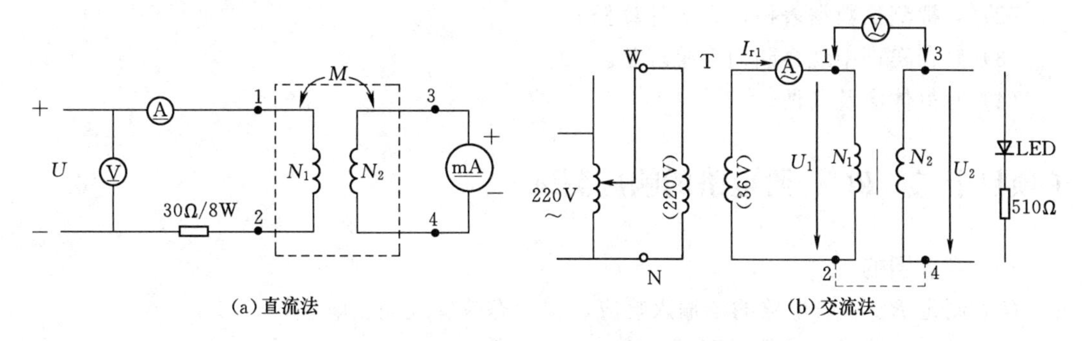

(a) 直流法　　(b) 交流法

图 8-37　互感线圈同名端判断电路接线图

耦调压器输出一个很低的电压（12V 左右），使流过电流表的电流小于 1.4A，然后用 0～30V 量程的交流电压表测量 U_{13}、U_{12}、U_{34}，判定同名端。

1）拆去 2、4 连线，并将 2、3 相接，重复上述步骤，判定同名端。

2）拆除 2、3 连线，测 U_1、I_1、U_2，计算出 M。

3）将低压交流加在 N_2 侧，使流过 N_2 侧电流小于 1A，N_1 侧开路，按步骤 2）测出 U_2、I_2、U_1。

4）用万用表的 $R\times1$ 挡分别测出 N_1 和 N_2 线圈的电阻值 R_1 和 R_2，计算 K 值。

5）观察互感现象。

在图 8-37（b）所示电路中 N_2 侧接入 LED（发光二极管）与 510Ω 串联的支路。

1）将铁棒慢慢地从两线圈中抽出和插入，观察 LED 亮度的变化及各仪表读数的变化，记录现象。

2）将两线圈改为并排放置，并改变其间距，以及分别或同时插入铁棒，观察 LED 亮度的变化及仪表读数。

3）改用铝棒替代铁棒，重复 1）、2）的步骤，观察 LED 的亮度变化，记录现象。

五、实训注意事项

（1）整个实训过程中，注意流过线圈 N_1 的电流不得超过 1.4A，流过线圈 N_2 的电流不得超过 1A。

（2）测定同名端及其他测量数据的实训中，都应将小线圈 N_2 套在大线圈 N_1 中，并插入铁心。

（3）作交流操作前，首先要检查自耦调压器，要保证手柄置在零位。因实训时加在 N_1 上的电压只有 2～3V，因此调节时要特别仔细、小心，要随时观察电流表的读数，不得超过规定值。

六、预习思考题

（1）用直流法判断同名端时，可否以及如何根据 S 断开瞬间毫安表指针的正、反偏来判断同名端？

（2）本实训用直流法判断同名端是用插、拔铁心时观察电流表的正、负读数变化来确定的（应如何确定），这与实验原理中所叙述的方法是否一致？

七、实训报告

（1）总结对互感线圈同名端、互感系数的实训测试方法。

（2）自拟测试数据表格，完成计算任务。

（3）解释实训中观察到的互感现象。

（4）心得体会及其他。

子项目十二 *RC* 一阶电路的响应测试

一、实训目的

（1）测定 *RC* 一阶电路的零输入响应、零状态响应及完全响应。

（2）学习电路时间常数的测量方法。

（3）掌握有关微分电路和积分电路的概念。

（4）进一步学会用示波器观测波形。

二、原理说明

（1）动态网络的过渡过程是十分短暂的单次变化过程。要用普通示波器观察过渡过程和测量有关的参数，就必须使这种单次变化的过程重复出现。为此，我们利用信号发生器输出的方波来模拟阶跃激励信号，即利用方波输出的上升沿作为零状态响应的正阶跃激励信号；利用方波的下降沿作为零输入响应的负阶跃激励信号。只要选择方波的重复周期远大于电路的时间常数 τ，那么电路在这样的方波序列脉冲信号的激励下，它的响应就和直流电接通与断开的过渡过程是基本相同的。

（2）图 8－38（b）所示的 *RC* 一阶电路的零输入响应和零状态响应分别按指数规律衰减和增长，其变化的快慢取决于电路的时间常数 τ。

（3）时间常数 τ 的测定方法：用示波器测量零输入响应的波形如图 8－38（a）所示。

根据一阶微分方程的求解得知 $U_C = U_m e^{-t/(RC)} = U_m e^{-t/\tau}$。当 $t=\tau$ 时，$U_C(\tau)=0.368U_m$。此时所对应的时间就等于 τ。也可用零状态响应波形增加到 $0.632U_m$ 所对应的时间测得，如图 8－38（c）所示。

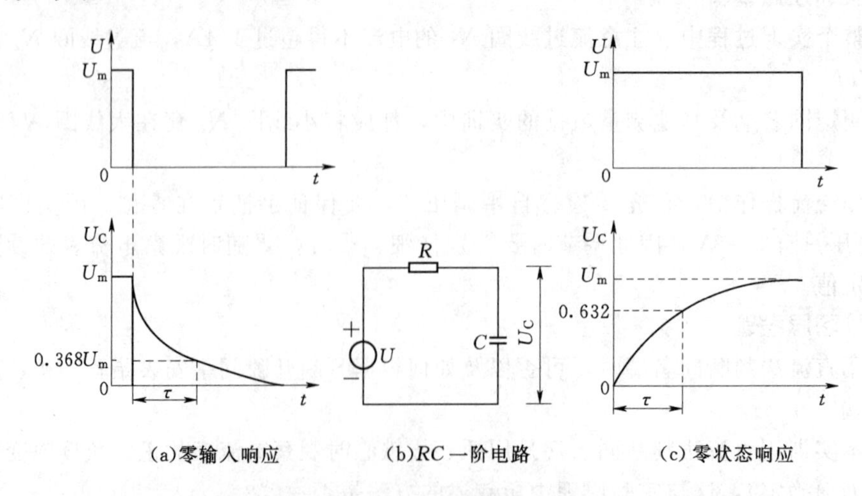

(a)零输入响应　　(b)*RC* 一阶电路　　(c)零状态响应

图 8－38 *RC* 一阶电路的响应

（4）微分电路和积分电路是 *RC* 一阶电路中较典型的电路，它对电路元件参数和输入

信号的周期有着特定的要求。一个简单的 RC 串联电路，在方波序列脉冲的重复激励下，当满足 $\tau=RC\ll\frac{T}{2}$时（T 为方波脉冲的重复周期），且由 R 两端的电压作为响应输出，则该电路就是一个微分电路。因为此时电路的输出信号电压与输入信号电压的微分成正比，如图 8－39（a）所示。利用微分电路可以将方波转变成尖脉冲。

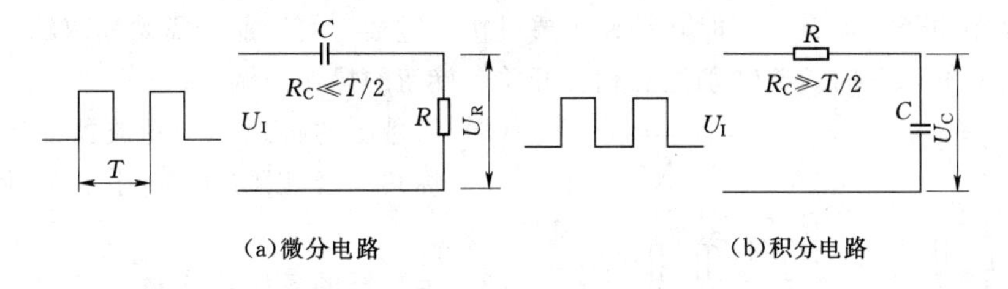

图 8－39　微分电路和积分电路

若将图 8－39（a）中的 R 与 C 位置调换一下，如图 8－39（b）所示，由 C 两端的电压作为响应输出，且当电路的参数满足 $\tau=RC\gg\frac{T}{2}$，则该 RC 电路称为积分电路。因为此时电路的输出信号电压与输入信号电压的积分成正比。利用积分电路可以将方波转变成三角波。

从输入输出波形来看，上述两个电路均起着波形变换的作用，请在实训过程仔细观察与记录。

三、实训设备

实训设备见表 8－43。

表 8－43　　实　训　设　备

序　号	名　称	型号与规格	数　量	备　注
1	函数信号发生器		1 台	DG03
2	双踪示波器		1 台	自备
3	动态电路实验板		1 块	KMDG—04

四、实训内容

实训线路板的器件组件，如图 8－40 所示，请认清 R、C 元件的布局及其标称值，各开关的通断位置等。

（1）从电路板上选 $R=10\text{k}\Omega$，$C=6800\text{pF}$ 组成如图 8－38（b）所示的 RC 充放电电路。U_I 为脉冲信号发生器输出的 $U_m=3\text{V}$、$f=1\text{kHz}$ 的方波电压信号，并通过两根同轴电缆线，将激励源 U_I 和响应 u_C 的信号分别连至示波器的两个输入口 Y_A 和 Y_B。这时可在示波器的屏幕上观察到激励与响应的变化规律，请测算出时间常数 τ，并用方格纸按 1∶1 的比例描绘波形。

少量地改变电容值或电阻值，定性地观察对响应的影响，记录观察到的现象。

（2）令 $R=10\text{k}\Omega$，$C=0.1\mu\text{F}$，观察并描绘响应的波形，继续增大 C 之值，定性地观察对响应的影响。

（3）令 $C=0.01\mu F$，$R=100\Omega$，组成如图 8-39（a）所示的微分电路。在同样的方波激励信号（$U_m=3V$，$f=1kHz$）作用下，观测并描绘激励与响应的波形。

增减 R 之值，定性地观察对响应的影响，并作记录。当 R 增至 $1M\Omega$ 时，输入输出波形有何本质上的区别？

五、实训注意事项

（1）调节电子仪器各旋钮时，动作不要过快、过猛。实训前，需熟读双踪示波器的使用说明书。观察双踪时，要特别注意相应开关、旋钮的操作与调节。

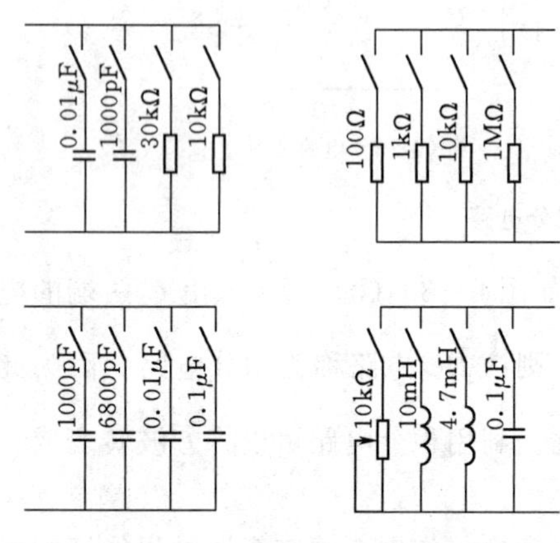

图 8-40　动态电路、选频电路实验板

（2）信号源的接地端与示波器的接地端要连在一起（称共地），以防外界干扰而影响测量的准确性。

（3）示波器的辉度不应过亮，尤其是光点长期停留在荧光屏上不动时，应将辉度调暗，以延长示波管的使用寿命。

六、预习思考题

（1）什么样的电信号可作为 RC 一阶电路零输入响应、零状态响应和完全响应的激励源？

（2）已知 RC 一阶电路 $R=10k\Omega$，$C=0.1\mu F$，试计算时间常数 τ，并根据 τ 值的物理意义，拟订测量 τ 的方案。

（3）何谓积分电路和微分电路，它们必须具备什么条件？它们在方波序列脉冲的激励下，其输出信号波形的变化规律如何？这两种电路有何功用？

（4）预习要求：熟读仪器使用说明，回答上述问题，准备方格纸。

七、实验报告

（1）根据实训观测结果，在方格纸上绘出 RC 一阶电路充放电时 u_C 的变化曲线，由曲线测得 τ 值，并与参数值的计算结果作比较，分析误差原因。

（2）根据实训观测结果，归纳、总结积分电路和微分电路的形成条件，阐明波形变换的特征。

（3）心得体会及其他。

附录Ⅰ 模拟测试题

模拟测试题一

一、填空题（共30分）

1. 如附图1-1所示电路中，负载$R=5\Omega$，箭头指向全部为参考方向，计算未知量的值，并判断a、b端的实际极性。

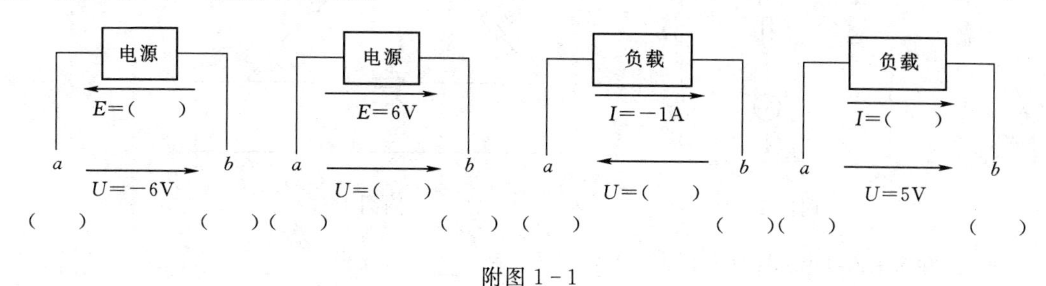

附图1-1

2. 如附图1-2（a）所示图电路中，3Ω电阻的电功率等于________，此功率是________（填吸收或发出）；附图1-2（b）图电路的功率是________，此功率是________（填吸收或发出）。

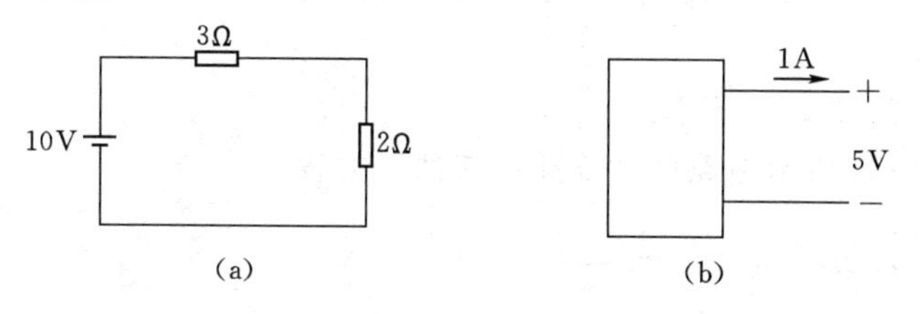

附图1-2

3. 如附图1-3所示电路，则$I=$________。

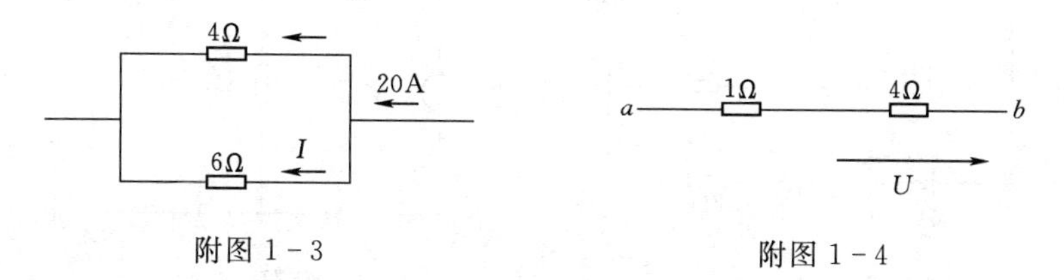

附图1-3　　附图1-4

4. 如附图1-4所示电路，$U_{ab}=10\text{V}$，则电压$U=$________。

5. 求附图1-5所示电路中的电流$I=$________。

6. 如附图1-6所示电路，$U_{ab}=$________。

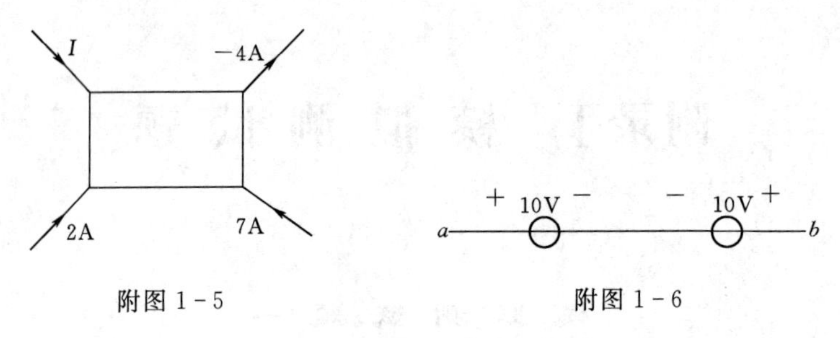

附图 1-5　　　　附图 1-6

7. 如附图 1-7 所示，A_1、A_2 的读数为 10A，则电流表 A 的读数为________。

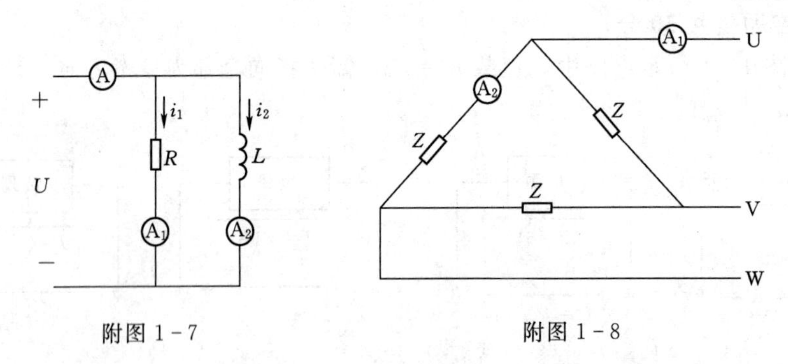

附图 1-7　　　　附图 1-8

8. 已知 $u=220\sin(314t+150°)$ V，则 $U_m=$________，$U=$________，$\omega=$________，$f=$________，$T=$________，$\varphi_i=$________，若有 $i=20\sin(314t+120°)$A，则 U 与 I 的相位关系是________。

9. 三相交流电的正相序为________，逆相序为________。

10. 附图 1-8 中，设三相负载是对称的，已知电流表 A_2 的读数是 15A，则电流表 A_1 的读数是________。

二、基础训练题（共 50 分）

1. 列写附图 1-9 所示电路的“支路电流法”方程。

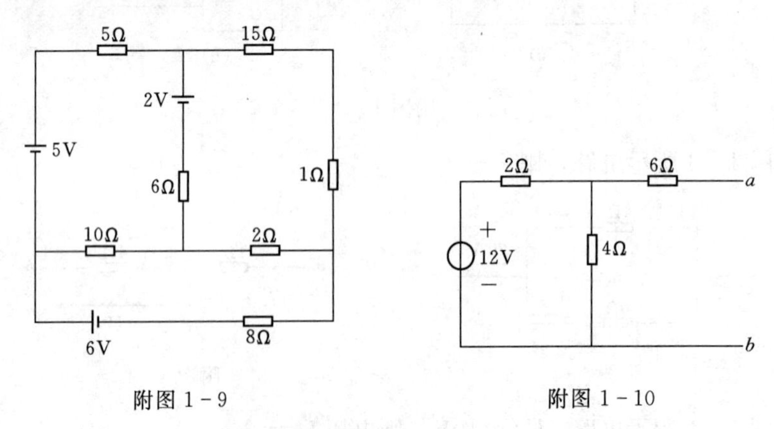

附图 1-9　　　　附图 1-10

2. 用两种实际电源的等效变换方法化简附图 1-10。

3. 如附图 1-11 所示电路，用叠加定理求电路中的电流 I。

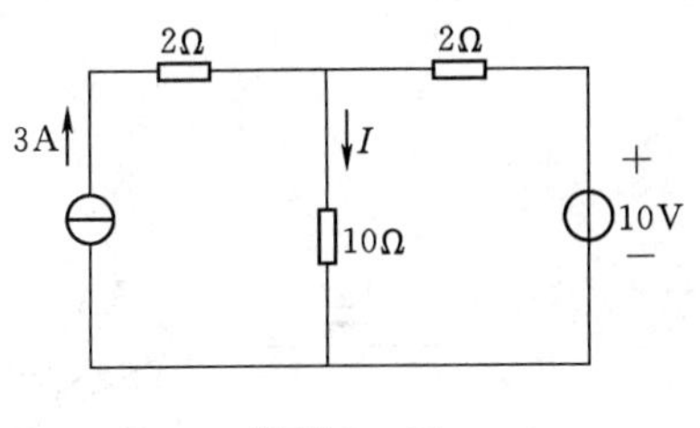

附图 1-11

附图 1-12

4. 如附图 1-12 所示电路，$U_1=10V$，$U_2=15V$，$R_1=3\Omega$，$R_2=3\Omega$，$R_3=6\Omega$，用戴维南定理计算图中电流 I。

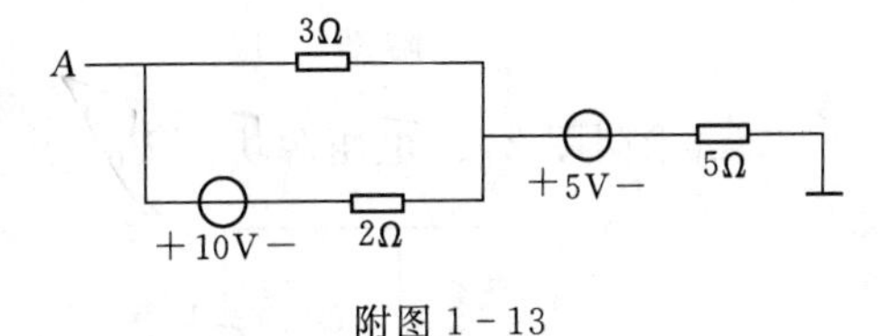

附图 1-13

5. 试求附图 1-13 所示电路中 A 点的电位。

三、识图分析连线题（共 20 分）

1. 如附图 1-14 所示，已知：三只白炽灯，额定功率相同，额定电压均为 220V，接在线电压为 380V 的三相四线制电源上。

（1）试将接在 U 相的开关 S 闭合与断开时，对 V、W 两相的白炽灯亮度有无影响？

（2）如果不接中性线，影响又将如何？为什么？

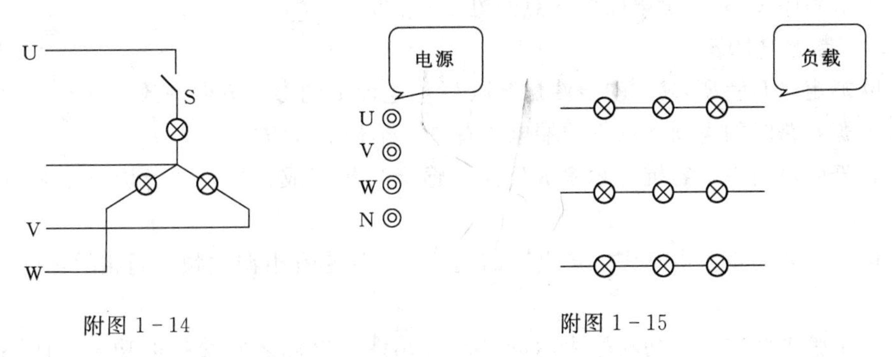

附图 1-14　　附图 1-15

2. 如附图 1-15 所示电路，负载的额定电压为 380V，试将负载（三角形连接）与电源相连，试分析：

（1）何为相电流、线电流？

（2）试分析相电流与线电流的关系。

（3）试分析该电路是几相几线制。

模拟测试题二

一、填空题（共 10 分）

1. 一般电路的作用由________、________两部分组成。

2. 电路通常有________、________、________三种状态。

3. 已知部分电路及其电流如附图 2-1 和附图 2-2 所示，则：$I_{X1}=$________；$I_{X2}=$________；$I_{X3}=$________。

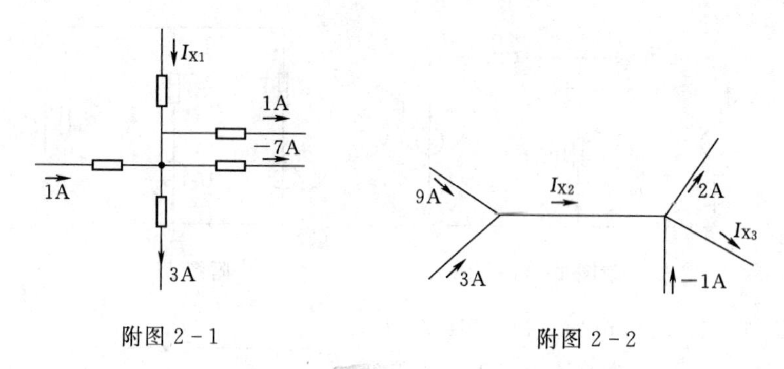

附图 2-1　　　　附图 2-2

4. 试求附图 2-3 电压源功率 P_{US}=________，并判断（接收功率、发出功率）。

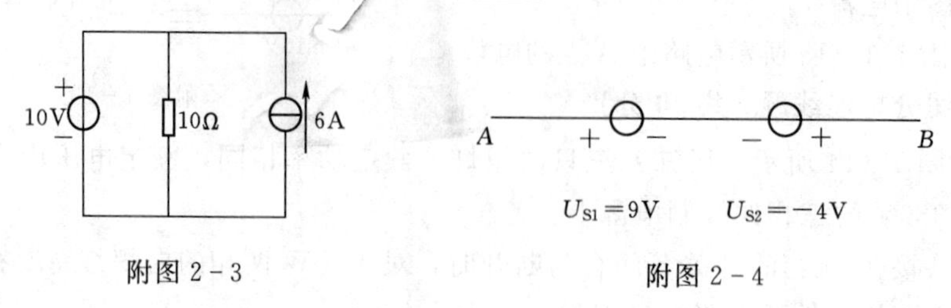

附图 2-3　　　　附图 2-4

5. 试求附图 2-4 所示电路中两点间电压 U_{AB}=________。

二、判断题（10 分）

1. 欧姆定律 $U=RI$ 成立的条件是电压 U 与电流 I 的参考方向一致。（　　）

2. 电源开路时的电动势和它的端电压总是大小相等、方向一致。（　　）

3. 在正弦电路中，容抗与频率成反比；感抗与频率成正比，两者均与正弦电压的大小无关。（　　）

4. 电阻混联的正弦电路中，各电阻的电压、电流是和电源同频、同相的正弦量。（　　）

5. 在正弦电路中，无功功率表示的是储能元件与电源之间交换的功率，而不是电阻消耗的有功功率。（　　）

6. 在正弦交流电的纯电感电路中，电路的电压与电流同频率时，电流的相位滞后电压相位 90°。（　　）

7. 两根平行载流导体，在通过的电流方向为同方向时，两根导体将呈现出互相吸引。（　　）

8. 线圈自感电动势的大小与流过线圈的电流大小成正比。（　　）

9. 通过线圈的电流减小时，线圈的自感电动势方向与电流方向相反。（　　）

10. 三相四线制的对称电路，若中性线断开，三相负载仍可正常工作，为此在中性线上可装设熔断器。（　　）

三、选择题（共 10 分）

1. 当电路中电流的参考方向与电流的真实方向相反时，该电流（　　）。

A. 一定为正值　　B. 一定为负值　　C. 不能肯定是正值或负值

2. 标有额定值为 220V、100W 和 220V、25W 白炽灯两盏，将其串联后接入 220V 工

频交流电源上，其亮度情况是（　　）。

A. 100W 的白炽灯泡较亮　　B. 25W 白炽灯泡较亮

C. 两只白炽灯泡一样亮

3. 三相四线制电路，已知$\dot{I}_A=10\angle 20°$A，$\dot{I}_B=10\angle -100°$A，$\dot{I}_C=10\angle 140°$A，则中线电流$\dot{I}_N$为(　　)。

A. 10A　　B. 0A　　C. 30A

4. 三相对称电路是指(　　)。

A. 电源对称的电路　　B. 负载对称的电路　　C. 电源和负载均对称的电路

四、计算题（共 70 分）

1. 求附图 2－5 所示电路中 S 闭合时 A 点的电位。

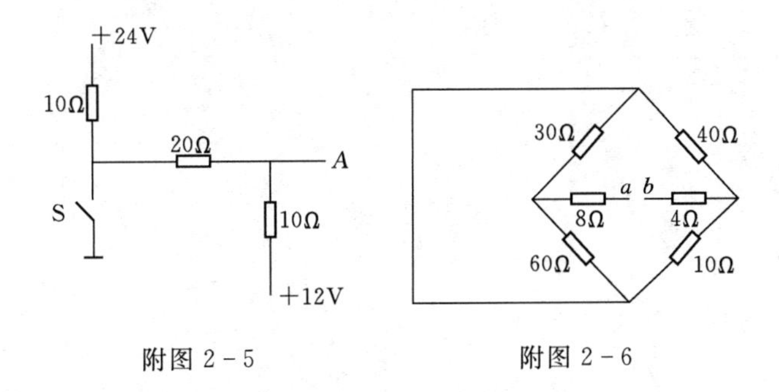

附图 2－5　　附图 2－6

2. 试求附图 2－6 所示电路中的等效电阻 R_{ab}。

3. 用支路电流法求附图 2－7 所示电路中各支路电流（只列方程）。

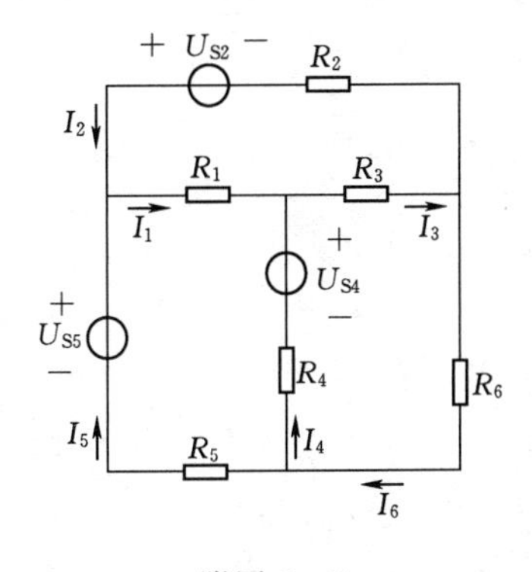

附图 2－7

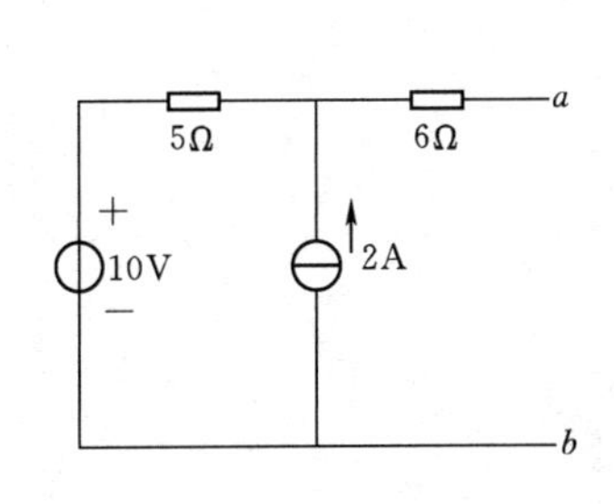

附图 2－8

4. 用电源等效互换法化简附图 2－8 所示电路。

5. 如附图 2－9 所示，试用戴维南定理化简电路。

6. RLC 串联电路中，电阻 $R=30\Omega$，电感 $L=0.04$H，电容 $C=200\mu$F，$u=220\sin(314t+30°)$V 。

求：(1) 电路中 X_L、X_C、Z 、$|Z|$。

(2) 判断电路的性质。

(3) 电路中电压 u_R、u_L、u_C。

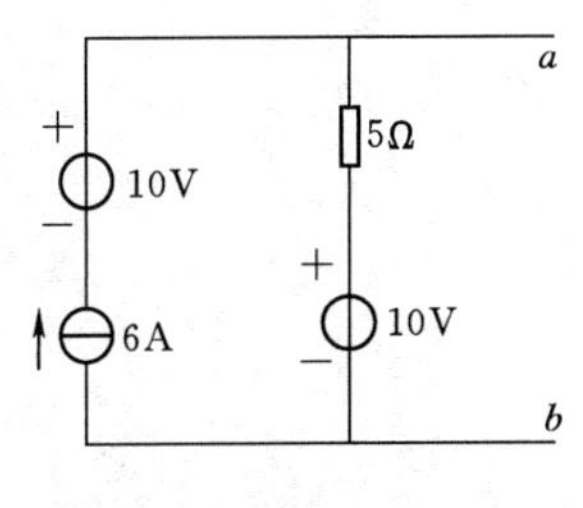

附图 2－9

（4）电路中的功率 P、Q 、S。

（5）绘电压、电流相量图。

7. 电路如附图 2－10 所示，$t=0$ 合上开关 S，已知 $i_L(0_-)=1A$，$L=3H$，$R_1=R_2=R_3=2\Omega$，$I_S=6A$，用三要素求 S 闭合后 i_L 的表达式。

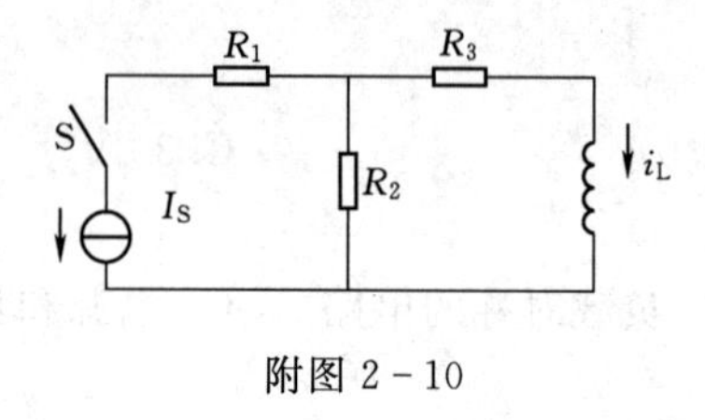

附图 2－10

附录Ⅱ　训练题集部分参考答案

训 练 题 集 一

一、填空题

1. $I_X=12A$，$I=-3mA$

2. $I=8A$

3. $R_{AB}=6\Omega$，$R_{AB}=3.5\Omega$

二、问答题

1. 60W 的灯泡过电压工作易烧坏，而 100W 的灯泡欠电压，不能正常工作；通常不这样使用，因为串联的这两个灯泡相互影响，一个损坏，另一个也不能正常工作

2. 43.2kW·h，1.95 元

3. (a) 吸收功率；(b) 发出功率；(c) 吸收功率；(d) 发出功率

4. 12.5×10^3kW；55.5kW

5. 660Ω；180V，49W

三、分析计算题

1. S 断开：$R_{AB}=20\Omega$；S 闭合：$R_{AB}=75\Omega$

2. $U_{ab}=-8V$

3. $U_{AB}=6V$，$V_A=11V$，$V_B=5V$

4. R_2 支路电流大小为 1A，R_1 支路电流大小为 3A，R_3 支路电流大小为 2A，其正负依据所选参考方向而定

5. 共三条支路，支路电流分别为 4A、2A、2A，其正负依据所选参考方向而定；其中 $U=8V$

6. 略（提示：共六条支路，具体选定后标出各自参考方向，依据支路电流法进行列写）

7. (a) 图等效为 8V 电压源和 $\frac{22}{3}\Omega$ 的电阻串联，其中 a 为高电位，b 为低电位；(b) 图等效为 10V 电压源和 3Ω 的电阻串联，其中 a 为高电位，b 为低电位

8. $I=4A$，$U=6V$

9. $U=\frac{7}{3}V$

10. 略（提示：本着有源二端网络戴维南等效的原则，求网络的开路电压及其等效内阻）

训 练 题 集 二

一、填空题

1.14.14，10，3140，500，0.002，120°

2.11.312　3. 周期　4. 频率　6. 最大值、角频率、初相位

7. 反比、反比　8. 正比、正比　9.1、0～1

二、判断题

1.√　2.√　3.×　4.×　5.×　6.×　7.×　8.×　9.×　10.×

11.×　12.√√ ××　13.× √××××　14.×√√×

训 练 题 集 三

一、选择题

1.B　2.A　3.C　4.B　5.B

二、判断题

1.×　2.×　3.√　4.√　5.√　6.√　7.√　8.√　9.√　10.√

11.√　12.√　13.√　14.√　15.√　16.×

三、分析计算题

1. (a) 星形、三相三线制；(b) 星形、三相四线制；(c) 三角形、三相三线制

2. 可输出 2 种电压，线电压是相电压的$\sqrt{3}$倍

3. 电流表读数$\sqrt[5]{3}$A

4. 电压表读数 380V

13. 如果中性线上装熔断器，当熔断器熔断时，如果断点后面的线路上三相负荷不平衡时，易烧坏用电器，引发事故

14. 所谓三线制就是由三个频率相同而相位各异的电动势所组成的一个共同的电源进行供电的体系；三相电动势的大小相等而相邻两相的相位差相同（频率相同）时，叫作对称三相电动势

15. 星形连接时线电压为 380V，三角形连接时线电压为 220V。

训 练 题 集 四

一、选择题

1.C　2.A　3.C　4.A　5.D

二、判断题

1.√　2.×　3.√　4.×　5.√　6.×　7.×

三、分析计算题

1. (1) 由于电容的初始电压为，所以

$$u_C = U_S(1-e^{-\frac{t}{\tau}})$$

将 $\tau=RC=500\times10\times10^{-6}=5\times10^{-3}$(s)，及 $U_S=100$V 代入上式得

$$u_C=100(1-e^{-200t})\text{V}$$

而
$$i=C\frac{du_C}{dt}=\frac{U_S}{R}e^{-\frac{t}{RC}}=0.2e^{-200t}(\text{A})$$

(2) 设开关闭合后经过 t_1 秒 u_C 充电至 80V，则

$$100(1-e^{-200t_1})=80$$

即 $e^{-200t_1}=0.2$ 由此可得

$$t_1=\frac{\ln(0.2)}{-200}=8.045(\text{ms})$$

2. **解**：电流 i 为电感中的电流，适用换路定则，即

$$i(0_+)=i(0\_)=4\text{A}$$

而
$$i(\infty)=\frac{10}{2}=5\text{A},\tau=\frac{L}{R}=\frac{3}{2}(\text{s})$$

于是
$$i(t)=5+(4-5)e^{-\frac{2t}{3}}=5-e^{-\frac{2t}{3}}(\text{A})$$

3. **解**：(1) $i_L(0_+)=i_L(0\_)=\dfrac{-3}{1+\dfrac{1\times2}{1+2}}\times\dfrac{2}{3}=-1.2(\text{A});i_L(\infty)=1.2\text{A}$

$$\tau=\frac{L}{R}=\frac{3}{1+\dfrac{1\times2}{1+2}}=1.8(\text{s})$$

于是
$$i_L(t)=i_L(\infty)+[i_L(0_+)-i_L(\infty)]e^{-\frac{t}{\tau}}=1.2-2.4e^{-\frac{5}{9}t}(\text{A})$$

(2) 注意到 $i_1(t)$ 为电阻中的电流，不能直接应用换路定则。画出 $t=0_+$ 时刻电路如图 (a) 所示，等效变换后的电路如图 (b) 所示。

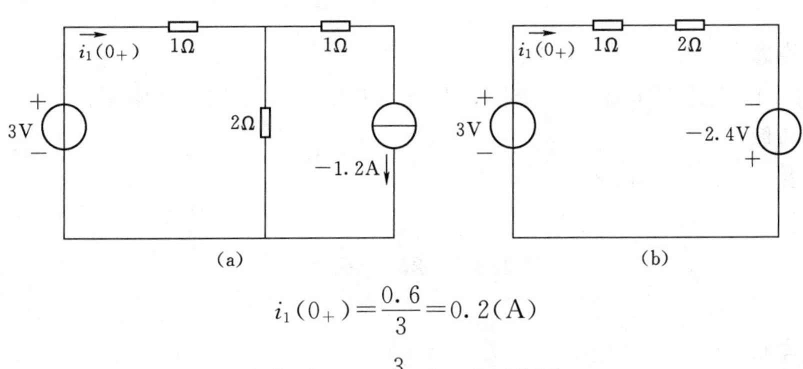

$$i_1(0_+)=\frac{0.6}{3}=0.2(\text{A})$$

$$i_1(\infty)=\frac{3}{1+\dfrac{1\times2}{1+2}}=1.8(\text{A})$$

$$\tau=1.8\text{s}$$

因而
$$i_1(t)=1.8+[0.2-1.8]e^{-\frac{5t}{9}}=[1.8-1.6e^{-\frac{5t}{9}}](\text{A})$$

4. **解**：$u_C(0_+)=u_C(0\_)=0$。稳态时电容相当于开路，$u_C(\infty)$（即电容的开路电压）和 R_0 可由图 (a) 的电路计算。

由图 (a) 得
$$u=4(i-1.5u_1)+2(i-1.5u_1+1) \tag{1}$$

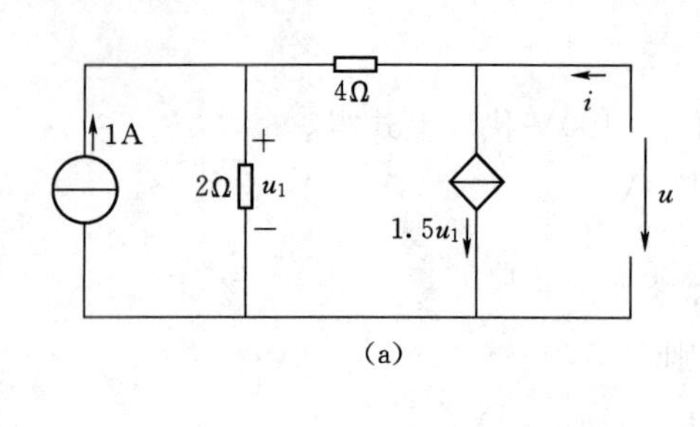

(a)

$$u_1=2(i-1.5u_1+1) \quad (2)$$

由式（2）得　$u_1=0.5(i+1)$

将此代入式（1），得

$$u=1.5i-2.5$$

由此可见　$u_C(\infty)=-2.5\text{V}, R=1.5\Omega$

而　$\tau=RC=\frac{3}{4}(\text{s})$

$$u_C=-2.5+[0-(-2.5)]e^{-\frac{4}{3}t}=-2.5+2.5e^{-\frac{4}{3}t}(\text{V})$$

5. **解**：$t=0_-$电路处于稳态电容视为开路，则

$$U_C(0_-)=[3/(3+1)]\times 8=6(\text{V})$$

$t=0_+$时刻等效电路，则

$$U_C(0_+)=U_C(0_-)=6\text{V}$$

$$i_L(0_+)=i_L(0_-)=2\text{A}$$

换路稳定后，电容视为开路，则

$$i(0_+)=i_L(0_-)=2\text{A}$$

$$i(\infty)=(1/2)\times 3=1.5(\text{V})$$

从电容两端看进去等效电阻，则

$$R=3//3=1.5(\Omega)$$

所以　$\tau=R_C=1.5\times 1=1.5(\text{s})$

因此　$i(t)=1.5+0.5e-2t/3(\text{A})$

训练题集五

一、填空题

1. 亨利　4. 壳式变压器　5. 降压、升压、升压　6. 变流、变阻抗

二、判断题

1. ×　2. ×　3. ×　4. ×　5. ×

训练题集六

一、选择题

1. B　2. D　3. C　4. B　5. A　6. B　7. A　8. A　9. A　10. A
11. B　12. A　13. D　14. D

二、判断题

1. √　2. ×　3. √　4. ×　5. √　6. √　7. √

三、问答题

1. ①火灾发生后，由于受潮或烟熏，有关设备绝缘能力降低，因此拉闸要用适当的绝缘工具，经防断电时触电；②切断电源的地点要适当，防止切断电源后影响扑救工作进

行；③剪断电线时，不同相电线应在不同部位剪断，以免造成短路，剪断空中电线时，剪断位置应选择在电源方向的支持物上，以防电线剪断后落下来造成短路或触电伤人事故；④如果线路上带有负荷，应先切除负荷，再切断灭火现场电源。在拉开闸刀开关切断电源时，使用绝缘棒或戴绝缘手套操作，以防触电。

2. 0.7m。

3. 必须先接接地端后接导线端，并接触良好。

4. 按有关规定和要求保护接地及保护接零是防止电气设备绝缘损坏时外壳带电的有效措施。

参 考 文 献

［1］ 杨利军．电工技能训练［M］．北京：机械工业出版社，2010.
［2］ 周国庆．电工与电子技术基础［M］．北京：中国劳动出版社，1999.
［3］ 沈裕钟．电工学［M］．第2版．北京：高等教育出版社，1983.
［4］ 沈裕钟．电工学［M］．第3版．北京：高等教育出版社，1983.
［5］ 徐国和．电工学与工业电子学［M］．第5版．北京：高等教育出版社，1993.
［6］ 陈小虎．电工电子技术［M］．第2版．北京：高等教育出版社，2006.
［7］ 白乃平．电工基础［M］．第2版．西安：西安电子科技大学出版社，2005.
［8］ 何超．电工技术基础［M］．北京：高等教育出版社，2003.
［9］ 陈丽琴．电气工程基础［M］．北京：科学出版社，2006.
［10］ 秦曾煌．电工学［M］．第5版．北京：高等教育出版社，1999.
［11］ 席时达．电工技术［M］．第3版．北京：高等教育出版社，2007.
［12］ 邱海霞．电工基础知识及技能［M］．北京：中国建筑工业出版社，2005.
［13］ 林训超．电工技术与应用［M］．北京：高等教育出版社，2013.
［14］ 叶挺秀．电工电子学［M］．北京：高等教育出版社，2004.
［15］ 刘介才．供配电技术［M］．第2版．北京：机械工业出版社，2004.
［16］ 储克森．电工电子技术（上册）［M］．北京：机械工业出版社，2006.
［17］ 丁卫民．电工学与工业电子学［M］．北京：机械工业出版社，2002.
［18］ 顿秋芝．电工电子技术［M］．哈尔滨：哈尔滨工业大学出版社，2013.